高职土建类专业"五化"教学法新形态教材

U0711103

建筑力学与结构

主　编　程　辉　陈佳伟

副主编　王　淼　朱仕香

　　　　刘喜洋　张海宁

参　编　张　晔　代旭东

　　　　罗琨舰　周启勇

　　　　卓　超

主　审　邹德玉

北京理工大学出版社
BEIJING INSTITUTE OF TECHNOLOGY PRESS

内 容 提 要

本书分为上、下两篇，共13个项目，上篇包括6个项目，主要内容为建筑力学的基本概念、平面力系的合成与平衡、平面体系的几何组成分析、构件的强度计算、结构的位移计算、静定结构和超静定结构；下篇包括7个项目，主要内容为建筑结构计算概述、钢筋混凝土结构基本构件、钢筋混凝土梁板结构、预应力混凝土结构构件、钢结构、砌体结构、基础。

本书可作为高等院校土木工程类相关专业的教材，也可作为自学、岗位培训的教材及供装饰装修工程现场施工人员参考使用。

图书在版编目(CIP)数据

建筑力学与结构 / 程辉，陈佳伟主编. -- 北京：
北京理工大学出版社，2025.1（2025.6重印）.
ISBN 978-7-5763-4771-5

Ⅰ.TU3

中国国家版本馆CIP数据核字第2025AT8261号

责任编辑：钟　博		**文案编辑**：钟　博	
责任校对：刘亚男		**责任印制**：王美丽	

出版发行 / 北京理工大学出版社有限责任公司

社　　址 / 北京市丰台区四合庄路 6 号

邮　　编 / 100070

电　　话 / （010）68914026（教材售后服务热线）

　　　　　　（010）63726648（课件资源服务热线）

网　　址 / http://www.bitpress.com.cn

版 印 次 / 2025 年 6 月第 1 版第 2 次印刷

印　　刷 / 河北鑫彩博图印刷有限公司

开　　本 / 787 mm × 1092 mm　1/16

印　　张 / 16.5

字　　数 / 431 千字

定　　价 / 55.00 元

出版说明

随着建筑技术水平的不断发展，由BIM技术、装配式建筑、智慧工地、建筑机器人、建筑工业互联网、智能运维等智能建造体系在建筑行业中的逐步应用，要求从业人员既要具备传统的建筑施工技能，也要学习建筑智能化、绿色化、数字化等前沿技术。

2018年12月21日，《高职院校建筑类专业"五化"教学法的研创与应用》成果，荣获教育部《2018年国家级教学成果奖》（教师〔2018〕21号）职业教育类二等奖！

该成果主要针对建筑类专业教学中建筑现场认知难、课堂教学实境创设难、理论与实践一体化难、实训教学开展难、学习效果评价难等5个问题，应用信息化技术手段，研创了"模型化展示、信息化导学、项目化教学、个性化实训、智能化考核"的"五化"教学法，学生通过"五化"学习进程（课前认知、自主学习、课堂学习、课后实践、综合考评）进行学习，有效解决了建筑类专业教学中的"五难"问题，极大地提高了学生学习兴趣，人才培养质量明显提升。

建筑五化教学法

为此，北京理工大学出版社搭建平台，联合国内多所建设类高职院校和行业企业，包括：黑龙江建筑职业技术学院、四川建筑职业技术学院、江苏建筑职业技术学院、江西建设职业技术学院、贵州建设职业技术学院、绍兴职业技术学院、广州城建职业学院、浙江大学科技集团有限公司等，共同组织编写了本套《高职土建类专业"五化"教学法新形态教材》，教材由参与院校院系领导、专业带头人、企业技术负责人组织编写团队，参照教育部《高等职业学校专业教学标准》要求，以创新、合作、融合、共赢、整合跨院校优质资源的工作方式，结合高职院校教学实际以及当前建筑行业形势和发展方向编写完成，力求推动建筑类教学体系构建，提升学生学习兴趣！

全套教材共8本，如下：

1.《建筑力学与结构》

2.《建筑识图与构造》

3.《建筑材料》

4.《建筑工程测量》

5.《建筑施工技术》

6.《钢结构建筑施工》

7.《装配式建筑施工技术》

8.《建筑工程质量与安全管理》

本系列教材的编写，是基于建筑工法楼为项目进行教学设计的，由浙江太学科技集团有限公司和各院校提供教材及教学配套资源，在本系列教材的编写过程中，我们得到了国内同行专家、学者的指导和知名建筑企业的大力支持，在此表示诚挚的谢意！

高等职业教育紧密结合经济发展需求，适应行业新技术的发展，不断向行业输送应用型专业人才，任重道远。教材建设是高等职业院校教育改革的一项基础性工程，也是一个不断推陈出新的过程。我们深切希望本系列教材的出版，能够推动我国高等职业院校建筑工程专业教学事业的发展，在优化建筑工程专业及人才培养方案、完善课程体系、丰富课程内容、传播交流有效教学方法方面尽一份绵薄之力，为培养现代建筑工程行业合格人才做出贡献！

北京理工大学出版社

Foreword

前　言

  党的二十大报告强调要加强国家基础设施建设，推动高质量发展。建筑力学与结构作为土建类专业的基础课程，其研究成果和教学内容直接应用于国家基础设施的建设中，为国家的发展做出贡献。

  本书为学生提供了一个全面而深入的建筑力学与结构知识体系。本书严格依照我国最新颁布的建筑结构设计规范和规程，紧扣教学大纲的要求，紧密结合工程实际应用，力求使学生完整有效地掌握建筑力学及结构知识。

  本书总体分为建筑力学和建筑结构两部分内容，共设置13个项目，主要介绍建筑力学的基本概念、平面力系的合成与平衡、平面体系的几何组成分析、构件的强度计算、结构的位移计算、静定结构和超静定结构、建筑结构计算概述、钢筋混凝土结构基本构件、钢筋混凝土梁板结构、预应力混凝土结构构件、钢结构、砌体结构、基础。本书采用理实相结合的教学方式，融入虚拟仿真技术，使学生可以结合相关的BIM软件、虚拟仿真软件、工法楼完成任务要求，培养学生运用建筑力学知识分析建筑结构设计原理和解决实际问题的能力。

  本书由贵州建设职业技术学院程辉、陈佳伟担任主编；由贵州建设职业技术学院王淼、朱仕香、刘喜洋，贵州水利水电职业技术学院张海宁担任副主编；贵州建设职业技术学院张晔、代旭东、罗琨舰、周启勇，中筑工程设计有限公司卓超参与编写。具体编写分工：程辉编写项目1，陈佳伟编写项目2、项目3的任务1，王淼编写项目3的任务2、项目4，朱仕香编写项目5，刘喜洋编写项目6，张海宁编写项目7，张晔编写项目8，代旭东编写项目9、项目10的任务1，罗琨舰编写项目10的任务2、项目11，卓超编写项目12，周启勇编写项目13。全书由贵州建设职业技术学院邹德玉主审。本书编写过程中得到了中筑工程设计有限公司的大力支持，在此表示衷心的感谢！

  由于编者水平有限，加之时间仓促，书中难免存在不足之处，敬请广大读者批评指正！

编　者

Contents

目　录

上篇 建筑力学

项目 1 建筑力学的基本概念

知识目标 >>>

1. 了解力的表示及三要素、刚体、平衡的概念。
2. 掌握静力学基本公理。
3. 了解约束、约束反力的概念；掌握柔性约束、光滑接触面约束、光滑圆柱铰链约束、链杆约束、固定铰支座约束、可动铰支座约束、固定端支座约束、定向支座约束等。
4. 掌握物体受力图的画法。
5. 掌握结构简图的简化方法，支座反力的计算方法。

能力目标 >>>

能熟练地画出各种约束的约束反力、指定物体或物体系统的受力图；能对结构计算简图进行简化并计算。

素质目标 >>>

培养学生理论联系实际、结构严谨、一丝不苟的思维方式。

思维导图 >>>

```
                                                      约束与约束反力的概念
                                        约束与约束反力   常见约束与约束反力
          力                                           支座的简化和支座的反力
          刚体        力与平衡
          力系与平衡

三力平衡汇交定理                建筑力学     物体受力分析    脱离体与受力图
力的平行四边形公理              的基本概念    和受力图      物体受力图的画法
     二力平衡公理
力的可传性原理       静力学基本公理
加减平衡力系公理                          结构的计算简图    结构的计算简图
作用与反作用公理                          及支座反力的计算  支座反力的计算
```

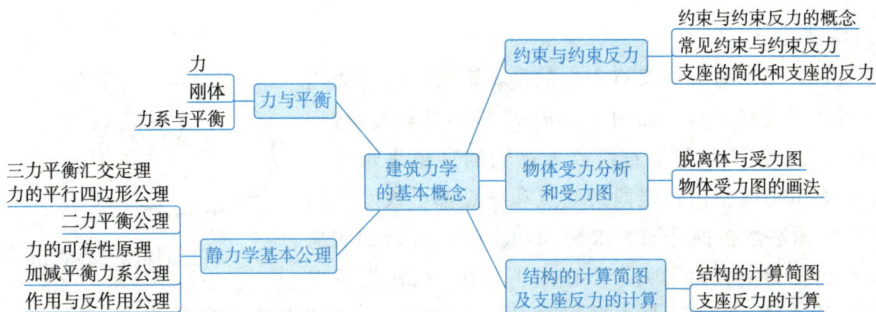

>>> 任务 1 力与平衡

📖 课前认知

建筑力学所研究的物体是现实物体抽象化(或理想化)的物理模型，或称为力学模型，包括质点、质点系、刚体和变形固体。质点是有质量而其尺寸可忽略不计的点；质点系是质点的集合；刚体是特殊的质点系，其上任意点之间的距离保持不变，即在力的作用下可忽略其变形的物体；变形固体是指在力的作用下产生变形的固体。在建筑力学中，研究对象被看作连续、均匀、各向同性的变形固体，主要研究弹性变形范围内的小变形情况。有关变形固体及其基本假设的概念，请扫描二维码进行学习，在开始本课程学习前，对本课程的研究对象有基本的认识。

变形固体及其基本假设

🗔 理论学习

1.1.1　力

1. 力的概念

力是物体间相互的机械作用，这种作用的效果会使物体的运动状态发生变化（外效应），或者使物体发生变形（内效应）。在建筑工程活动中，当人们拉车、弯钢筋、拧螺母时，由于肌肉紧张，便感到用了力。例如，力作用在车子上可以让车由静止到运动，力作用在钢筋上可以使钢筋由直变弯。由于力是物体与物体之间的相互作用，因此力不可能脱离物体而单独存在，某物体受到力的作用，一定是有另一物体对其施加了作用。

2. 力的三要素

由实践可知，力对物体的作用效果取决于三个要素，即大小、方向、作用点。这三个要素中只要有一个要素改变，力对物体的作用效果就会改变。因此，在描述一个力时，必须全面表明这个力的三要素。

（1）力的大小。力的大小表明物体间相互作用的强弱程度。国际单位制中：力的单位是牛顿（N）或千牛顿（kN）。

（2）力的方向。力的方向包含方位和指向两个含义。例如，重力的方向是"铅垂向下"，"铅垂"是方位，"向下"是指向。

（3）力的作用点。力的作用都有一定的范围，当作用范围与物体相比很小时，可以近似地看作一个点。这种力又可称为集中力。

3. 力的表示

力是矢量，是既有大小又有方向的量。通常，力可以用一个带箭头的线段来表示，如图 1-1 所示。线段的长度（按比例）表示力的大小；线段与某直线或坐标轴的夹角表示力的方位，箭头表示力的指向；线段的起点和终点都可表示力的作用点。当用图解法根据已知力求解未知力时，必须如实地在图中反映已知力的方向和大小。在图 1-1 中，按比例可以

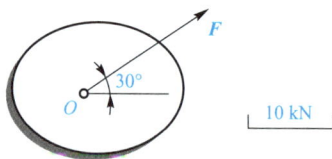

图 1-1　力的表示

量得力 F 的大小是 20 kN，与水平线成 45°，指向右上方且作用在物体的 O 点上。

力矢量常用黑体字表示，如 F、Q 等。而 F 只表示力矢量的大小，例如，图 1-1 中力 F 的大小就写作 $F = 20$ kN。

1.1.2　刚体

实践表明，任何物体受到力的作用后，总会产生一些变形。但在通常情况下，绝大多数

构件或零件的变形是很微小的。研究证明，在很多情况下，这种微小的变形对物体的外效应影响甚微，可以忽略不计，即认为物体在力的作用下大小和形状保持不变。将这种在力的作用下不产生变形的物体称为刚体。

刚体只是人们将实物理想化的一个力学模型。事实上，自然界中任何物体受到外力作用都会发生不同程度的变形，只是有时变形很小，对所研究的问题影响甚微，可忽略不计。例如，在建筑中最常见的梁，在研究它的平衡问题时，可认为它是刚体；在研究它的强度、刚度时，又必须将它看作变形体。所以，刚体的概念是相对的。

1.1.3　力系与平衡

1. 力系

一般情况下，一个物体总是同时受到若干力的作用。同时作用于一个物体上的一群力称为力系。

(1)汇交力系。力系中各力作用线汇交于一点。

(2)力偶系。力系中各力可以组成若干力偶或力系由若干力偶组成。

(3)平行力系。力系中各力作用线相互平行。

(4)一般系。力系中各力作用线既不完全交于一点，也不完全相互平行。

按照各力作用线是否位于同一平面内，力系又可以分为平面力系和空间力系两大类，如平面汇交力系、空间一般力系等。

2. 平衡

平衡是指物体相对于地球保持静止或匀速直线运动的状态。例如，房屋、水坝、桥梁相对于地球保持静止；沿直线匀速起吊的构件相对于地球是做匀速直线运动等。其共同特点就是运动状态没有发生变化。建筑力学研究的平衡主体主要是处于静止状态的物体。

3. 平衡力系

使物体处于平衡状态的力系称为平衡力系。物体在力系作用下处于平衡时，力系所应满足的条件，称为力系的平衡条件。

4. 力系的分解与合成

在不改变物体作用效应的前提下，用一个简单力系代替一个复杂力系的过程，称为力系的简化或力系的合成；反过来，将合力代换成若干分力的过程，称为力的分解。

如果某一力系对物体产生的效应，可以用另外一个力系来代替，则这两个力系称为等效力系。当一个力与一个力系等效时，则称该力为此力系的合力；而该力系中的每一个力称为这个力的分力。

仿真实训

将拔河视为双方是争抢"拉绳"，当双方施加的力等大、反向、共线时，"拉绳"将保持平衡状态。试验一下，如果拔河时等大、反向、共线三个条件任意一个被破坏，"拉绳"是否还能保持原有的平衡状态？

技能测试

1. 在任何外力作用下，大小和形状保持不变的物体称_____。

2. 力是物体之间相互的_____。这种作用会使物体产生两种力学效果，分别是_____和_____。

3. 力的三要素是_____、_____、_____。

任务工单

根据所学知识，完成以下任务工单。

1. 试区别 $F_R = F_1 + F_2$ 和 $F_R = F_1 + F_2$ 两个等式代表的意义。

2. 两个力相等的条件是什么？

3. 何谓力系？按照作用线是否位于同一平面内，力系可分为哪几种？

4. 做一个简单的平衡装置，体会平衡的概念。

任务2 静力学基本公理

课前认知

静力学是研究物体平衡的一般规律的科学，静力学公理是人们在生活和生产实践中长期积累经验的总结，也是静力学的理论基础。课前扫描二维码，了解静力学公理的相关知识。

公理化体系与静力学
公理的发展历史

理论学习

公理1：力的平行四边形公理

作用在物体上同一点的两个力可以合成为一个合力，其合力作用点在同一点上，合力的方向和大小由原两个力为邻边构成的平行四边形的对角线决定(图1-2)。这个性质称为力的平行四边形公理。其矢量式为 $F_R = F_1 + F_2$，即合力矢 R 等于二分力 F_1 和 F_2 的矢量和。

这个公理说明力的合成是遵循矢量加法的，只有当两个力共线时，才能用代数加法。

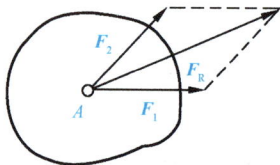

图1-2 力的平行四边形公理

两个共点力可以合成为一个力，反之，一个已知力也可以分解为两个力。但是将一个已知力分解为两个力可得无数组解答。以一个力的矢量为对角线的平行四边形，可作无数个。

推论：三力平衡汇交定理

一刚体受共面不平行的三个力作用而平衡时，这三个力的作用线必相交于一点。

注意：三力平衡汇交定理常常用来确定物体在共面不平行的三个力作用下平衡时其中未知力的方向。

公理 2：二力平衡公理

作用在刚体上的两个力使刚体处于平衡的充要条件：这两力等值、反向且作用在同一直线上，如图 1-3 所示。

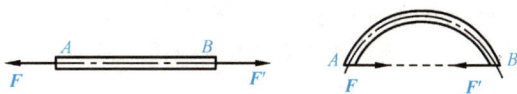

图 1-3　二力平衡公理

这个公理说明了作用在物体上的两个力的平衡条件，在一个物体上只受到两个力的作用而平衡时，这两个力一定要满足二力平衡公理。如把雨伞挂在桌边，雨伞摆动到其重心和挂点在同一铅垂线上时，雨伞才能平衡。因为这时雨伞向下的重力和桌面向上的支撑力在同一直线上。

应注意：不能把二力平衡问题和作用与反作用关系混淆。二力平衡公理中的两个力是作用在同一物体上的。作用与反作用公理中的两个力是分别作用在不同物体上的，虽然大小相等，方向相反，作用在同一直线上，但不能平衡。

二力杆：若一根直杆只在两点受力作用而处于平衡，则作用在此两点的二力的方向必在这两点的连线上。此直杆称为二力杆。

二力构件：对于只在两点受力作用而处于平衡的一般物体，称为二力构件。

公理 3：加减平衡力系公理

在作用于刚体上的已知力系上，加上或减去任意的平衡力系，将不会改变原力系对刚体的作用效应，如图 1-4 所示。

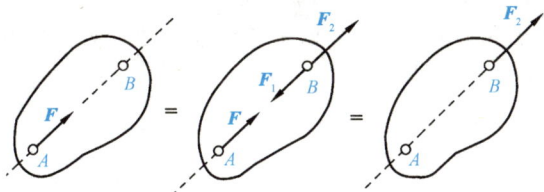

图 1-4　加减平衡力系公理及力的可传性原理

因为平衡力系不会改变物体的运动状态，即平衡力系对物体的运动效果为零，所以在物体的原力系上加上或去掉一个平衡力系，不会改变物体的运动效果。

推论：力的可传性原理

作用在刚体上的力可以沿其作用线移动到刚体上任意一点，而不改变原力对刚体的作用效果，如图 1-4 所示。

力的可传性原理是人们日常生活中常见的。如用绳拉车，或者沿同一直线以同样大小的力推车，对车产生的运动效果相同。

根据力的可传性原理可知，力对刚体的作用效应与力的作用点在作用线上的位置无关。因此，力的三要素可改为力的大小、方向和作用线。

应注意：加减平衡力系公理和力的可传性原理都只适用于研究物体的运动效应（外效应），而不适合于研究物体的变形效应（内效应），即只能研究刚体。

公理 4：作用与反作用公理

任何两物体间相互作用的一对力总是等值、反向、共线的，并同时分别作用在这两个物体上。这两个力互为作用力和反作用力，这就是作用与反作用公理。

这个公理概括了两个物体间相互作用力的关系。

仿真实训

一个硬纸板位于中间，在滑轮的两端挂相同的砝码，如图 1-5 所示，观察硬纸板会被撕裂吗？思考这是平衡状态吗？

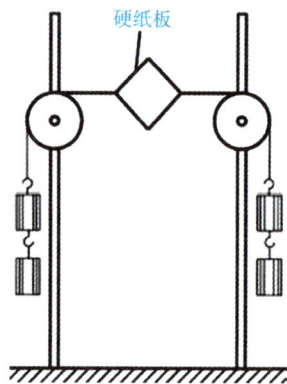

图 1-5　硬纸板受力

技能测试

一、填空题

1. 如图 1-6 所示，AB 杆自重不计，在五个已知力作用下处于平衡，则作用于 B 点四个力的合力 F_R 的大小 $F_R =$ _____ ，方向 _____ 。

2. 图 1-7 所示的受力分析当中，F_G 是地球对物体 A 的引力，F_T 是绳子受到的拉力，则作用力与反作用力指的是 _____ 。

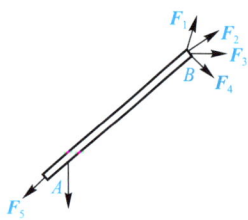

图 1-6　AB 杆受力

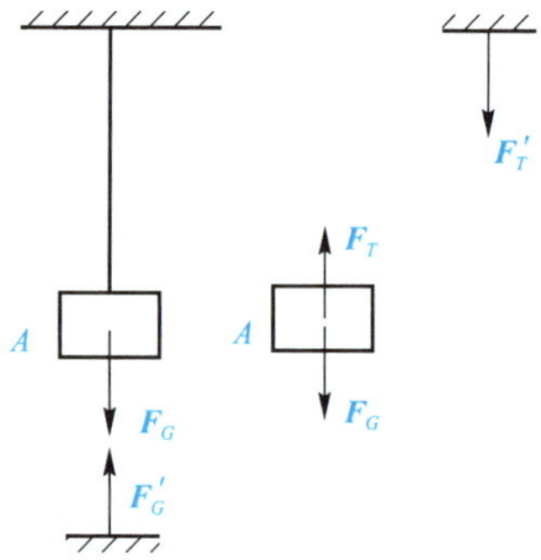

图 1-7　物体 A 受力

二、选择题

1. 力的可传性原理是指作用于刚体上的力可在不改变其对刚体的作用效果下（ 　 ）。

　 A. 平行其作用线移到刚体上任一点　　　B. 沿其作用线移到刚体上任一点

　 C. 垂直其作用线移到刚体上任一点　　　D. 任意移动到刚体上任一点

2. 作用力 F 与反作用力 F'（　　）。

    A. $F=F'$，构成一力偶

    B. $F=F'$，分别作用在相互作用的两个物体上

    C. $F=-F'$，分别作用在相互作用的两个物体上

    D. $F=F'$，构成一平衡力系

任务工单

根据所学知识，完成以下任务工单。

1. 二力平衡公理对变形体是否适用？请举例说明。

2. 说明二力平衡公理和作用力与反作用力公理的区别。

3. 什么是二力杆件？分析二力杆件时与杆件的形状有无关系？

4. 如图 1-8 所示，已知力 F 作用于物体上的 A 点，若在其作用线之外的 B 点施加一力，能否使该物体平衡？为什么？

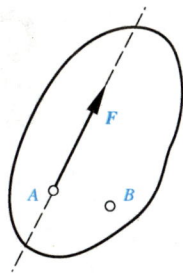

图 1-8　物体受力

5. 如图 1-9 所示，A、B 两物体叠放在桌面上，A 物体重量为 W_A，B 物体重量为 W_B。问 A、B 两物体各受到哪些力的作用？这些力的反作用力各是什么？它们各作用在哪个物体上？

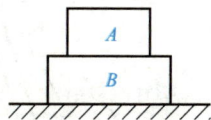

图 1-9　A、B 两物体受力

6. 如图 1-10 所示，三个底面积相同、充满水的水杯放在桌面上，试用静力学公理说明哪个水杯对桌面的压力最大(水杯自重不计)，并分析哪个水杯底部受到的水压力最大。

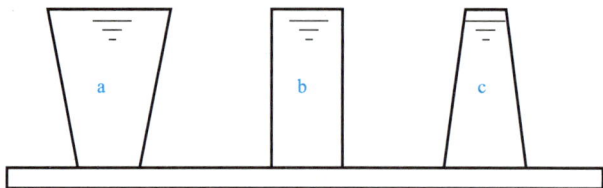

图 1-10　水杯受力

任务3　约束与约束反力

课前认知

作用在物体上的力可分为两类：一类是主动力，通常可根据已有的资料确定，一般情况下主动力是已知力；另一类是约束力，它是未知力。静力分析的重要任务之一就是确定未知约束力。在日常生活中可以看到：绳索悬挂的灯、支承在墙上或柱子上的梁都掉不下来；人坐在椅子上也摔不下来。这都是因为灯、梁和人的运动受到周围物体的限制，不可能在空间某些方向运动。限制物体运动的物体在力学中称为约束。课前了解约束与约束反力的相关知识，判别图 1-11 中各属于哪种约束？

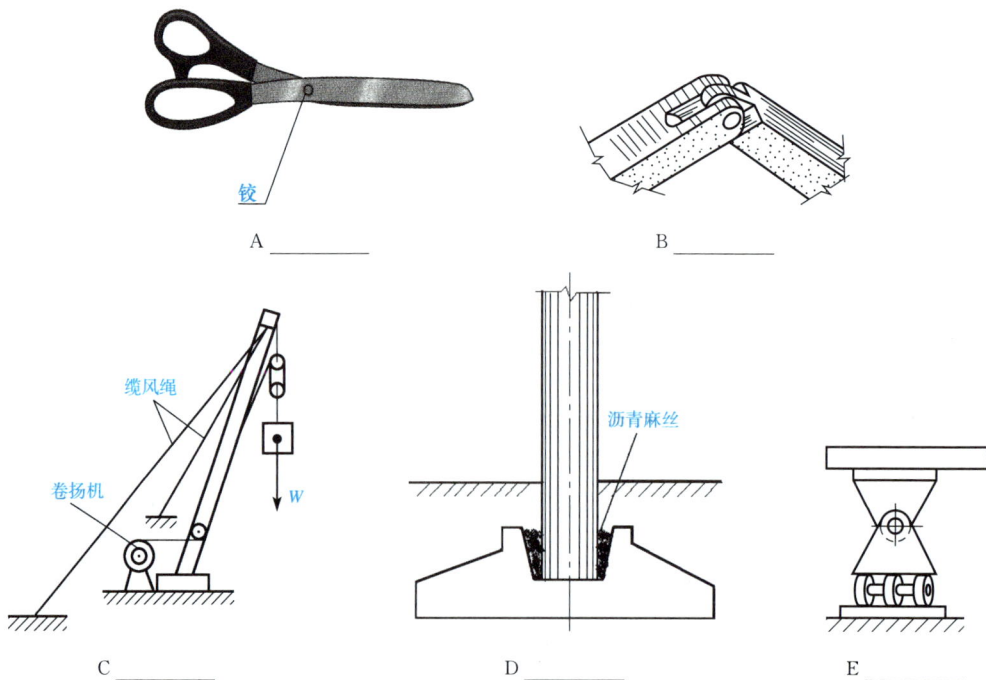

铰

A _____

B _____

缆风绳

卷扬机

W

沥青麻丝

C _____

D _____

E _____

图 1-11　判别约束

1.3.1　约束与约束反力的概念

在工程中，将空间位移不受任何限制的物体称为自由体，如空中自由飞行的飞机。相反，将空间位移受到一定限制的物体称为非自由体，如机车受到铁轨的限制，只能沿轨道运动，电动机转子受轴承的限制，只能绕轴线转动，重物被钢索吊住而不能下落等。对非自由体的某些位移起限制作用的周围物体称为约束体，简称约束。例如，梁是板的约束体、墙是梁的约束体、基础是墙的约束体等。

约束限制非自由体的运动，能够起到改变物体运动状态的作用。从力学角度来看，约束对非自由体有作用力。约束作用在非自由体上的力称为约束反力，简称为约束力或反力。约束反力总是与它所限制物体的运动或运动趋势的方向相反。例如，墙阻碍梁向下落时，就必须对梁施加向上的反作用力等。约束反力的作用点就是约束与被约束物体的接触点。

约束力的大小通常是未知的，主要取决于主动力的大小和方向，是一种被动力，需要根据平衡条件确定。

1.3.2　常见约束与约束反力

1. 柔性约束

工程中使用的钢丝绳、链条和机器传动中的皮带等，可以看作只抗拉不抗压的柔性约束。由于它们只能限制沿柔性体自身中心线伸长方向的运动，因此柔性约束所产生的约束反力，其作用线必定是沿柔性体的中心线，其指向背离被约束的物体，其作用点为柔性体与被约束体的接触点。这种约束反力通常用 T 或 F_T 表示，如图 1-12 所示。

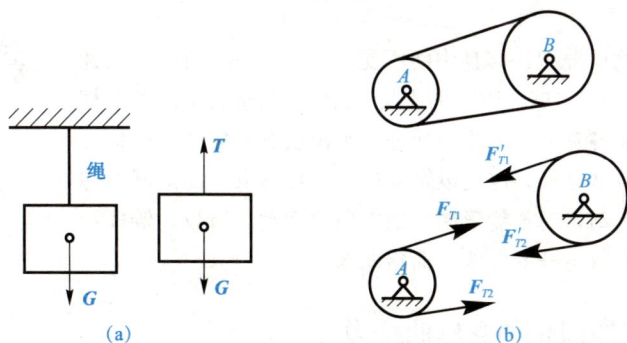

图 1-12　柔体约束及其反力

(a)绳子的约束反力；(b)皮带的约束反力

2. 光滑接触面约束

当两物体的接触面上摩擦力很小而可忽略不计时，就可简化为光滑接触面。这类约束只能阻碍物体沿接触处的公法线方向往约束内部运动，而不能阻碍它在切线方向的运动，也不能阻碍它脱离约束。因此，光滑接触面的约束力沿接触处的公法线方向，作用于接触点，且为压力。这种约束反力通常用 N 或 F_N 表示，如图 1-13 所示。

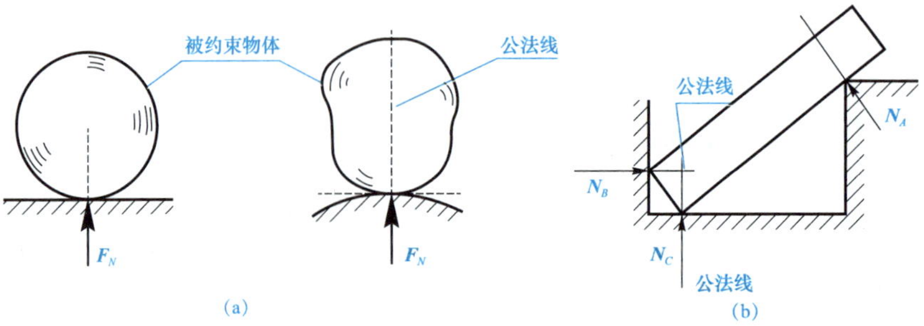

图 1-13 光滑接触面约束及其反力

(a)小球受光滑接触面约束的约束反力；(b)杆件受光滑接触面约束的约束反力

3. 光滑圆柱铰链约束

两构件用圆柱形销钉连接且均不固定，即构成连接铰链。受这种约束的物体，只可绕销钉的中心轴线转动，而不能相对销钉沿任意径向方向运动。这种约束的实质是两个光滑圆柱面的接触，其约束反力作用线必然通过销钉中心并垂直于圆孔在 a 点的切线，约束反力的指向和大小与作用在物体上的其他力有关，所以，光滑圆柱形铰链约束的约束反力的大小和方向都是未知的，其约束反力用两个正交的分力 F_{Ax} 和 F_{Ay} 表示，如图 1-14 所示。

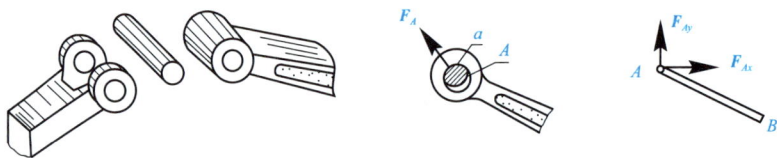

图 1-14 光滑圆柱形铰链约束

4. 链杆约束

两端用铰链与物体分别连接且中间不受力(自重忽略不计)的刚性杆，称为链杆约束。图 1-15(a)所示的支架，AB 杆为横杆 CB 的链杆约束。链杆只在两端各有一个力作用而处于平衡状态，故链杆也称为二力杆。二力杆可以是直杆，也可以是曲杆。链杆约束只能限制物体沿链杆轴线方向的运动，而不能限制其他方向的运动。所以，链杆约束对物体的约束反力沿链杆的轴线，而指向未定[图 1-15(b)]。

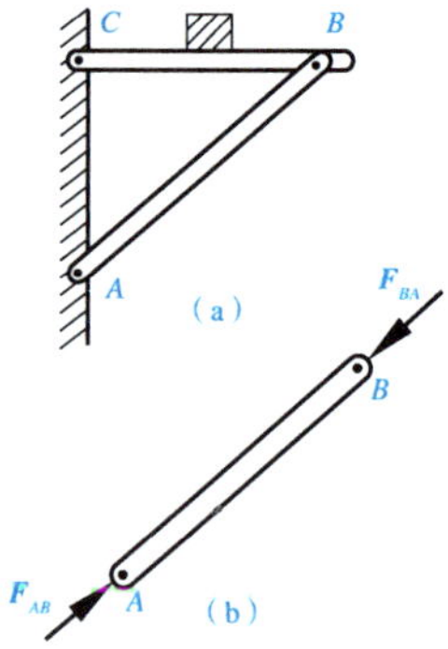

1.3.3 支座的简化和支座的反力

在工程中，将结构或构件支承在基础或另一静止构件上的装置称为支座。支座对它所支承的构件的约束反力也称为支座反力。

图 1-15 链杆约束

1. 固定铰支座

固定铰支座是指由一个可以转动的销子对物体所构成的支座。光滑销施加于物体的力是通过销子，以某个未知角度出现的。解除支座后通常将此力表示为两个互相垂直的分力，其指向和大小待求。

固定铰支座(图 1-16)只允许结构在支承处转动，不允许结构有任何方向的移动，相当于两个约束。支座反力的大小、方向均未知，包含两个未知数。为了方便计算，一般将固定铰支座处的支座反力分解为水平和竖向两个分力 F_{Ax}、F_{Ay}[图 1-16(e)]，只要求出这两个分力的大小和方向，支座反力即可确定。

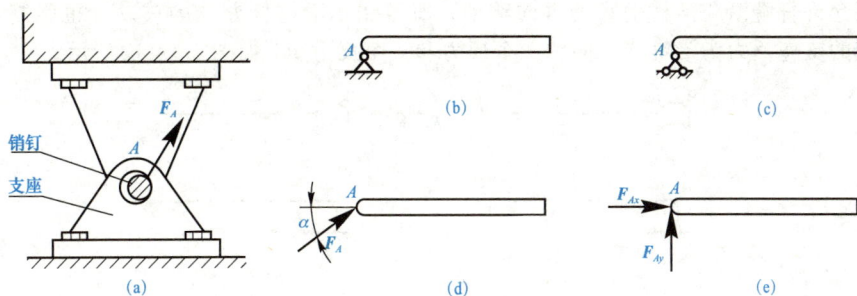

图 1-16 固定铰支座

2. 可动铰支座

可动铰支座又叫作滚轴支座。在固定铰支座下面加几个滚轴支承于平面上，但支座的连接使它不能离开支承面，就构成了可动铰支座，如图 1-17(a)所示。这种支座只能限制构件在垂直于支承面方向上的移动，而不能限制构件绕销钉轴线的转动和沿支承面方向上的移动。所以，可动铰支座的支座反力通过销钉中心，并垂直于支承面，但指向未定。可动铰支座的计算简图如图 1-17(b)、(c)所示，支座反力如图 1-17(d)所示。

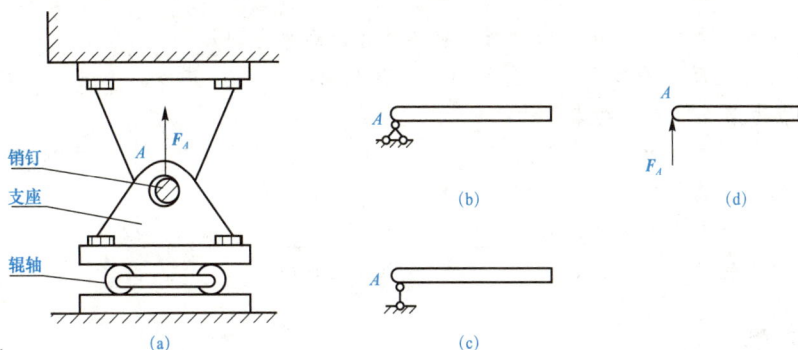

图 1-17 可动铰支座

3. 固定端支座

将构件和支撑物完全连接为同一整体，构件在固定端既不能沿任意方向移动，也不能转动的支座，称为固定端支座[图 1-18(a)、(b)]。由于固定端支座既限制构件的移动，又限制构件的转动，所以，它的支座反力包括水平力、竖向力和一个阻止转动的约束反力偶，如图 1-18(c)所示。

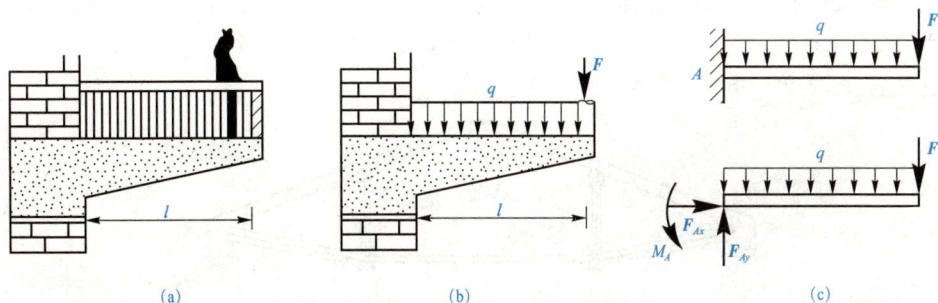

图 1-18 固定端支座

4. 定向支座

定向支座是将构件用两根相邻的等长、平行链杆与地面相连接，如图 1-19（a）所示。这种支座只允许杆端沿与链杆垂直的方向移动，既限制了沿链杆方向的移动，也限制了转动。定向支座的支座反力为沿链杆方向的一个反力和一个反力矩，如图 1-19（b）所示。

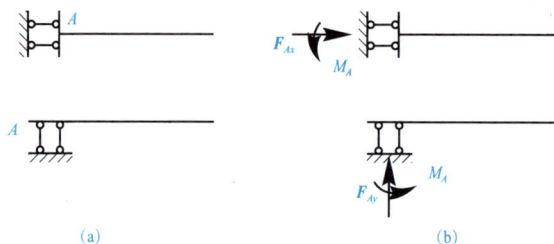

图 1-19 定向支座

仿真实训

教师可提供柔性约束、光滑接触面约束、铰链约束、固定铰支座、可动铰支座等模型，课堂上指导学生观察约束反力的作用。

技能测试

1. 约束反力的方向总是和该约束所能阻碍物体的运动方向＿＿＿＿＿＿。

2. 柔体的约束反力的作用线必定是沿柔性体的＿＿＿＿＿＿，其指向＿＿＿＿＿＿被约束的物体，其作用点为柔性体与被约束体的＿＿＿＿＿＿。

3. 光滑接触面的约束力沿接触处的＿＿＿＿＿＿方向，作用于＿＿＿＿＿＿，且为＿＿＿＿＿＿。

4. 链杆约束对物体的约束反力沿＿＿＿＿＿＿＿，而指向＿＿＿＿＿＿＿。

5. 可动铰支座的支座反力通过＿＿＿＿＿＿，并＿＿＿＿＿＿于支承面，指向＿＿＿＿＿＿。

6. 支座反力包括＿＿＿＿＿＿、＿＿＿＿＿＿和一个阻止转动的＿＿＿＿＿＿。

任务工单

根据所学知识，完成以下任务工单。

1. 一榀屋架，用预埋在混凝土垫块内的螺栓和支座连在一起，垫块则砌在支座（墙）内，如图 1-20 所示，这时，支座阻止了结构的垂直移动和水平移动，但是它不能阻止结构的微小转动。这种支座可视为＿＿＿＿＿＿＿。

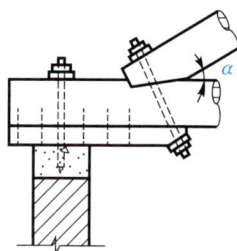

图 1-20 螺栓与支座连接

2. 在实际工程中，当温度变化时会引起桥梁（屋架）跨度伸长或缩短，如图 1-21 所示，故而要允许它们有可伸缩的空间，否则构件内部会产生超静定的内力和变形，所以，构件两端的支座通常一端简化为＿＿＿＿＿＿＿支座，另一端简化为＿＿＿＿＿＿支座。

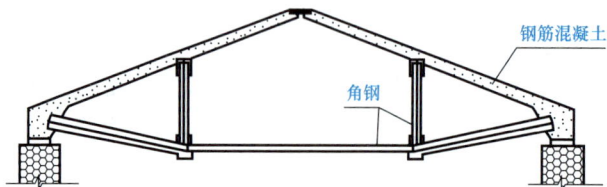

钢筋混凝土

角钢

图 1-21 桥梁支座

3. 常见门、窗用的合页是_____约束。

4. 在实际工程中，插入地基中的电线杆与阳台的挑梁等，其根部的约束均可视为_____支座。

5. 机器传动中的皮带属于_____约束。

任务4　物体受力分析和受力图

课前认知

在工程中，常常将若干构件通过某种连接方式组成机构或结构，用以传递运动或承受荷载，这些机构或结构统称为物体系统。在求解静力平衡问题时，一般首先要分析物体的受力情况，了解物体受到哪些力的作用，其中哪些力是已知的，哪些力是未知的，这个过程就是对物体进行受力分析。课前参观工法楼，观察常见的建筑结构都受到哪些力的作用。

理论学习

1.4.1　脱离体与受力图

在工程实际中，经常遇到几个物体或几个构件相互联系，构成一个系统的情况。例如，楼板放在梁上，梁支承在墙上，墙又支承在基础上。因此，对物体进行受力分析时，首先要明确对哪一部分物体进行受力分析，即明确研究对象。为了分析研究对象的受力情况，往往需要把研究对象从与它有联系的周围物体中脱离出来。脱离出来的研究对象称为脱离体。

确定脱离体后，再分析脱离体的受力情况，分析后在脱离体上画出它所受的全部主动力和约束反力，这样的图形称为受力图。

正确对物体进行受力分析并画出其受力图，是求解力学问题的关键，必须能够熟练选取脱离体并能正确分析其受力情况，同时掌握物体受力图的画法。

1.4.2　物体受力图的画法

画受力图一般应按以下步骤进行：

(1)取隔离体，将研究对象从与其联系的周围物体中分离出来，单独画出，这种分离出来的研究对象称为隔离体。

(2)画出所有主动力(一般为已知力)。

(3)画出约束力，并根据约束的性质画出相应的约束反力。

注意：(1)作受力图时必须按约束的功能画约束反力，不能根据主观臆测来画约束反力。

(2)受力图上只画脱离体的简图及其所受的全部外力，不画已解除的约束。作用力与反作用力只能假定其中一个的指向，另一个反方向画出，不能再随意假定指向。

(3)明确研究对象。当以系统为研究对象时，受力图上只画该系统(研究对象)所受的主动力和约束反力，而不画系统内各物体之间的相互作用力(称为内力)。

(4)正确判断二力杆。二力杆中的两个力的作用线沿力作用点连线，且等值、反向。同

13

一约束反力在不同受力图上出现时，其指向必须一致。

【例1-1】 图1-22(a)所示梁AB在A端受固定铰支座约束，B端与杆BC相连，点D处受力F作用，梁AB、杆BC的自重均不计，画梁AB的受力图。

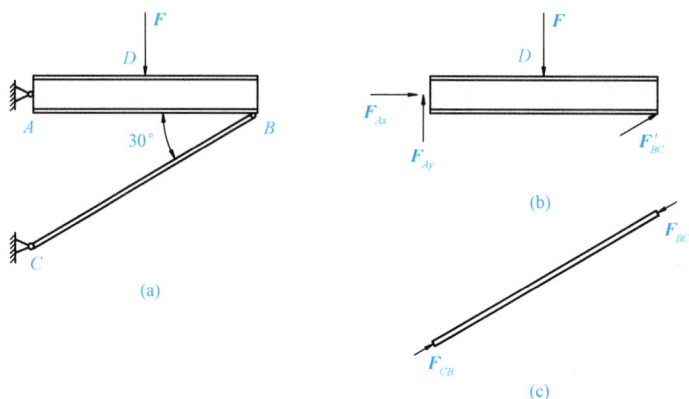

图 1-22　例 1-1 图

解：杆BC两端通过铰与其他物体相连，中间不受外力作用，故杆BC是二力杆。杆BC受到力F_{BC}，F_{CB}的作用，其方向通过BC的连线，如图1-22(c)所示。梁AB在B点受二力杆BC的作用力F'_{BC}，方向沿BC连线，是F_{BC}的反作用力，D点有主动力F，固定铰支座A的约束反力可用两个相互垂直的分力F_{Ax}，F_{Ay}表示。梁AB的受力图如图1-22(b)所示。

【例1-2】 如图1-23(a)所示，重量为G的杆件AB通过绳子和墙壁相连，已知地面和墙壁均为光滑，试画出杆件AB的受力图。

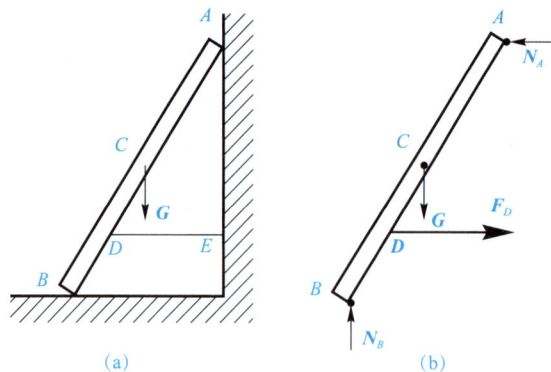

图 1-23　例 1-2 图

解：(1) 以杆件AB为研究对象，将约束（绳子、地面、墙壁）移除，单独画出脱离体AB。

(2) 依次在脱离体上画出主动力G、A处的约束反力N_A（光滑接触面约束）、B处的约束反力N_B（光滑接触面约束）和D处的约束反力F_D（柔体约束），如图1-23(b)所示。

注意：该题中三个约束反力的方向都是确定的，不能假设。

【例 1-3】 构架如图 1-24(a)所示，试分别画出 AB、CE、滑轮和整体的受力图。

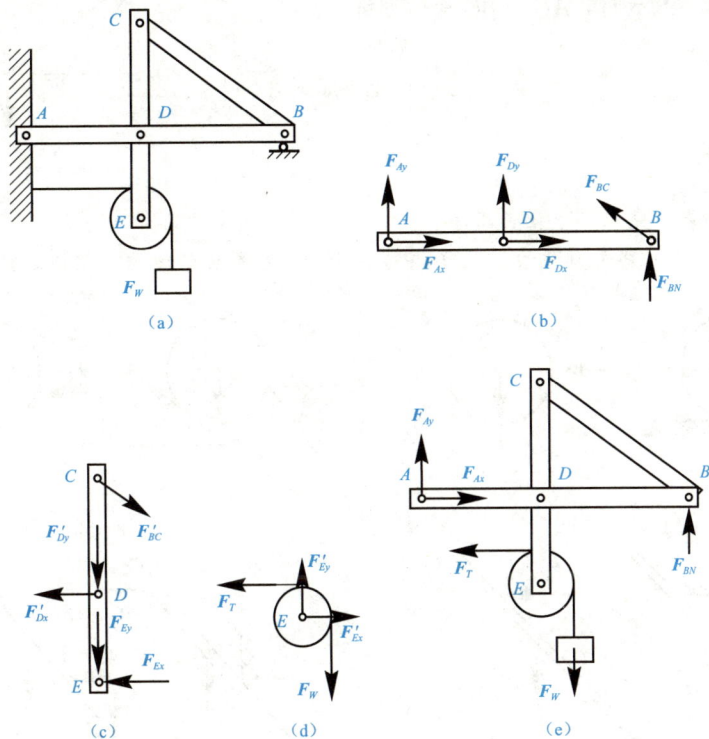

图 1-24 例 1-3 图

解：AB、CE、滑轮和整体的受力图分别如图 1-24(b)～(e)所示。

📇 仿真实训

课堂讨论分析：小鸟在空中飞翔受不受重力？小鸟为什么不会从空中掉下来？小鸟的受力情况怎样的？

📇 技能测试

1. 图 1-25(a)所示均质杆 AB 重量为 W，A 为固定铰支座，BC 为绳索。AB 杆的受力图为（　　）。

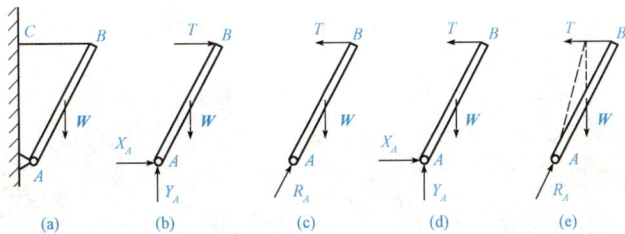

图 1-25 AB 杆受力

A. 图(b)　　　　　B. 图(c)　　　　　C. 图(d)　　　　　D. 图(e)

2. 如图 1-26 所示，AC 和 BC 是绳索，在 C 点加一向下的
   力 P，当 α 增大时，AC 和 BC 受的力将（   ）。
   A. 增大   B. 不变
   C. 减小   D. 以上都不对

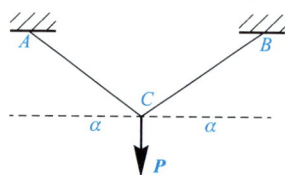

图 1-26　绳索受力

任务工单

根据所学知识，完成以下任务工单。

1. 分析图 1-27 中各物体的受力图画得是否正确，若不正确请改正错误之处。

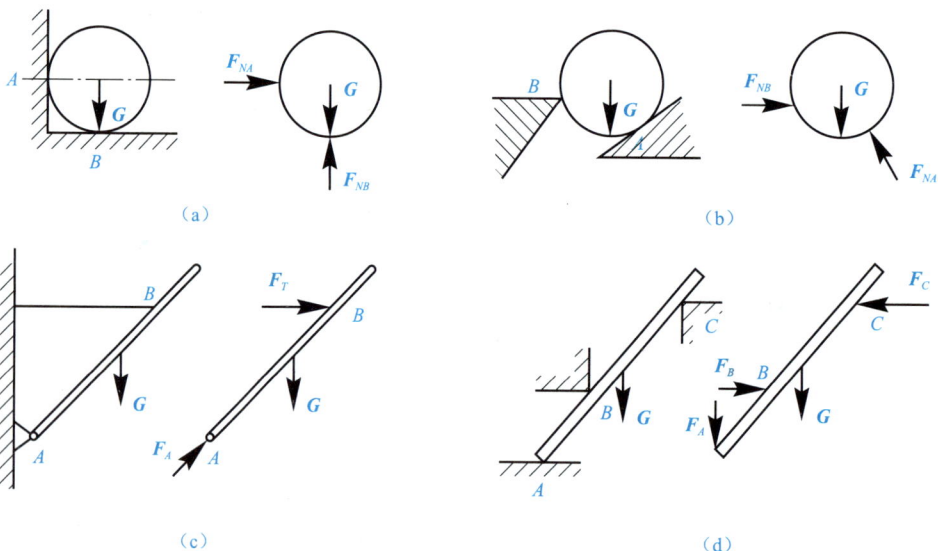

（a）

（b）

（c）

（d）

图 1-27　物体受力图

2. 如图 1-28 所示支架，AB 杆中点处作用一铅垂力 F，若将力 F 沿其
作用线移到 BC 杆的中点，则 A、C 处支座的约束反力是否改变？

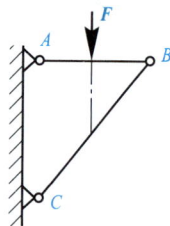

图 1-28　支架受力

3. 如图 1-29 所示，杆 AC 重量为 G，C 端用绳子拉住，A 端靠在光
滑的墙面上，杆 AC 能否保持平衡状态？为什么？

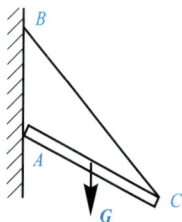

图 1-29　杆受力

4. 如图 1-30 所示，简支梁 AB，跨中 C 处受到集中力 F 作用，A 端为固定铰支座约束，B 端为可动铰支座约束。试画出梁的受力图。

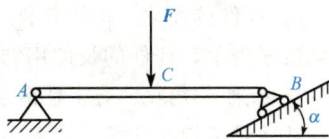

图 1-30　简支梁受力

5. 图 1-31 所示为起吊装置，钢梁 AB 重量为 W_1，构件 CD 重量为 W_2。试分别画出吊钩 O、钢梁 AB、构件 CD 以及整体的受力图。

图 1-31　起吊装置

任务 5　结构的计算简图及支座反力的计算

课前认知

实际的工程结构是复杂的，完全按照实际情况对结构进行力学分析是不可能也是不必要的。因此，对实际结构进行力学分析计算前要对它进行简化，忽略一些次要因素，抓住主要因素，用一个简化的图形代替实际结构，上述图形称为结构的计算简图。结构计算简图略去了真实结构的许多次要因素，是真实结构的简化，便于分析和计算，而且保留了真实结构的主要特点，能够给出满足精度要求的分析结果。课前预习相关知识，思考一下，如图 1-32 所示，钢筋混凝土主梁放置在砖墙上，两次梁在 C、D 点与主梁相交，不计主梁自重，应如何画该主梁的计算简图？

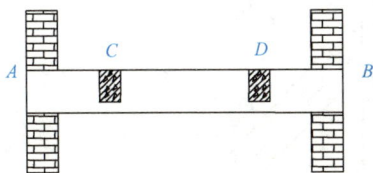

图 1-32　钢筋混凝土梁结构

理论学习

1.5.1　结构的计算简图

1. 选取计算简图的基本原则

合理选取结构的计算简图是一项十分重要的工作，一般情况下，在选取结构的计算简图时，应遵循以下原则：

（1）结构计算简图应能正确反映结构的实际受力情况，使计算结果尽可能地接近实际情况。

17

(2)忽略对结构的受力情况影响不大的次要因素，使计算工作尽量简化，以便于分析和计算。

2. 计算简图的简化方法

(1)杆件的简化。由于杆件的截面尺寸通常比杆件长度小得多，在计算简图中，杆件用其轴线来表示，杆件的长度用结点间的距离来计算，而荷载的作用点也转移到轴线上。

(2)支座的简化。支座是指结构与基础（或别的支承构件）之间的连接构造。在实际结构中，基础对结构的支承形式多种多样，但在结构平面计算简图中，支座通常可简化为可动铰支座、固定铰支座、定向支座和固定支座四种基本类型，如图1-33所示。由于理想支座在工程中极其少见，因此要分析实际结构支座的约束功能与上述哪种理想支座的约束功能相符合，从而进行简化。

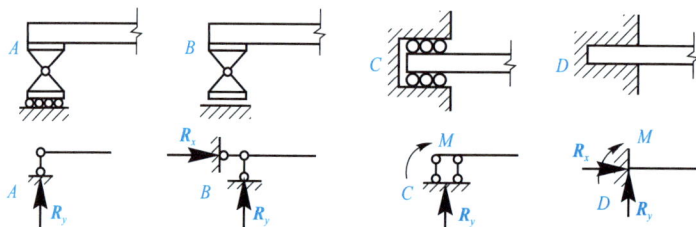

图 1-33 支座简化

(3)结点的简化。在一般工程结构中，杆件之间相互连接的部分称为结点。不同的结构，其连接方法、构造形式也各不相同。因此在结构的计算简图中，通常把结点简化成铰结点和刚结点两种极端理想化的基本形式。

1)铰结点。铰结点是指杆件与杆件之间用圆柱铰链约束这种形式连接，连接后杆件之间可以绕结点中心自由地做相对转动而不能产生相对移动。在工程实际中，完全用理想铰连接杆件的实例是非常少见的。但是，从结点的构造来分析，把它们近似地看成铰结点所造成的误差并不显著，如图1-34所示。

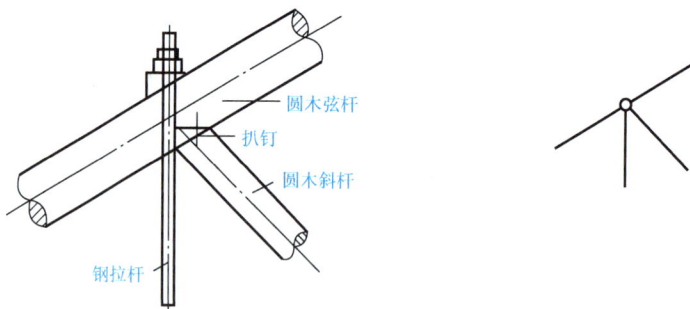

图 1-34 铰结点

2)刚结点。刚结点是指构件之间的连接采用焊接（如钢结构的连接）或者现浇（如钢筋混凝土梁与柱现浇在一起）等连接方式的连接点。构件之间相互连接后，在连接处的任何相对运动都受到限制，既不能产生相对移动，也不能产生相对转动，即使结构在荷载作用下发生了变形，在结点处各杆端之间的夹角仍然保持不变，如图1-35所示。

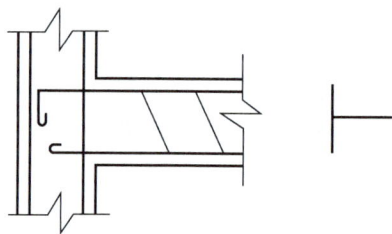

图 1-35 刚结点

3)组合结点。组合结点是刚结点与铰结点的组合体,如图 1-36 所示。

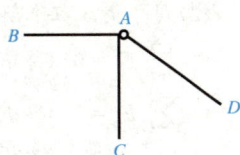

图 1-36　组合结点

(4)荷载的简化。实际结构受到的荷载,一般是作用在构件内各处的体荷载(如自重)及作用在某一面积上的面荷载(如风压力)。在计算简图中,常把它们简化为作用在构件纵向轴线上的线荷载、集中力和集中力偶。

(5)体系的简化。一般的结构都是空间结构,首先要把这种空间形式的结构,根据其实际的受力情况,简化为平面状态。

图 1-37(a)所示为多跨多层房屋的框架结构体系,梁与柱组成一个空间刚架体系。从抵抗侧移来看,结构的横向刚度较小,纵向刚度较大。为了保证结构的承载能力,通常取横向刚架[图 1-37(b)]进行计算,这时要考虑竖向荷载和横向水平荷载(风荷载和地震作用)的作用。对于纵向刚架[图 1-37(c)],一般只验算地震作用的影响;由于迎风面积小,风荷载较小,抵抗的柱子又多,故可以忽略风荷载所产生的内力。

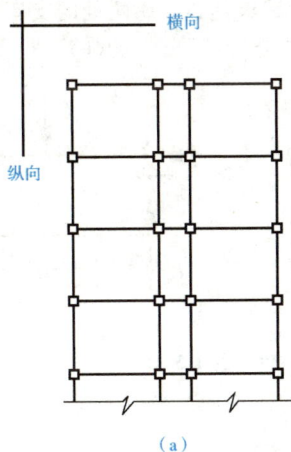

(a)

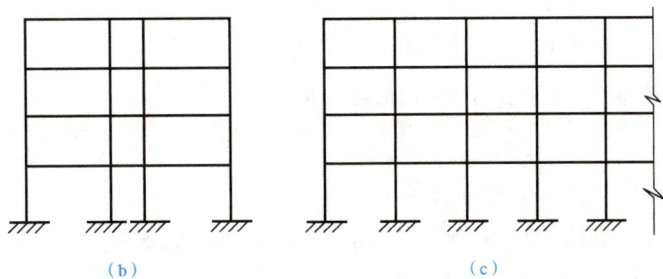

(b)　　　　　　　　(c)

图 1-37　体系的简化

(a)框架结构体系;(b)横向刚架;(c)纵向刚架

1.5.2　支座反力的计算

下面以例题的形式,说明支座反力的计算。

【例 1-4】　悬臂梁如图 1-38(a)所示,已知 $q=2$ kN/m,试求其支座反力。

解:(1)以梁 AB 为研究对象,画出其受力图[图 1-38(b)]。

(2)列平衡方程求解。

由 $\sum F_x = 0$，得 $F_{Ax} = 0$。

由 $\sum F_y = 0$，得 $F_{Ay} - q \times 2 = 0$。

因此，$F_{Ay} = 2 \times 2 = 4 (\text{kN})$

由 $\sum m_A(\boldsymbol{F}) = 0$，得 $m_A - q \times 2 \times l/2 = 0$。

因此，$m_A = 2 \times 2 \times 2/2 = 4 (\text{kN} \cdot \text{m})$。

(3)校核。

$$\sum m_B(\boldsymbol{F}) = m_A - F_{Ay} \times 2 + q \times 2 \times 2/2$$
$$= 4 - 4 \times 2 + 2 \times 2 = 0$$

因此，计算无误。

所得结果为正，说明支座反力的实际指向与假设方向
一致，否则即与假设方向相反。

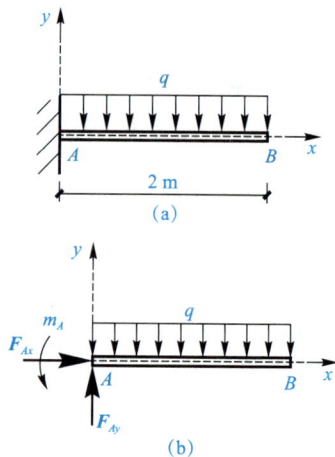

图 1-38　例 1-4 图

【例 1-5】　简支梁如图 1-39(a)所示，试求其 A、B 两处的支座反力。

解：(1)以梁 AB 为研究对象，画出其受力图[图 1-39(b)]。

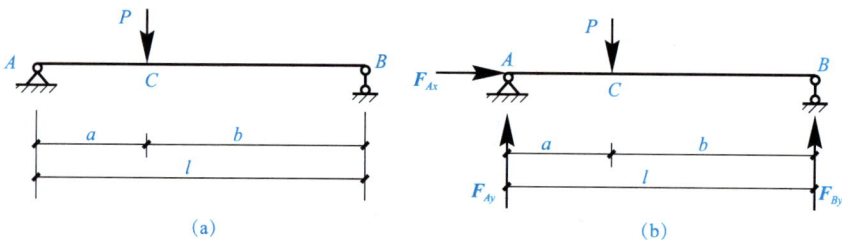

图 1-39　例 1-5 图

(2)列平衡方程求解。

由 $\sum F_x = 0$，得 $F_{Ax} = 0$。

由 $\sum m_A(F) = 0$，得 $F_{By} \times l - P \times a = 0$，因此，$F_{By} = Pa/l$。

由 $\sum F_y = 0$，得 $F_{Ay} + F_{By} - P = 0$，因此，$F_{Ay} = Pb/l$。

(3)校核。

$\sum m_B(F) = P \times b - F_{Ay} \times l = 0$，因此，计算无误。

【例 1-6】　简支梁如图 1-40(a)所示，试求其 A、B 两处的支座反力。

解：方法 1 如下。

(1)以梁 AB 为研究对象，画出其受力图[图 1-40(b)]。

(2)列平衡方程求解。

由 $\sum F_x = 0$，得 $F_{Ax} = 0$。

由 $\sum m_A(F) = 0$，得 $F_{By} \times l + m = 0$，因此，$F_{By} = -m/l$。

由 $\sum F_y = 0$，得 $F_{Ay} + F_{By} = 0$，因此，$F_{Ay} = m/l$。

(3)校核。

$\sum m_B(F) = m - F_{Ay} \times l = 0$，因此，计算无误。

方法 2 如下。

由平面力偶系的平衡规律可知，力偶只能和力偶平衡，所以，A、B 两处的支反力必然形成一个力偶，这个力偶和已知力偶大小相等、方向相反。因为 $\boldsymbol{F}_B$ 的作用线为竖直方向，根据组成力偶的两作用力平行的关系，可判断出 $\boldsymbol{F}_A$ 的作用线也沿竖直方向；再根据约束反力偶的转向和已知力偶相反，为逆时针转向，便可决定 $\boldsymbol{F}_A$、$\boldsymbol{F}_B$ 的箭头指向，如图 1-41 所示。

再根据约束反力偶与已知力偶的力偶矩相等，便可求得 $F_{Ay} = F_{By} = m/l$，图 1-41 所示的指向即为支反力的实际指向。

图 1-40　例 1-6 图 1

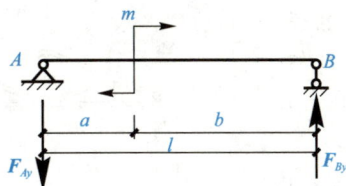

图 1-41　例 1-6 图 2

以上两种梁上荷载最为常见，其支反力最好直接记住，不必每次都计算，见表 1-1。

表 1-1　简支梁在集中荷载作用下的支反力

简支梁	支座反力
	$F_{Ay} = F \dfrac{b}{l}$ ，$F_{By} = F \dfrac{a}{l}$
	$F_{Ay} = F_{By} = \dfrac{M_e}{l}$

仿真实训

参观工法楼，观察常见建筑建筑结构，并尝试画一画结构的计算简图。

1. 在计算简图中，杆件用其_____来表示，杆件的长度用_____来计算，而荷载的作用点也转移到_____上。

2. 在一般工程结构中，杆件之间相互连接的部分称为_____。

3. 在结构的计算简图中，通常把结点简化成_____和_____两种极端理想化的基本形式。

任务工单

根据所学知识，完成以下任务工单。

1. 图 1-42 所示为单层混凝土结构厂房中吊车梁受力图，试画出吊车梁的结构计算简图。

2. 图 1-43 所示为某工业厂房，牛腿承受吊车梁传来的荷载 F_2，桁架屋盖传递给柱顶的荷载是 F_1，柱的基础采用杯形基础，试画牛腿柱的计算简图。

3. 外伸梁 AD 如图 1-44 所示，已知 $q=10$ kN/m，$F=20$ kN，试求其支座反力。

4. 计算图 1-45 所示简支刚架的支反力，已知 $Q=20$ kN，$P=20$ kN，$q=4$ kN/m，$m=10$ kN·m。

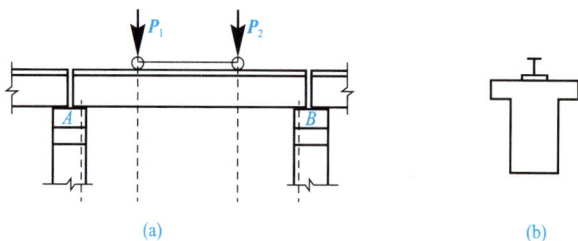

图 1-42 吊车梁受力

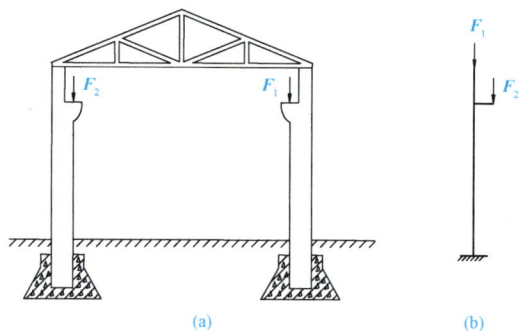

图 1-43 牛腿柱受力

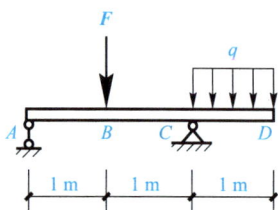

图 1-44 外伸梁受力

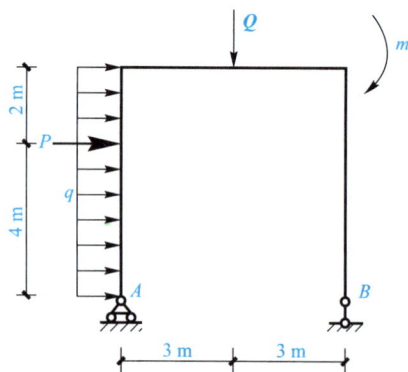

图 1-45 简支刚梁受力

项目 2　平面力系的合成与平衡

知识目标 >>>

1. 掌握求平面汇交力系合力的几何法，平面汇交力系平衡的几何条件，平面汇交力系合力的解析法，平面汇交力系平衡的解析条件。

2. 了解力对点的矩的概念，力偶、力偶矩的概念；熟悉平面力偶的等效条件；掌握合力矩定理、平面力偶系的合成及平衡条件的运用。

3. 了解平面一般力系向任一点简化的方法与结果，平面一般力系的平衡条件；熟悉平面一般力系的简化结果，物体系统的平衡；掌握平面一般力系的合力矩定理，平面一般力系的平衡方程，平面平行力系的平衡方程。

能力目标 >>>

能运用几何法、解析法求平面汇交力系的合力；能熟练地应用平面汇交力系的平衡方程求解物体的平衡问题；能熟练计算力对力系作用面内任意点的矩；能熟练地应用平面一般力系平衡方程的三种形式求解单个物体的平衡问题；能熟练地求解简单的物体系的平衡问题。

素质目标 >>>

培养认真负责的工作作风和工作方法，在工程设计和施工中具有严肃的科学精神和态度。

思维导图 >>>

平面汇交力系合成的几何法
平面汇交力系平衡的几何条件
平面汇交力系合成的解析法
平面汇交力系平衡的解析条件
（平衡方程）

力矩
力偶
平面力偶系的合成与平衡

平面汇交力系

力矩和力偶

平面力系的合成与平衡

平面一般力系

力的平移定理
平面任意力系向一点简化的主矢与主矩
平面任意力系向一点简化结果的讨论
平面一般力系的合力矩定理
平面一般力系的平衡条件与平衡方程
物体系统的平衡

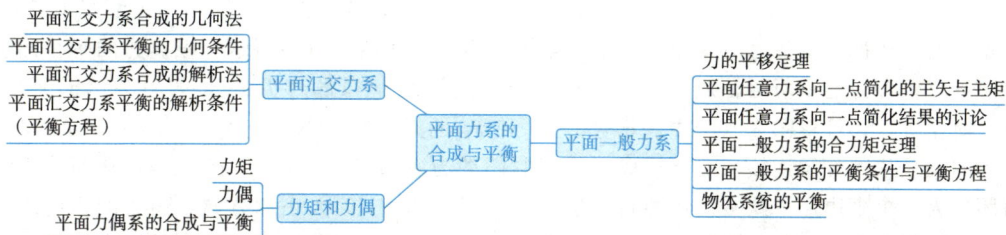

>>> 任务 1　平面汇交力系

📖 课前认知

在平面力系中，各力的作用线都汇交于一点，即构成平面汇交力系。平面汇交力系是最简单的一种平面力系，在建筑工程中，有很多工程实例

力系的分类

可简化为平面汇交力系，平面汇交力系的相关概念和计算是后续学习的基础。研究平面汇交力系的方法有几何法和解析法两种。课前请对本任务内容进行预习，完成以下练习。

判断图 2-1 所示各力系，哪些属于平面汇交力系。

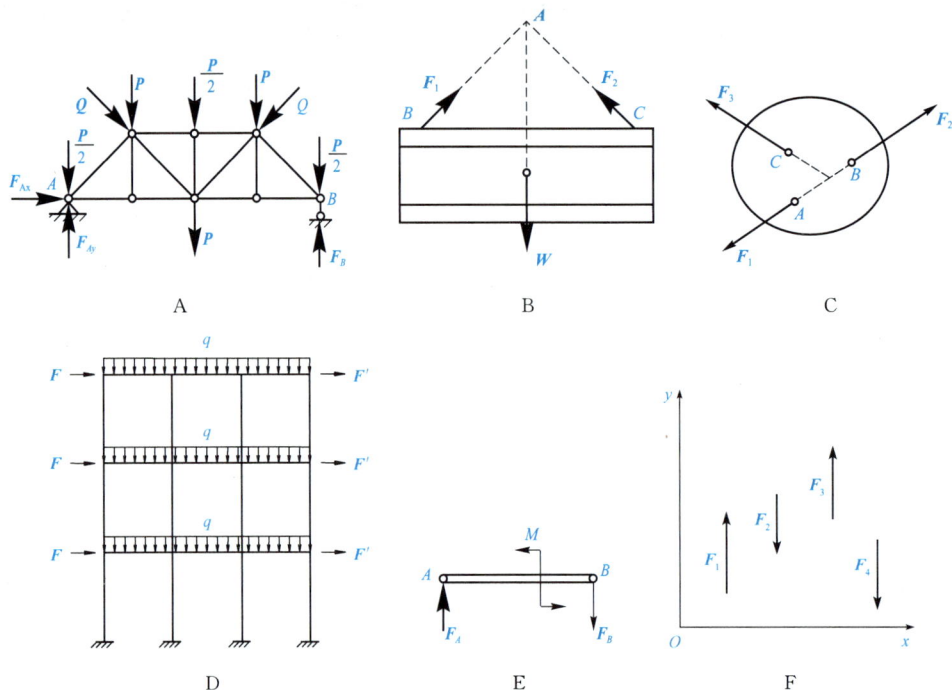

图 2-1　判断力系

属于平面汇交力系的有＿＿＿＿＿＿＿＿＿＿。

理论学习

2.1.1　平面汇交力系合成的几何法

设一刚体受到平面汇交力系 F_1、F_2、F_3、F_4 的作用，各力作用线的延长线汇交于点 O，根据力的可传性，将各力沿其作用线平移至汇交点 O，如图 2-2（a）所示。根据力的平行四边形法则，将各力逐步两两合成，最后求得一个通过汇交点 O 的合力 F_R，如图 2-2（b）所示。为了简化过程，可将图 2-2（b）中表示合力 F_{R1} 和 F_{R2} 的虚线略去不画，而是任取一点 a，将各分力的矢量依次首尾连接，由此组成一个不封闭的力多边形 $abcde$，连接 a、e，从而使折线封闭成为一个多边形。此多边形的封闭边就代表了合力 F_R 的大小和方向，而力的作用线仍应通过原汇交点 O。在作力多边形时，若按不同的先后顺序画各分力，得到的力多边形的形状不同，但是力多边形的封闭边不变，即最终合力的大小和方向不变，如图 2-2（c）所示。

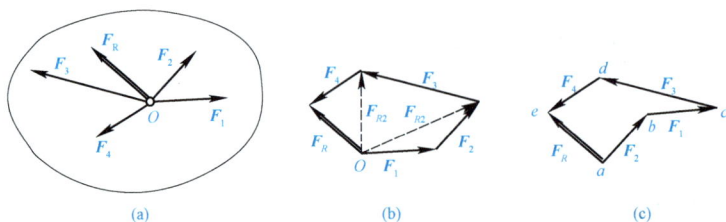

图 2-2　平面汇交力系合成的几何法

这种求合力的方法，称为力多边形法。其矢量表达式为

$$\boldsymbol{F}_R = \boldsymbol{F}_1 + \boldsymbol{F}_2 + \boldsymbol{F}_3 + \boldsymbol{F}_4$$

设平面汇交力系包含 n 个力，以 $\boldsymbol{F}_R$ 表示它们的合力矢，则有

$$\boldsymbol{F}_R = \boldsymbol{F}_1 + \boldsymbol{F}_2 + \cdots + \boldsymbol{F}_n = \sum_{i=1}^{n} \boldsymbol{F}_i$$

即平面汇交力系合成的结果是一个合力，合力的大小和方向等于原力系中各力的矢量和，其作用点是原力系各力的汇交点。

2.1.2　平面汇交力系平衡的几何条件

平面汇交力系可以合成为一个合力，而力系平衡的必要和充分条件是合力等于零，由此可知平面汇交力系平衡的几何条件如下：

力多边形自行封闭，即第一个力的起点和最后一个力的终点重合。

利用平面汇交力系平衡的几何条件，可以解决以下两类问题：

(1)检验刚体在平面汇交力系的作用下是否平衡。

(2)当刚体处于平衡状态时，利用平衡条件，通过作用于物体上的已知力，求解未知力。

【例 2-1】　如图 2-3(a)所示，简易起重架由杆件 AB、AC 组成，挂的重物 $P = 20\ \text{kN}$。不计杆件自重，求杆件 AB、AC 所受的力。

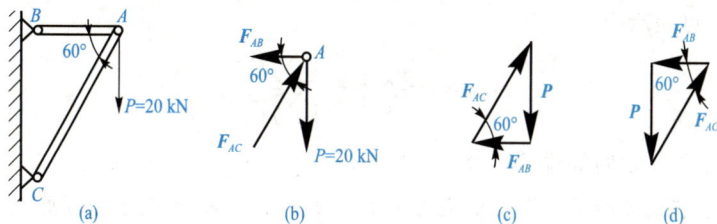

图 2-3　例 2-1 图

解：取铰 A 为研究对象，画出铰 A 的受力图，如图 2-3(b)所示。铰 A 处的已知力为 $P = 20\ \text{kN}$，杆 AB、AC 均为二力杆。设 AB 杆受拉，所受力为 $\boldsymbol{F}_{AB}$，AC 杆受压，所受力为 $\boldsymbol{F}_{AC}$，则 $\boldsymbol{P}$、$\boldsymbol{B}_{AB}$、$\boldsymbol{F}_{AC}$ 三个力组成一个平衡的平面汇交力系。

$\boldsymbol{P}$、$\boldsymbol{F}_{AB}$、$\boldsymbol{F}_{AC}$ 三个力构成的力三角形自行封闭，三个力的作图顺序不分先后，只需依次首尾连接即可。可作图 2-3(c)或图 2-3(d)所示的力三角形。由三角形知识可得

$$\sin 60° = \frac{P}{F_{AC}}, \quad 即\ F_{AC} = \frac{P}{\sin 60°} = \frac{20}{\frac{\sqrt{3}}{2}} = \frac{40\sqrt{3}}{3} = 23.09(\text{kN})$$

$$\tan 60° = \frac{P}{F_{AB}}, \quad 即\ F_{AB} = \frac{P}{\tan 60°} = \frac{20}{\sqrt{3}} = \frac{20\sqrt{3}}{3} = 11.55(\text{kN})$$

注意：用此法求未知力时，须确定未知力的方向，才能画出自行封闭的力三角形。

2.1.3　平面汇交力系合成的解析法

设某刚体上一平面汇交力系 $\boldsymbol{F}_1$、$\boldsymbol{F}_2$、$\boldsymbol{F}_3$、$\boldsymbol{F}_4$ 作用于点 A，如图 2-4(a)所示。由力多边形法则可作出其力多边形，$\boldsymbol{F}_R$ 为合力。在力多边形所在的平面内建立直角坐标系 Oxy，如图 2-4(b)所示，设合力 $\boldsymbol{F}_R$ 在 x 轴、y 轴上的投影分别为 F_{Rx}、F_{Ry}，由于力的投影是代数量，所以各力在同一轴上的投影可以进行代数运算，即

$$F_{Rx} = F_{1x} + F_{2x} + F_{3x} + F_{nx} = \sum F_x \left.\vphantom{\begin{matrix}a\\b\end{matrix}}\right\}$$
$$F_{Ry} = F_{1y} + F_{2y} + F_{3y} + F_{ny} = \sum F_y$$

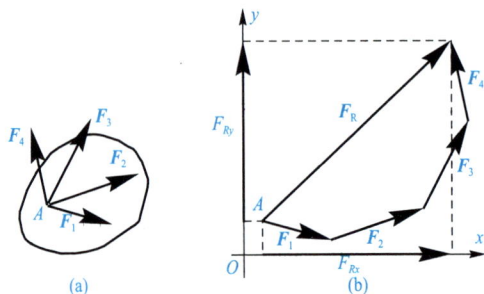

图 2-4　平面汇交力系合成的解析法

由此可得合力投影定理：合力在坐标轴上的投影等于各分力在同一坐标轴上投影的代数和。

合力的大小为

$$F_R = \sqrt{F_{Rx}^2 + F_{Ry}^2} = \sqrt{\left(\sum F_x\right)^2 + \left(\sum F_y\right)^2}$$

合力的方向可表示为

$$\tan\alpha = \left|\frac{F_{Ry}}{F_{Rx}}\right| = \left|\frac{\sum F_y}{\sum F_x}\right|$$

α 为合力 F_R 与 x 轴间的锐角，合力的指向由 $\sum F_x$、$\sum F_y$ 的正负号决定。

【例 2-2】　如图 2-5 所示，平面汇交力系 F_1、F_2、F_3、F_4 汇交于坐标原点 O，已知 $F_1 = 10$ kN，$F_2 = 20$ kN，$F_3 = 20$ kN，$F_4 = 40$ kN，求汇交力系的合力。

解：计算合力 F_R 在 x 轴、y 轴上的投影

$$F_{Rx} = \sum_{i=1}^{n} F_{xi} = F_1 + F_2\cos30° - F_3\sin45° - F_4\sin30°$$
$$= 10 + 20\cos30° - 20\sin45° - 40\sin30° = -6.82(\text{kN})$$

$$F_{Ry} = \sum_{i=1}^{n} F_{yi}$$
$$= F_2\sin30° + F_3\cos45° - F_4\cos30° = 20\sin30° + 20\cos45°$$
$$- 40\cos30°$$
$$= -10.50(\text{kN})$$

$$F_R = \sqrt{F_{Rx}^2 + F_{Ry}^2} = \sqrt{(-6.82)^2 + (-10.50)^2} = 12.52(\text{kN})$$

$$\tan\alpha = \frac{F_{Ry}}{F_{Rx}} = \frac{-10.50}{-6.82} = 1.539\ 6$$

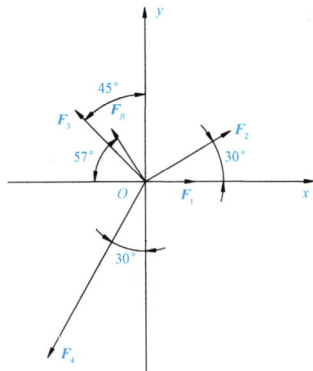

图 2-5　例 2-2 图

$\alpha = 57.00°$，合力在第三象限，作用点通过力系的汇交点 O。

2.1.4　平面汇交力系平衡的解析条件(平衡方程)

平面汇交力系平衡的必要和充分条件是：该力系的合力 F_R 等于零，即

$$F_R = \sqrt{\left(\sum F_{ix}\right)^2 + \left(\sum F_{iy}\right)^2} = 0$$

欲使上式成立，必须同时满足：

$$\sum F_{ix}=0$$
$$\sum F_{iy}=0$$

上式表明平面汇交力系平衡的解析条件是：力系中各分力在任意两个坐标轴上投影的代数和分别等于零，被称为平面汇交力系的平衡方程。它们相互独立，应用这两个独立的平衡方程可求解两个未知量。

【例 2-3】 重力 $P=10$ kN 的球用两根细绳悬挂固定，如图 2-6(a)所示。试求各绳的拉力。

图 2-6　例 2-3 图

解：以球 A 为研究对象，受力图及参考坐标系 Oxy 如图 2-6(b)所示。列出平衡方程

$$\sum F_x=0，\quad T_C \cdot \cos 45° - T_B \cdot \cos 30° = 0$$
$$\sum F_y=0，\quad T_C \cdot \sin 45° + T_B \cdot \sin 30° - P = 0$$

联立解得

$$T_C=8.96 \text{ kN}，\quad T_B=7.32 \text{ kN}$$

若选择坐标系 $Ax'y'$，其中 Ax' 轴与 T_B 垂直，列出平衡方程可直接求出 T_C：

$$\sum F'_x=0，\quad T_C \cdot \cos 15° - P \cdot \cos 30° = 0$$

解得

$$T_C = \frac{10 \times \cos 30°}{\cos 15°} = 8.96(\text{kN})$$

仿真实训

通过试验，感受力的变化。如图 2-7(a)所示，手提一根弹簧，在弹簧下挂一个砝码，感受手提的拉力。再用手把另一根弹簧沿水平方向十分缓慢地向右拉，如图 2-7(b)所示，感受两根弹簧受到的拉力大小有何变化，并思考计算拉力大小的方法。

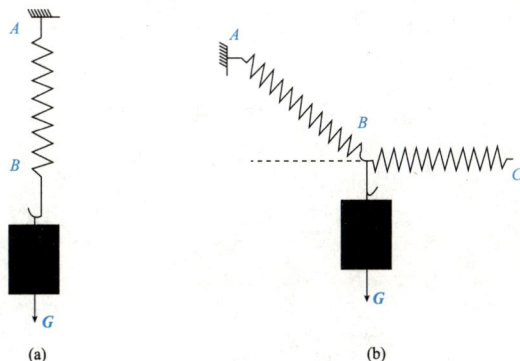

图 2-7　弹簧试验

技能测试

一、填空题

1. 力系中各力的作用线在同一个面内汇交于一点，这样的力系称为_____力系。
2. 平面汇交力系平衡的必要和充分条件：该力系的_____等于_____。
3. 平面汇交力系平衡的几何条件：该力系的力多边形_____。

二、选择题

1. 已知 F_1、F_2、F_3、F_4 为作用于一刚体上的平面汇交力系，其力矢之间有如图 2-8 所示的关系，因此（　　）。

   A. 其力系的合力 $F_R = F_4$

   B. 其力系的合力 $F_R = 0$

   C. 其力系的合力 $F_R = 2F_4$

   D. 其力系的合力 $F_R = -F_4$

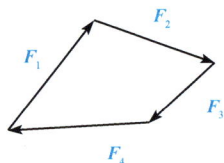

图 2-8　力矢关系

2. 力沿某一坐标轴的分力与该力在同一坐标轴上的投影之间的关系是（　　）。

   A. 分力的大小必等于投影

   B. 分力的大小必等于投影的绝对值

   C. 分力的大小可能等于也可能不等于投影的绝对值

   D. 分力与投影是性质相同的物理量

3. 一个不平衡的平面汇交力系，若满足 $\sum x = 0$ 的条件，则其合力的方位应是（　　）。

   A. 与 x 轴垂直　　　　　　　　B. 与 x 轴平行

   C. 与 y 轴垂直　　　　　　　　D. 通过坐标原点 O

任务工单

请根据所学知识，完成以下任务工单。

1. 力在坐标轴上的投影一定等于力沿坐标轴分解的分力的大小吗？

2. 列举一些生活中和劳动中遇到的平面汇交力系的实例。

3. 如图 2-9 所示，各力多边形中，哪些是自行封闭？哪些不是自行封闭？若不是自行封闭，请指出合力。

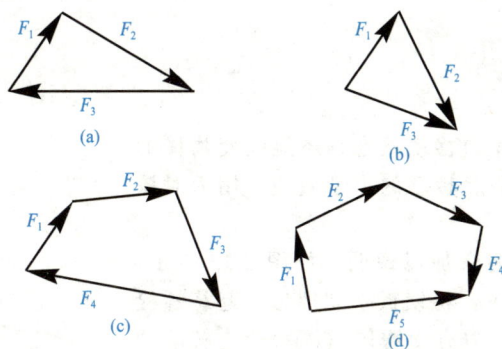

图 2-9　力多边形

4. 如图 2-10 所示，$F_1 = 10$ N，$F_2 = 6$ N，$F_3 = 8$ N，$F_4 = 12$ N，试求其合力。

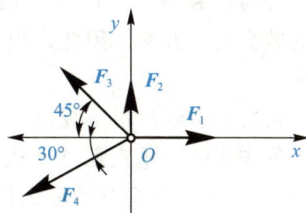

图 2-10　力系

5. 某简易起重机如图 2-11 所示。已知重物 $W = 100$ kN，设各杆、滑轮、钢丝绳自重不计，摩擦力不计，A、B、C 三处均为铰链连接。试计算杆 AC、AB 所受的力。

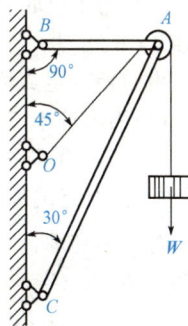

图 2-11　起重机

>>> 任务2　力矩和力偶

课前认知

力对物体的运动效应有移动效应和转动效应。集中力使物体产生移动效应，在度量力对物体的转动效应时，要使用力对点之矩和力偶这两个概念。请在课前预习力矩和力偶的相关知识，想一想，在日常生活中，有哪些利用力矩和力偶的例子？

视频：时钟停摆的
"魔法"

2.2.1 力矩

1. 力对点的矩

力不仅可以改变物体的移动状态，还能改变物体的转动状态。力使物体绕某点转动的力学效应，用力对该点的矩来衡量。

现以扳手拧螺母为例来加以说明。如图 2-12 所示，在扳手的 A 点施加一力 **F**，将使扳手和螺母一起绕螺栓中心 O 转动，也就是说，力有使物体（扳手）产生转动的效应。实践经验表明，扳手的转动效果不仅与力 **F** 的大小有关，而且与 O 点到力作用线的垂直距离 d 有关。当 d 保持不变时，力 **F** 越大，转动越快。当力 **F** 不变时，d 越大，转动也越快。若改变力的作用方向，则扳手的转动方向就会发生改变，因此，用 F 与 d 的乘积和适当的正负号来表示力 **F** 使物体绕 O 点转动的效应。

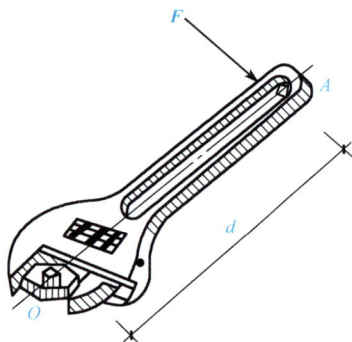

图 2-12 扳手拧螺母

由实践总结出以下规律：力使物体绕某点转动的效果，与力的大小成正比，与转动中心到力的作用线的垂直距离 d 成正比，这个垂直距离称为力臂，转动中心称为力矩中心（简称矩心）。力大小与力臂的乘积称为力 **F** 对点 O 之矩，简称力矩，记作 $M_O(F)$，计算公式为

$$M_O(F) = \pm F \cdot d$$

式中的正负号可做如下规定：力使物体绕矩心逆时针转动时取正号，反之取负号。

力矩的单位取决于力和力臂的单位，在国际单位制中通常用牛顿·米（N·m）或千牛顿·米（kN·m）。

由力矩的定义可知：

(1)当力等于零，或者力臂等于零（力的作用线通过矩心）时，力矩等于零。

(2)当力沿其作用线移动时，不会改变力对某点的矩。这是因为 F 和 d 均未改变。

2. 合力矩定理

合力矩定理：平面汇交力系的合力对平面内任一点之矩等于力系中各力对该点之矩的代数和，即

$$M_O(F_R) = M_O(F_1) + M_O(F_2) + M_O(F_3) + \cdots M_O(F_n) = \sum M_O(F_i)$$

合力矩定理常可以用来简化力矩的计算，尤其是当力臂不易求出时，可将力分解成两个互相垂直的分力，而两个分力对某点的力臂已知或易求出，则可方便求出两个分力对某点之矩的代数和，从而求出已知力对该点之矩，如图 2-13 所示。

$$M_O(F) = M_O(F_x) + M_O(F_y) = -F_x \cdot b + F_y \cdot a = -F\cos\theta \cdot b + F\sin\theta \cdot a = F(a\sin\theta - b\cos\theta)$$

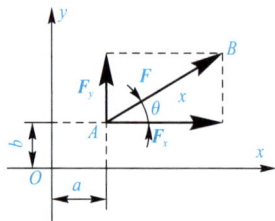

图 2-13 分力对某点之矩

【例 2-4】 试计算图 2-14 中力 F 对 A 点的矩。

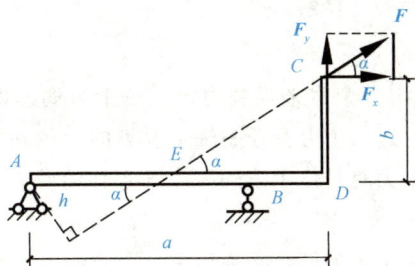

图 2-14 例 2-4 图

解：本题直接计算力 F 对 A 点的力矩，力臂 h 不易求出。现将力 F 分解为互相垂直的两个分力 F_x 和 F_y，如图 2-14 所示，利用合力矩定理可方便地计算出力 F 对 A 点的矩为

$$M_A(\boldsymbol{F}) = M_A(\boldsymbol{F}_x) + M_A(\boldsymbol{F}_y)$$
$$= -F_x b + F_y a = -F\cos\alpha \cdot b + F\sin\alpha \cdot a$$
$$= Fa\sin\alpha - Fb\cos\alpha$$

2.2.2 力偶

1. 力偶的概念

大小相等、作用线平行、方向相反而不共线的两个力[图 2-15(a)]称为力偶，记作 $(\boldsymbol{F}, \boldsymbol{F}')$。力偶的两个力作用线间的垂直距离 d 称为力偶臂，力偶的两个力所构成的平面称为力偶作用面。例如，汽车司机用双手转动方向盘时，作用在方向盘上有两个大小相等、方向相反，但不共线的平行力，如图 2-15(b)所示。

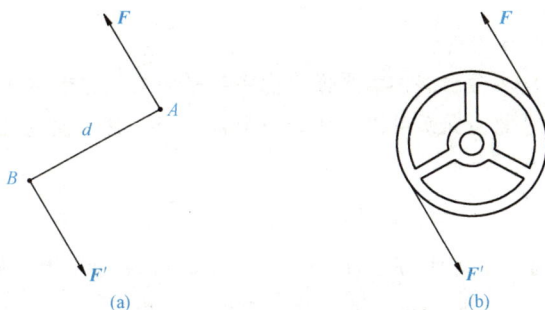

图 2-15 力偶

物体在力偶的作用下产生纯转动，力偶不能用一个集中力平衡，只能用另一个力偶平衡。因此，力和力偶是力学的两个基本因素。

实践表明，力偶的力 F 越大，或力偶臂越大，则力偶使物体的转动效应就越强；反之越弱。因此，与力矩类似，用 F 与 d 的乘积来度量力偶对物体的转动效应，并把这一乘积冠以适当的正负号称为力偶矩，用 m 表示，即

$$m = \pm Fd$$

式中正负号表示力偶矩的转向。通常规定：若力偶使物体做逆时针方向转动时，力偶矩为正；反之为负。在平面力系中，力偶矩是代数量。力偶矩的单位与力矩相同。

力偶对物体的作用效应由三个因素决定，即力偶矩的大小、力偶矩的转向、力偶作用面的方位。这三个因素称为力偶的三要素。

2. 力偶的基本性质

(1)力偶没有合力，不能用一个力来代替力偶。由于力偶的两个力是大小相等、方向相反、不共线的平行力，因此，这两个力在任一轴上投影的代数和等于零，力偶对物体只有转动效应，而无移动效应。一个力对其作用线外一点既有转动效应，又有移动效应，所以力偶不能与一个力等效。

综上所述，力偶不能与一个力平衡，必须用另一个力偶来平衡。

(2)力偶对其作用面内任一点之矩等于力偶矩，与矩心位置无关。如图 2-16 所示，力偶 $M(\boldsymbol{F}，\boldsymbol{F}')$ 对其作用面内任一点 O 的力矩可按下式计算：

$$M_O(\boldsymbol{F}，\boldsymbol{F}')=F(d+x)-F'x=Fd=M$$

(3)在同一平面内的两个力偶，它们的力偶矩大小相等，力偶的转向相同，则这两个力偶是等效的。此性质称为力偶的等效性。

根据力偶的等效性，可以得出以下两个推论：

推论 1：力偶在其作用面内任意移动，不改变它对物体的转动效应。

推论 2：保持力偶大小和转向不变，若改变力偶中力的大小和力偶臂的长度，将不改变力偶对物体的作用效应。

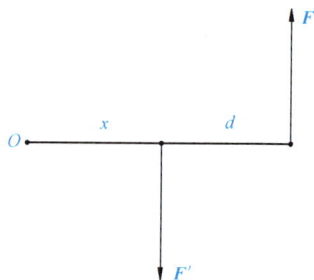
图 2-16 力偶对某点之矩

2.2.3 平面力偶系的合成与平衡

1. 平面力偶系的合成

作用在同一平面内的多个力偶称为平面力偶系。平面力偶系合成可以根据力偶等效性来进行。合成的结果是：平面力偶系可以合成为一个合力偶，其力偶矩等于各分力偶矩的代数和。即

$$M=m_1+m_2+\cdots+m_n=\sum m_i$$

【例 2-5】 物体受到三个力偶 $(\boldsymbol{F}_1，\boldsymbol{F}_1)$、$(\boldsymbol{F}_2，\boldsymbol{F}_2)$ 和 m 的作用，如图 2-17 所示，其中 $F_1=1\text{ kN}$，$F_2=3\text{ kN}$，$m=6\text{ kN·m}$，求物体受到的合力矩。

解： 三个力偶合成为一个力偶：

$$M=m_1+m_2+m_3=-F_1\cdot 2-F_2\cdot 4+m$$
$$=-1\times 2-3\times 4+6=-8(\text{kN·m})(\circlearrowright)$$

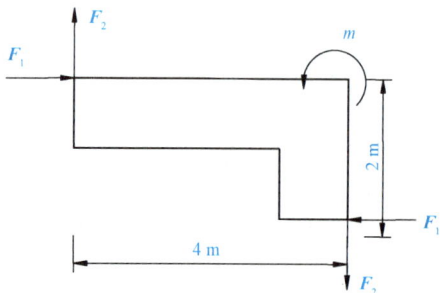
图 2-17 例 2-5 图

2. 平面力偶系的平衡条件

平面力偶系平衡的必要和充分条件是合力偶矩等于零，即

$$\sum M = 0$$

利用平面力偶系的平衡条件，可以求解一个未知量。

【例 2-6】 如图 2-18(a)所示，梁 AB 受一力偶的作用。已知力偶矩 $M=20\text{ N}\cdot\text{m}$，梁长 $l=4\text{ m}$，梁自重不计。求 A、B 支座处的反力。

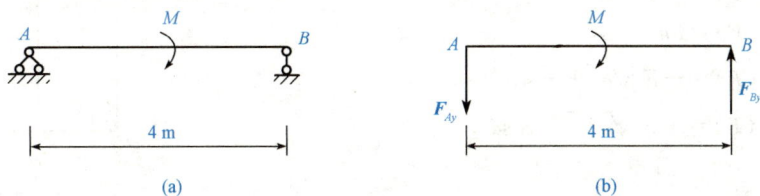

图 2-18　例 2-6 图

解： 取梁 AB 为研究对象。该梁只受主动力偶 M 的作用，所以，A、B 支座处的两个反力必定也组成一个力偶，如图 2-18(b)所示可知 $F_{By}l-M=0$，得

$$F_{By} = \frac{M}{l} = \frac{20}{4} = 5\,(\text{kN})\,(\uparrow)$$

$$F_{Ay} = F_{By} = 5\,(\text{kN})\,(\downarrow)$$

$$F_{Ax} = 0$$

仿真实训

在教师的指导下，利用力矩盘做力矩平衡实验，具体见二维码。

技能测试

视频：力矩平衡实验

一、填空题

1. 力偶对作用平面内任意点的矩都等于＿＿＿＿＿＿。

2. 力偶在坐标轴上的投影的代数和＿＿＿＿＿＿。

3. 力偶对物体的转动效果的大小用＿＿＿＿＿＿表示。

4. 力矩的作用效果与矩心位置＿＿＿＿；而力偶的作用效果与矩心位置＿＿＿＿。

5. ＿＿＿＿和＿＿＿＿是静力学的两个基本元素。

6. 作用在刚体上某点的力，可平移到刚体上任一点，但必须附加一个＿＿＿＿，附加的力偶矩等于原力对＿＿＿＿＿＿的矩。

二、选择题

1. 关于力偶的特点，下列说法正确的是（　　）。

　A. 力偶可以用力来维持平衡

　B. 力偶的合成结果仍为一力偶

　C. 力偶矩大小相等、方向相反的二力偶，互为等效力偶

　D. 力偶不可以任意搬动

2. 如图 2-19 所示，已知 $F = 20$ kN，则 $\boldsymbol{F}$ 对 O 点的力矩为（　　）
kN·m。

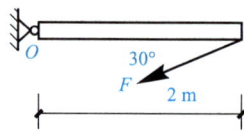

图 2-19　选择题 2 图

　　A. -20　B. 40
　　C. 20　D. -40

3. 如图 2-20 所示，一力 $\boldsymbol{F}$ 作用于 p 点，其方向为水平向右，
其中 a、b、α 为已知，则该力对 O 点的矩为（　　）。

　　A. $M_O(\boldsymbol{F}) = -F\sqrt{a^2 + b^2}$

　　B. $M_O(\boldsymbol{F}) = Fb$

　　C. $M_O(\boldsymbol{F}) = -F\sqrt{a^2 + b^2}\sin\alpha$

　　D. $M_O(\boldsymbol{F}) = -F\sqrt{a^2 + b^2}\cos\alpha$

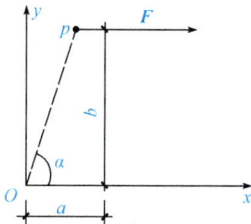

图 2-20　选择题 3 图

🗂 任务工单

请根据所学知识，完成以下任务工单。

1. 在日常生活中，用手拔钉子拔不出来，为什么用钉锤一下子能拔出来？

2. 如图 2-21 所示，两个简支梁，其上作用的力偶相同，它们引起的支座反力是否相同？

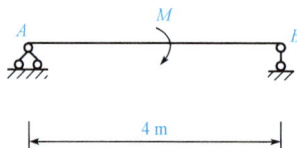
(a)

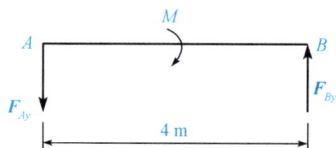
(b)

图 2-21　简支梁受力

3. 图 2-22 所示为某梁自由端受作用力 $\boldsymbol{F}_1$ 和 $\boldsymbol{F}_2$ 作用，试分别计算此两力对梁上 O 点的力矩。

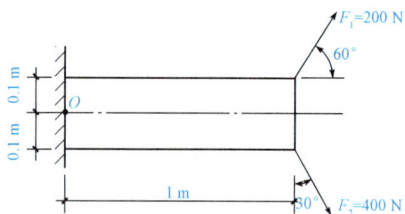

图 2-22　梁自由端受力

4. 如图 2-23 所示，横梁 AB 上作用一个力偶，其力偶矩 $m = 200$ N·m。不计各杆自重，试求 A、D 处的支座反力。

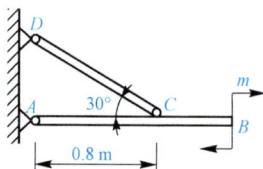

图 2-23　梁受力

任务 3 平面一般力系

课前认知

在平面力系中，若各力的作用线都处于同一平面内，它们既不完全汇交于一点，相互间也不全部平行，此力系称为平面一般力系（也称为平面任意力系）。平面一般力系是工程中很常见的力系，很多实际问题都可简化成一般力系问题得以解决。请课前预习相关知识，思考一下，平面一般力系简化的最后结果有哪几种情况？

平面一般力系
的工程实例

理论学习

2.3.1 力的平移定理

设刚体的 A 点作用着一个力 F[图 2-24(a)]，在此刚体上任取一点 O。现欲将力 F 平移到 O 点，同时不改变其原有的作用效应。为此，可如图 2-24(b)所示，在 O 点加上两个大小相等、方向相反，与 F 平行的力 F' 和 F''，且 $F'=F''=F$。根据加减平衡力系公理，F、F'、F'' 与图 2-24(a)中的 F 对刚体的作用效应相同。显然 F 和 F'' 组成一个力偶，其力偶矩为 Fd。因此这三个力可转换为作用在 O 点的一个力和一个力偶[图 2-24(c)]。由此可得出力的平移定理：作用在刚体上的力 F，可以平移到同一刚体上的任一点 O，但必须附加一个力偶，其力偶矩等于力 F 对新作用点 O 之矩。

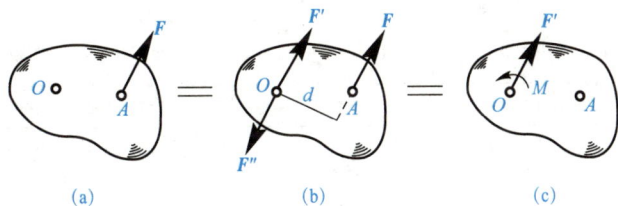

图 2-24 力的平移定理

根据上述力的平移的逆过程，力的平移定理的逆定理也成立：共面的一个力和一个力偶总可以合成为一个力，该力的大小和方向与原力相同，作用线间的垂直距离为 $d=|M|/F$。

2.3.2 平面任意力系向一点简化的主矢与主矩

设有一平面任意力系，如图 2-25(a)所示，根据力的平移定理，将组成力系的各个力平移至平面内的任意一点 O，便得到与原力系等效的一组汇交力和一组力偶，新的一组力 F_1'、F_2'、F_3' 分别与原力系中的各力 F_1、F_2、F_3 相等；新的一组力偶 M_1、M_2、M_3 分别等于原力系中各个力对 O 点的矩 $M_O(F_1)$、$M_O(F_2)$、$M_O(F_3)$，如图 2-25(b)所示。将汇交于 O 点的一组力 F_1'、F_2'、F_3' 合成，其合力矢量 F_R' 等于原力系各力的矢量和，即

$$F_R' = \sum F_i' = \sum F_i$$

将力偶 M_1、M_2、M_3 合成得一个合力偶，其力偶矩 M_O 等于力系中各力对简化中心 O 点的力矩代数和，即

$$M_O = \sum M_i = \sum M_O(F_i)$$

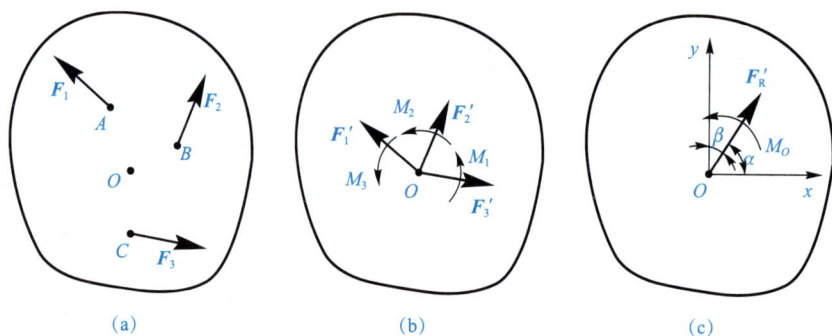

图 2-25 平面任意力系向平面内一点简化

可见，平面任意力系向作用面内任一点 O 简化，可得到一个力和一个力偶。这个力矢量称为原力系的主矢，主矢量等于力系中各力的矢量和，作用线通过简化中心 O；这个力偶的力偶矩称为力系对简化中心的主矩，主矩等于力系中各力对简化中心 O 的力矩的代数和，如图 2-25(c) 所示。

力系的主矢是一个常量，不随简化中心的位置而变化，而主矩是一个不确定量，随简化中心的位置而不同。

2.3.3 平面任意力系向一点简化结果的讨论

平面任意力系向任意一点简化，一般可得主矢 F'_R 与主矩 M'_O，根据主矢与主矩是否存在，平面任意力系简化结果可能出现四种情况，见表 2-1。

表 2-1 平面任意力系的简化结果

主矢	主矩	简化结果	与简化中心的关系
$F'_R \neq 0$	$M'_O \neq 0$	合力 $F_R = F'_R$	合力至简化中心 O 的距离为 $d = \dfrac{M'_O}{F_R}$ (图 2-26)
	$M'_O = 0$	合力	力的作用线通过简化中心
$F'_R = 0$	$M'_O \neq 0$	合力偶	该力偶的力偶矩为原力系对简化中心的主矩，主矩与简化中心的位置无关
	$M'_O = 0$	平衡	与简化中心无关

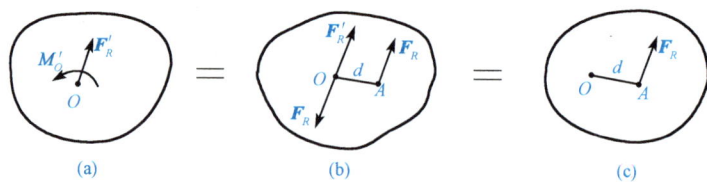

图 2-26 力系向任意一点进一步简化结果

总之，对不同的平面任意力系进行简化，其最后结果只有三种可能性：合力、合力偶、平衡。

2.3.4 平面一般力系的合力矩定理

由上面分析可知，当 $F' \neq 0$，$M_O \neq 0$ 时，还可进一步简化为一合力 F，合力对 O 点的力矩如下：

$$m_O(\boldsymbol{F}) = F \cdot d = M_O$$

而 M_O 是力系中各力(分力)对 O 点的力矩的代数和:

$$M_O = \sum m_O(F_i)$$

所以 $$m_O(\boldsymbol{F}) = \sum m_O(\boldsymbol{F}_i)$$

由于简化中心 O 是任意选取的,故上式具有普遍的意义。于是可得到平面力系的合力矩定理:平面一般力系的合力对其作用面内任一点之矩等于力系中各力对同一点之矩的代数和。

2.3.5 平面一般力系的平衡条件与平衡方程

1. 平面一般力系的平衡条件

平面一般力系向平面内任一点简化,若主矢 $\boldsymbol{F}'$ 和主矩 M_O 同时等于零,表明作用于简化中心 O 点的平面汇交力系和附加力平面力偶系都自成平衡,则原力系一定是平衡力系;反之,如果主矢 $\boldsymbol{F}'$ 和主矩 M_O 中有一个不等于零或两个都不等于零时,则平面一般力系就可以简化为一个合力或一个力偶,原力系就不能平衡。因此,平面一般力系平衡的必要与充分条件是,力系的主矢和力系对平面内任一点的主矩都等于零。即

$$F' = 0 \quad M_O = 0$$

2. 平面一般力系的平衡方程

(1)平面一般力系平衡的基本形式。

由于 $$F' = \sqrt{\left(\sum F_x\right)^2 + \left(\sum F_y\right)^2} = 0$$

$$M_O = \sum m_O(\boldsymbol{F}_i) = 0$$

于是平面一般力系的平衡条件为

$$\left. \begin{array}{l} \sum F_x = 0 \\ \sum F_y = 0 \\ \sum m_O(\boldsymbol{F}_i) = 0 \end{array} \right\}$$

上式表明,平面一般力系处于平衡的充分必要条件:力系中所有各力在 x 坐标轴上投影的代数和等于零;力系中所有各力在 y 轴上的投影的代数和为零;力系中各力对作用面内任一点的力矩的代数和等于零。

上式为平面一般力系的平衡方程的基本形式(一矩式平衡方程)。其中前两式称为投影方程,后一式称为力矩方程。平面一般力系有三个独立的平衡方程,可以求解三个未知量。

【例 2-7】 图 2-27(a)所示的刚架 AB 受均匀分布风荷载的作用,单位长度上承受的风压为 $q(\text{N/m})$,q 为均布荷载集度。给定 q 和刚架尺寸,求支座 A 和 B 的约束反力。

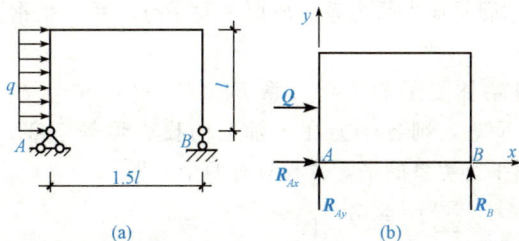

图 2-27 例 2-7 图

解:(1)取分离体，作受力图。取刚架 AB 为分离体。它所受的分布荷载用其合力 Q 代替，合力 Q 的大小等于荷载集度 q 与荷载作用长度之积。

$$Q = ql \tag{a}$$

合力 Q 作用在均布荷载作用线的中点，如图 2-27(b)所示。

(2)列平衡方程，求解未知力。刚架受平面任意力系的作用，三个支座反力是未知量，可由平衡方程求出。取坐标轴如图 2-27(b)所示。列平衡方程

$$\sum F_x = 0 \qquad Q + R_{Ax} = 0 \tag{b}$$

$$\sum F_y = 0 \qquad R_B + R_{Ay} = 0 \tag{c}$$

$$\sum m_A(F_i) = 0 \qquad 1.5/R_B - 0.5/Q = 0 \tag{d}$$

由式(b)解得

$$R_{Ax} = -Q = -ql$$

由式(d)解得

$$R_B = 1/3ql$$

将 R_B 的值代入式(c)得

$$R_{Ay} = -R_B = -1/3ql$$

负号说明约束反力 R_{Ay} 的实际方向与图中假设的方向相反。

(2)平面一般力系平衡方程的其他形式。

除了基本形式以外，平面任意力系的平衡方程还可表示为二力矩式或三力矩式。

二力矩式如下：

$$\left. \begin{array}{l} \sum F_x = 0 \\ \sum M_A(\boldsymbol{F}) = 0 \\ \sum M_B(\boldsymbol{F}) = 0 \end{array} \right\}$$

其中，A、B 两点的连线不能与 x 轴(或 y 轴)垂直。

三力矩式如下：

$$\left. \begin{array}{l} \sum M_A(\boldsymbol{F}) = 0 \\ \sum M_B(\boldsymbol{F}) = 0 \\ \sum M_C(\boldsymbol{F}) = 0 \end{array} \right\}$$

其中，A、B、C 三点不能在同一直线上。

平面任意力系的平衡方程虽有三种形式，但无论采用哪种形式，都只能列出三个独立的平衡方程，只能求解三个独立的未知量。

任务 1 介绍的平面汇交力系是平面任意力系的特殊情形，除了平面汇交力系，平面任意力系还有一个特殊情形，即平面平行力系。所谓平面平行力系，是指力系中各力的作用线互相平行。

如图 2-28 所示，设物体受平面平行力系 F_1、F_2、F_3、…、F_n 作用。若取 x 轴与各力垂直，则各个力在 x 轴上的投影恒等于零，即 $\sum F_x = 0$。因此，平面平行力系的平衡方程只有两个，即

$$\left. \begin{array}{l} \sum F_y = 0 \\ \sum M_O(\boldsymbol{F}) = 0 \end{array} \right\}$$

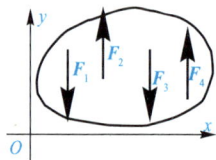

图 2-28 平面平行力系

也可用二力矩式表示

$$\left.\begin{array}{l}\sum M_A(\boldsymbol{F}) = 0\\[2mm]\sum M_B(\boldsymbol{F}) = 0\end{array}\right\}$$

其中，A、B 两点连线不能与力系平行。

平面平行力系和平面汇交力系一样，只能列两个独立的平衡方程，只能求解两个独立的未知量。

【例 2-8】 某房屋的外伸梁构造及尺寸如图 2-29（a）所示。该梁的力学简图如图 2-29（b）所示。已知 $q_1 = 20$ kN/m，$q_2 = 25$ kN/m。求 A、B 支座的反力。

解： 取外伸梁 AC 为研究对象。其上作用有均布线荷载 q_1、q_2 及支座的约束反力 $\boldsymbol{F}_{Ay}$ 和 $\boldsymbol{F}_{By}$。

由于 q_1、q_2、$\boldsymbol{F}_{By}$ 相互平行，故 $\boldsymbol{F}_{Ay}$ 必与各力平行，才能保持该力系为平衡力系．梁的受力图如图 2-29（c）所示，力 q_1、q_2、$\boldsymbol{F}_{Ay}$ 和 $\boldsymbol{F}_{By}$ 组成平面平行力系。应用二力矩式的平衡方程可求解两个未知力。取坐标系如图 2-29（c）所示。

由 $\sum M_A(\boldsymbol{F}) = 0$，得

$$F_{By} \times 5 - q_1 \times 5 \times 2.5 - q_2 \times 2 \times 6 = 0$$

$$F_{By} = \frac{20 \times 5 \times 2.5 + 25 \times 2 \times 6}{5} = 110(\text{kN})(\uparrow)$$

由 $\sum M_B(\boldsymbol{F}) = 0$，得

$$-F_{Ay} \times 5 + q_1 \times 5 \times 2.5 - q_2 \times 2 \times 1 = 0$$

$$F_{Ay} = \frac{20 \times 5 \times 2.5 - 25 \times 2 \times 1}{5} = 40(\text{kN})(\uparrow)$$

校核：

$$\sum F_y = F_{Ay} + F_{By} - q_1 \times 5 - q_2 \times 2 = 110 + 40 -$$

$20 \times 5 - 25 \times 2 = 0$

说明计算无误。

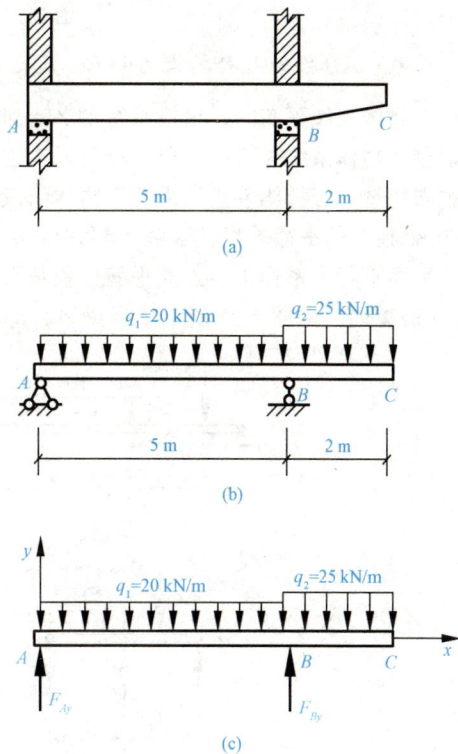

图 2-29 例 2-8 图

2.3.6 物体系统的平衡

在实际工程中，经常遇到由几个物体通过一定的约束联系在一起的系统，这种系统称物体系统。物体系统的平衡是指组成系统的每一个物体及系统整体都处于平衡状态。

研究物体系统的平衡问题，不仅要求画出整个系统的支座反力，还要计算出系统内各个物体间的相互作用力。我们把物体系统以外的物体作用在此系统上的力叫作外力；把物体系统内各物体间的相互作用力叫作内力。

图 2-30（a）所示的组合梁，梁上的已知荷载 q、F、M 与梁的支座反力 $\boldsymbol{F}_{Ax}$、$\boldsymbol{F}_{Ay}$、$\boldsymbol{M}_A$、$\boldsymbol{F}_C$ 就是此组合梁的外力，如图 2-30（b）所示。如将此梁在 BC 处拆开，分别画出 AB 段梁和 BC 段梁的受力图，如图 2-30（c）、（d）所示，铰 B 处的约束力 $\boldsymbol{F}_{Bx}$、$\boldsymbol{F}_{By}(\boldsymbol{F}'_{Bx}$、$\boldsymbol{F}'_{By})$ 对 BC 段梁或 AB 段梁来说是外力，而对组合梁整体而言就是内力。在组合梁整体受力图上，B 处的约束力不显露出来，只有将组合梁在 B 处拆开，B 处的约束力才能显露。

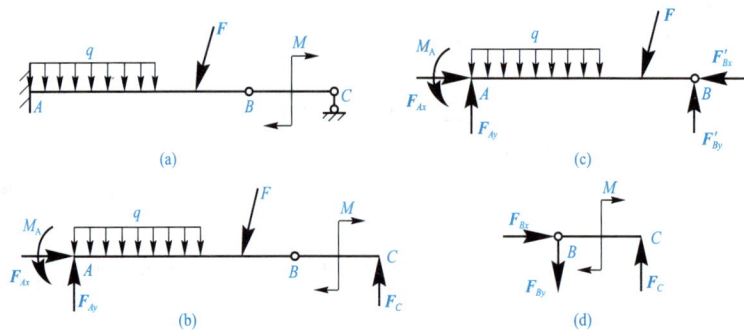

图 2-30　组合梁受力

注意：AB 段的 B 处约束力和 BC 段的 B 处约束力互为作用力与反作用力。

当物体系统平衡时，组成系统的各个部分也都平衡，所以，求解物体系统的平衡问题，可取整个物体系统为研究对象，也可取系统中的某一部分为研究对象，应用相应的平衡方程求解未知量。若物体系统是由几个物体组成，每个物体又都是受平面任意力系作用，则可列出 $3n$ 个独立的平衡方程，求解 $3n$ 个独立的未知量。而若物体系统中有的物体受平面汇交力系或平面平行力系作用，独立平衡方程数会相应减少，所能求出的未知量也相应减少。

【例 2-9】　求图 2-31 所示组合梁 A、B、D 处的约束力。

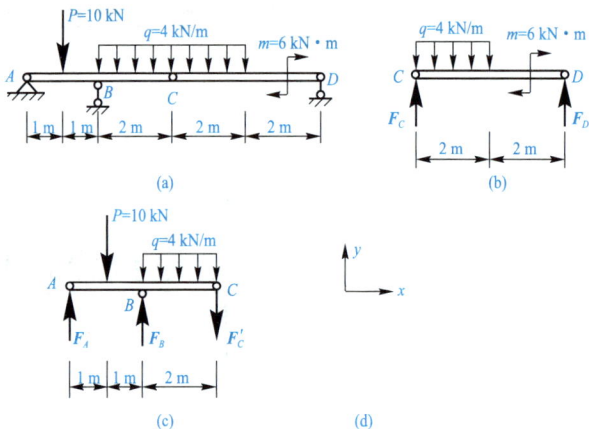

图 2-31　例 2-9 图

解：参考坐标系如图 2-31(d)所示。

(1)取 CD 为研究对象，受力如图 2-31(b)所示。列平衡方程

$$\sum M_C(\boldsymbol{F})=0 \quad F_D \times 4 - q \times 2 \times 1 - m = 0$$

$$F_D \times 4 - 4 \times 2 \times 1 - 6 = 0 \text{ 得 } F_D = 3.5 \text{ kN}(\uparrow)$$

$$\sum F_y = 0 \quad F_C + F_D - q \times 2 = 0$$

$$F_C + 3.5 - 4 \times 2 = 0 \text{ 得 } F_C = 4.5 \text{ kN}(\uparrow)$$

注意：分析 CD 的受力情况时，由于 CD 上只受铅直方向的荷载和力偶，水平方向不受力，故铰 C 处的约束反力只有一个铅直方向的约束力 F_C，水平方向无约束力。此时 CD 所受的力系为平面平行力系。下面 AC 所受的力系也是平面平行力系，只能列两个独立的平衡方程，求解两个未知量。

（2）取 AC 为研究对象，受力如图 2-31(c)所示。列平衡方程

$$\sum M_A(\boldsymbol{F})=0 \quad F_B\times 2-P\times 1-q\times 2\times(1+1+1)-F_C'\times 4=0$$

$$F_B\times 2-10\times 1-4\times 2\times 3-4.5\times 4=0 \text{ 得 } F_B=26 \text{ kN}(\uparrow)$$

$$\sum F_y=0 \quad F_A+F_B-P-q\times 2-F_C'=0$$

$$F_A+26-10-4\times 2-4.5=0 \text{ 得 } F_A=-3.5 \text{ kN}(\downarrow)$$

仿真实训

设计塔式起重机模型，研究其起吊不同重物下的受力情况，以及超重后出现倾覆的原因。

技能测试

一、填空题

1. 平面一般力系向作用面内某点简化，一般可得一个＿＿＿＿和一个＿＿＿＿。

2. 平面一般力系平衡的必要和充分条件是平面任意力系的＿＿＿＿和＿＿＿＿同时为零。

3. 平面平行力系平衡时，只有＿＿＿＿平衡方程。

4. 平面一般力系的三力矩式平衡方程的附加条件是＿＿＿＿。

二、选择题

1. 一刚体只受两个力 $\boldsymbol{F}_A$、$\boldsymbol{F}_B$ 作用，且 $\boldsymbol{F}_A+\boldsymbol{F}_B=0$，则此刚体（　　）；一刚体上只有两个力偶 $\boldsymbol{M}_A$、$\boldsymbol{M}_B$ 作用，且 $\boldsymbol{M}_A+\boldsymbol{M}_B=0$，则此刚体（　　）。

　　A. 一定平衡　　　　　　B. 一定不平衡　　　　　　C. 平衡与否不能判定

2. 在图 2-32 所示的结构中，如果将作用在 AC 上的力偶移到构件 BC 上，则（　　）。

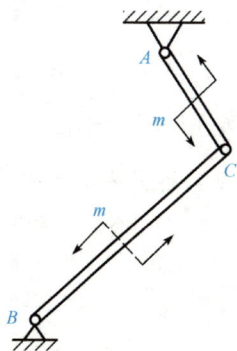

图 2-32　选择题 2 图

　　A. 支座 A 的反力不会发生变化

　　B. 支座 B 的反力不会发生变化

　　C. 铰链 C 的反力不会发生变化

　　D. R_A、R_B、R_C 均会有变化

请根据所学知识，完成以下任务工单。

1. 若平面任意力系向作用面内任一点 A 简化，其主矢 $F'=0$，但主矩 $M_A\neq0$。若再向平面内另一点 B 简化，其结果如何？

2. 平面力系向矩心 A 和 B 两点简化的结果相同，且主矢和主矩都不为零，请问是否可能并说明理由。

3. 如图 2-33 所示，柱子的 A 点承受由吊车梁传来的荷载 $F=100$ kN。求将力 F 向柱子轴线上 B 点平移后的等效力系。

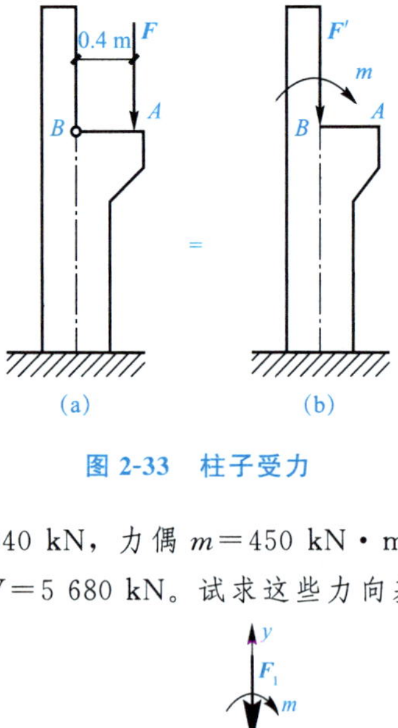

图 2-33 柱子受力

4. 如图 2-34 所示，某桥墩顶部受到桥梁的压力 $F_1=2\,040$ kN，力偶 $m=450$ kN·m，水平力 $F_2=203$ kN，风压力的合力 $F_3=140$ kN，桥墩重量 $W=5\,680$ kN。试求这些力向基底中心 O 的简化结果。

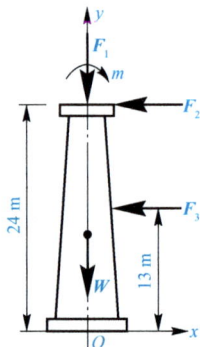

图 2-34 桥墩受力

5. 图 2-35 所示的挡土墙，墙身重量 $W = 300$ kN，土压力 $F_1 = 200$ kN，水压力 $F_2 = 120$ kN。试求这些力向 O 点简化的结果。

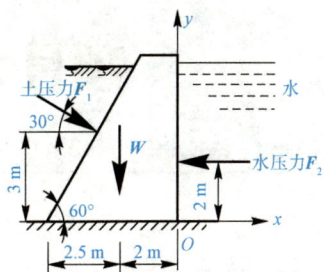

图 2-35　挡土墙受力

6. 梁 AB 用支座 A 和杆件 BC 固定。轮 D 铰接在梁上，绳绕过轮 D，一端系在墙上，另一端挂重物 Q，如图 2-36 所示。已知 $R = 10$ cm，$AD = 20$ cm，$BD = 40$ cm，$\alpha = 45°$，$Q = 1\ 800$ N，试计算支座 A 的反力。

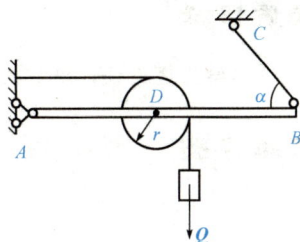

图 2-36　梁受力

项目3 平面体系的几何组成分析

知识目标

1. 了解平面体系几何组成分析的相关概念。
2. 掌握几何不变体系的基本规则及应用。

能力目标

能够进行平面体系的几何组成分析，并能够充分运用。

素质目标

培养学生遵循设计规范而创新的能力。

思维导图

平面体系的几何组成分析
├─ 平面体系几何组成分析的相关概念
│   ├─ 几何不变体系与几何可变体系
│   ├─ 刚片
│   ├─ 自由度
│   ├─ 约束（联系）
│   ├─ 必要约束与多余约束
│   └─ 计算自由度
└─ 几何不变体系的基本规则及应用
    ├─ 几何不变体系的基本组成规则
    └─ 几何组成分析应用

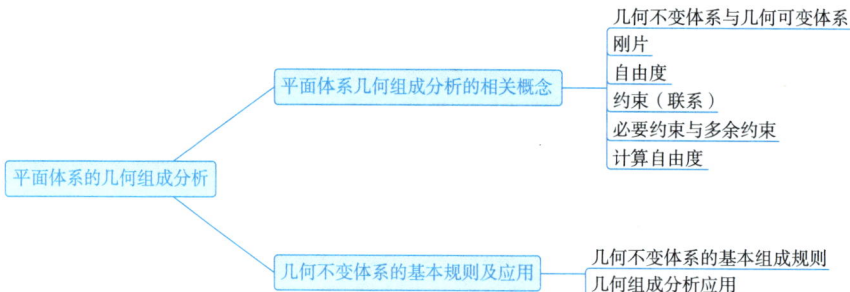

任务1 平面体系几何组成分析的相关概念

课前认知

杆件结构是若干杆件按一定规律相互连接在一起，用来承受荷载，起骨架作用的体系。但并不是所有的杆件体系都能够承受荷载。课前预习相关知识，思考一下，哪些体系可以承受荷载，哪些体系不能承受荷载，为什么？

丽香铁路金沙江大桥：
看"猛虎"如何跃大江

3.1.1 几何不变体系与几何可变体系

1. 几何不变体系

体系受到荷载作用后，杆件产生应变，体系发生变形。但这种变形一般是很小的，如果不考虑这种微小的变形，体系在外荷载的作用下能保持其几何形状和位置不变，这样的体系称为几何不变体系。例如，图 3-1 所示的体系是几何不变体系，因为在荷载作用下，如果不考虑杆件的微小变形，体系的形状和位置是不变的。

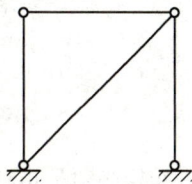

图 3-1　几何不变体系

几何不变体系可分为无多余联系和有多余联系。无多余联系的几何不变体系称为静定结构；有多余联系的几何不变体系称为超静定结构。

(1)静定结构。静定结构的静力特性：在任意荷载作用下，支座反力和所有内力均可由平衡条件求出，且其值是唯一的和有限的。

图 3-2 所示的简支梁是无多余约束的几何不变体系，其支座反力和杆件内力均可由平衡方程全部求解出来，因此简支梁是静定的。

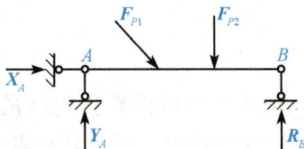

图 3-2　无多余约束的几何不变体系

(2)超静定结构。结构的超静定次数等于几何不变体系的多余约束个数。其静力特性：仅由平衡条件不能求出其全部内力及支座反力。即部分支座反力或内力可能由平衡条件求出，但仅由平衡条件求不出其全部。

图 3-3 所示的连续梁是有一个多余约束的几何不变体系。其四个支座反力不能利用三个平衡方程全部求解出来，更无法计算全部内力，所以是超静定结构。

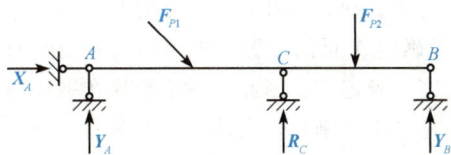

图 3-3　有一个多余约束的几何不变体系

2. 几何可变体系

在荷载的作用下，即使不考虑材料的应变，其形状和位置改变的体系称为几何可变体系。如图 3-4 所示，在荷载的作用下，其形状和位置将发生明显的变化。几何可变体系包括瞬变体系和常变体系。图 3-5(a)、(b)所示体系称为常变体系，其几何形状和位置一直可以变化下去。图 3-5(c)所示体系称为瞬变体系，它是几何可变体系的一种特殊形式，其几何形状和位置只有在图示瞬时会有变化。

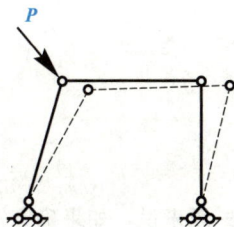

图 3-4　几何可变体系

在实际工程中，只有几何不变体系才能承受荷载，起骨架作用，因此，几何不变体系称为结构，而几何可变体系是不能承受荷载的，称为机构。

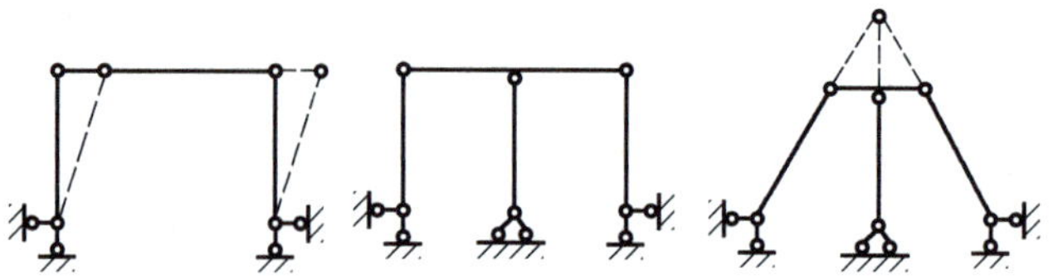

图 3-5   瞬变体系和常变体系

(a)、(b)常变体系；(c)瞬变体系

结构必须是几何不变体系，所以，对结构进行分析计算，必须首先分析判别它是不是几何不变体系。分析判别体系是否为几何不变的过程称为体系的几何组成分析。

对体系进行几何组成分析，其目的如下：

(1)判别某一体系是不是几何不变体系，从而决定它能否作为结构。必须注意，能够承受荷载的工程结构必须是几何不变体系。

(2)研究几何不变体系的组成规则，以保证所设计的结构能承受荷载而保持平衡。

(3)判别结构是静定结构还是超静定结构，以便选择相应的计算方法。

(4)找出结构的基本部分和附属部分，从而选择简便的计算程序。

3.1.2   刚片

在结构体系中，刚片是指一个在平面内可以看作刚体的物体，其几何形状和尺寸不变。因此，在平面体系中，当不考虑材料的变形时，每个杆件都是刚体，一根梁、一根链杆或者在体系中经判断已确定为几何不变的部分都可以看作一个刚片。支承体系的地基也可以作为一个刚片处理。

3.1.3   自由度

平面内的一个点，要确定它的位置，需要有 x、y 两个独立的坐标[图 3-6(a)]，因此，一个点在平面内有两个自由度。

确定一个刚片在平面内的位置则需要有三个独立的几何参变量。如图 3-6(b)所示，在刚片上先用 x、y 两个独立坐标确定 A 点的位置，再用倾角 φ 确定通过 A 点的任一直线 AB 的位置，这样，刚片的位置便完全确定了。因此，一个刚片在平面内有三个自由度。地基也可以看作一个刚片，但这种刚片是不动刚片，它的自由度为零。

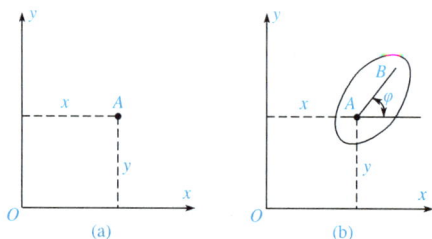

图 3-6   自由度

一般来说，如果确定一个体系的位置需要 n 个独立坐标，或者说，该体系有 n 个独立的运动方式，我们就称这个体系有 n 个自由度。

一般工程结构都是几何不变体系，其自由度为零。凡自由度大于零的体系都是几何可变体系。

3.1.4 约束(联系)

在刚片之间加入某些连接装置，它们的自由度将减少。能使体系自由度减少的装置称为约束(或称联系)。减少一个自由度的装置，称为一个约束，减少 n 个自由度的装置，称为 n 个约束。在体系几何组成中常用的有链杆、铰和刚性连接这三类约束。

1. 链杆

图 3-7(a)表示用一根链杆 BC 连接两个刚片 Ⅰ 和 Ⅱ。此时，当刚片 Ⅰ 的位置仍用三个独立的几何参变量予以确定后，由于链杆的作用使刚片 Ⅱ 只能沿以 B 为圆心、BC 为半径的圆弧移动和绕 C 点转动，再用两个独立的参变量 α、β 即可确定刚片 Ⅱ 的位置。这样，通过链杆的连接，使总自由度由原来的 6 减至 5，故一根链杆能使体系减少一个自由度，它相当于一个约束。

图 3-7 约束

2. 铰

连接两个刚片的铰称为单铰。图 3-7(b)表示刚片 Ⅰ 和 Ⅱ 用一个铰 B 连接。未连接前，两个刚片在平面内共有 6 个自由度。用铰 B 连接后，若认为刚片 Ⅰ 仍有 3 个自由度，而刚片 Ⅱ 只能绕铰 B 做相对转动，即再用一个独立的参变量 α 就可以确定刚片 Ⅱ 的位置，所以减少了两个自由度。因此，两刚片用一个铰连接后的自由度总数为 $6-2=4$，故单铰的作用相当于两个约束，或相当于两根链杆的作用。

同时连接两个以上刚片的圆柱形铰链称为复铰。同理可知，连接 3 个刚片的复铰能减少 4 个自由度，相当于 4 个联系，因而可以把它看作 2 个单铰。当 n 个刚片用一个铰连在一起时，从减少自由度的观点来看，连接 n 个刚片的复铰可以当作 $n-1$ 个单铰。

虚铰是一类特殊的约束。在图 3-8 所示的体系中，刚片 Ⅰ 在平面上本来有 3 个自由度，用两根不共线链杆 1 和 2 将它与基础相连接，则此体系仍有 1 个自由度。现对它的运动特性加以分析。由于链杆的约束作用，A 点的微小位移应与链杆 1 垂直；C 点的微小位移应与链杆 2 垂直。以 O 表示两根链杆轴线的交点，显然，刚片 Ⅰ 可以发生以 O 为中心的微小转动。O 点称为瞬时转动中心。这时刚片 Ⅰ 的瞬时运动情况与它在 O 点用铰与基础相连接时的运动情况完全相同。因此，从瞬时微小运动来看，两根链杆所起的约束作用相当于在链杆交点 O 处的一个铰所起的约束作用。这个铰称为虚铰。在体系运动过程中，虚铰的位置也在不断变化。

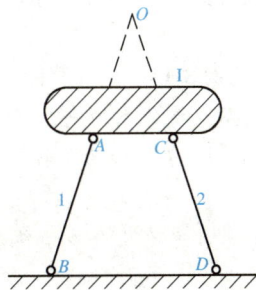

图 3-8 虚铰

3. 刚性连接

刚性连接如图 3-7(c)所示，它的作用是使两个刚片不能有相对的移动及转动。未连接前，刚片Ⅰ和Ⅱ在平面内共有 6 个自由度。刚性连接后，刚片Ⅰ仍有 3 个自由度，而刚片Ⅱ相对于刚片Ⅰ既无移动也不能转动。可见，刚性连接能减少 3 个自由度，相当于 3 个约束。

3.1.5　必要约束与多余约束

必要约束：为保持体系几何不变必须具有的约束。

多余约束：撤去之后体系仍能保持几何不变的约束。

如图 3-9(a)所示，平面内有一自由点 A，A 点通过两根链杆与基础相连，这时两根链杆分别使 A 点减少一个自由度而使 A 点固定不动，因而两根链杆都非多余约束，因而两者皆为必要约束；在图 3-9(b)中，A 点通过三根链杆与基础相连，这时 A 虽然固定不动，但减少的自由度仍然为 2，显然三根链杆中有一根没有起到减少自由度的作用，因而是多余约束(可把其中任意一根作为多余约束)。

应当指出，多余约束只说明为保持体系几何不变是多余的，但在几何体系中增设多余约束，往往可以改善结构的受力状况，并非真的多余。

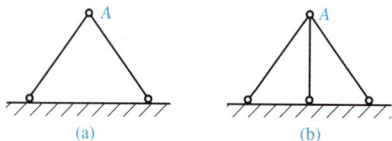

图 3-9　必要约束与多余约束

(a)必要约束；(b)多余约束

3.1.6　计算自由度

有些平面杆件体系，由若干刚片相互用铰相连，用支座链杆与基础相连组成。设体系的刚片数为 m，单铰数为 h，支座链杆数为 r，则体系的计算自由度为

$$W = 3m - 3h - r \tag{3-1}$$

式中，h 是单铰数，如果是复铰，应将复铰折算成相应的单铰。

还有一些平面杆件体系，其结点都是铰结点，如桁架结构。这类体系的计算自由度除可用式(3-1)计算外，还可采用以下较简便的公式计算。设体系的结点数为 j，杆件数为 b，支座链杆数为 r，则体系的计算自由度为

$$W = 2j - b - r \tag{3-2}$$

【例 3-1】　试计算图 3-10 所示体系的自由度。

解：该体系的刚片数 $m=6$，铰 E 和 F 分别是连接 3 个刚片的复铰，各相当于两个单铰，铰 A、B、C、D 为单铰，所以 $h=8$，$r=3$。体系的计算自由度为

$$W = 3m - 2h - r = 3 \times 6 - 2 \times 8 - 3 = -1$$

故体系有 1 个多余约束。

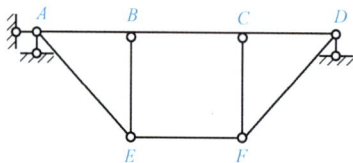

图 3-10　例 3-1 图

教师提供几何不变体系和几何可变体系的搭建模型，学生动手体会此两种结构的区别。

技能测试

1. 杆件体系可以分为_____和_____两类。
2. 将体系中已确定的几何不变的部分看作一个平面刚体，简称为_____。
3. 能使体系自由度减少的装置称为_____。

任务工单

根据所学知识，完成以下任务工单。

1. 何为单铰、复铰、虚铰？请举例说明。

2. 什么是静定结构？什么是超静定结构？凡有多余约束的体系肯定是超静定结构吗？

3. 图3-11中哪些体系是无多余约束的几何不变体系？哪些体系是有多余约束的几何不变体系？哪些体系是可变体系？

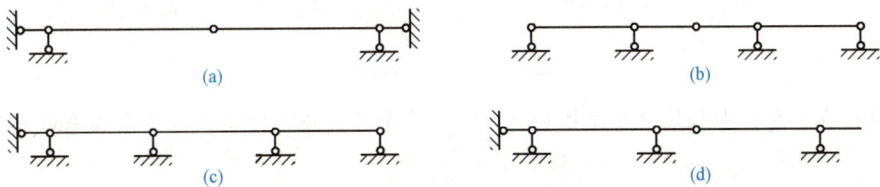

图3-11 平面体系判别

任务2 几何不变体系的基本规则及应用

课前认知

工程结构必须采用几何不变体系，本任务讨论无多余约束的几何不变体系的基本组成规则。按规则组成的体系几何不变且所有约束均为必要约束。这样的体系中，去掉任何一个约束，几何不变体系均变为几何可变体系。对杆件体系进行几何组成分析的依据是几何不变体的基本组成规则。如果体系的几何组成符合三个几何不变体系组成规则中的任何一个，则该体系就是几何不变体系。凡是符合三个几何组成规则且存在多余约束的体系，就是有多余约束的几何不变体系。课前扫描二维码，了解基本三角形规律。

视频：基本三角形规律

🔲 理论学习

3.2.1 几何不变体系的基本组成规则

1. 规则一：二元体规则

一个点与一个刚片用两根不共线的链杆相连，则组成无多余约束的几何不变体系。

由两根不共线的链杆连接一个结点的构造，称为二元体。

二元体规则是分析一个点与一个刚片之间应当怎样连接才能组成无多余约束的几何不变体系。如图 3-12(a)所示，在铰接三角形中，将 BC 看作刚片 I，AB、AC 看作连接 A 点和刚片 I 的两根链杆，体系仍然是几何不变体系。由此得出规律：一个点和一个刚片用两根不共线的链杆相连，组成几何不变体系，且无多余约束。

在图 3-12(b)中，A 点通过两根不共线的链杆与刚片 I 相连，组成几何不变体系，其中第三根链杆是多余约束。图 3-12(c)中①、②两根链杆共线，体系为瞬变体系，它是可变体系中的一种特殊情况。

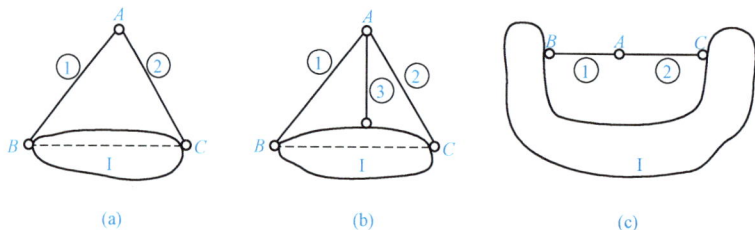

(a)　　　　　　(b)　　　　　　(c)

图 3-12　二元体规则

推论： 在一个平面杆件体系上增加或减少若干个二元体，都不会改变原体系的几何组成性质。

2. 规则二：两刚片规则

两刚片用不在一条直线上的一个铰(B 铰)和一根链杆(AC 链杆)连接，则组成无多余约束的几何不变体系。

两刚片规则是分析两个刚片如何连接才能组成几何不变体系，且没有多余约束。此规则也可由铰接三角形推得。如图 3-13(a)所示，将 AB、BC 分别看作刚片 I、II，将 AC 看作链杆①，体系仍然为几何不变体系。由此可见：两刚片用一个铰和一根链杆相连，且链杆与此铰不共线，组成几何不变体系，且无多余约束。

推论： 两刚片用既不完全平行也不交于一点的三根链杆连接，则组成无多余约束的几何不变体系。

一个单铰相当于两根链杆约束，所以两根链杆可以代替一个铰，因此得出图 3-13(b)所

50

示的图形是几何不变的。

在图 3-13(c)中，链杆①、②、③平行，体系为几何可变体系。在图 3-13(d)、(e)中，连接两刚片的三根链杆相交于一点，也是几何可变体系。

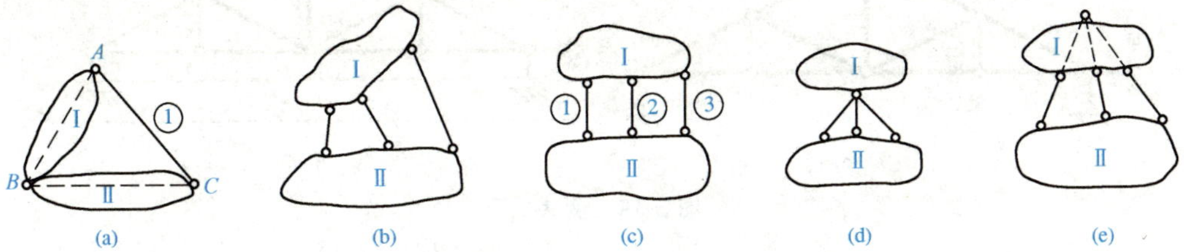

图 3-13　两刚片规则

3. 规则三：三刚片规则

三刚片用不在一条直线上的三个铰两两连接，则组成无多余约束的几何不变体系。

三刚片规则是分析三个刚片的连接方式。图 3-14(a)中，铰接三角形中的 AB、BC、AC 可分别看作刚片Ⅰ、Ⅱ、Ⅲ，由此得三刚片规则。

在图 3-14(b)所示的体系中，两根链杆中的交点称为实铰，两链杆延长线的交点称为虚铰。虚铰和实铰的作用是一样的。因此，图 3-14(b)中的体系是几何不变体系，且无多余约束。

推论： 三刚片分别用不完全平行也不共线的两根链杆两两连接，且所形成的三个虚铰不在同一条直线上，则组成无多余约束的几何不变体系。

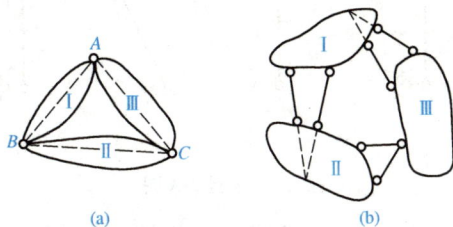

图 3-14　三刚片规则

3.2.2　几何组成分析应用

几何不变体系的组成规则是进行平面体系几何组成分析的基础，在对较复杂的平面体系进行组成分析时，应灵活运用这些基本规则。分析步骤如下：

(1)合理选择刚片。在体系中任选一杆件或某个几何不变的部分(如基础、铰接三角形)作为刚片。在选择刚片时，还应考虑连接刚片的约束。在分析时，还应注意所确定的刚片数量最多为3个，一个刚片的范围应尽可能大。

(2)先分析体系中可由观察确定为几何不变的部分，应用几何组成规则，逐步扩大几何不变部分直至整体。

复杂体系的简化技巧如下：

(1)当体系中有二元体时，应依次撤去二元体。

(2)当体系只用三根不全交于一点也不全平行的支座链杆与基础相连时，则可以拆除支座链杆与基础。

(3)利用约束的等效替换，如只有两个铰与其他部分相连的刚片可用直链杆代替，连接两刚片的两根链杆可用其交点处的虚铰代替。

【例 3-2】 分析图 3-15(a)中体系的几何组成。

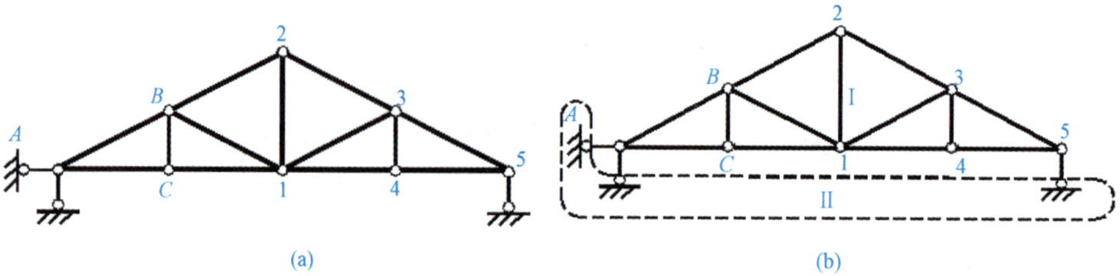

图 3-15 例 3-2 图

解： 此体系中，上部体系是在一个由三钢片法则构成的铰接三角形 ABC 的基础上，依次增加二元体连接 1、2、3、4、5 点构成的几何不变体系，进而将整个上部体系视为刚片 Ⅰ，地基视为刚片 Ⅱ，如图 3-15(b)所示，则刚片之间用既不共点又完全平行的三链杆相连，符合两刚片法则，故此体系为几何不变且无多余约束的体系。

由上述分析可见，一个体系如果用不交于一点且不互相平行的三根链杆与基础相连，并不改变原体系的几何组成性质，所以遇到这种情况只要分析上部体系（去掉基础和三根链杆）就可下结论。

【例 3-3】 对图 3-16(a)所示的结构进行几何组成分析。

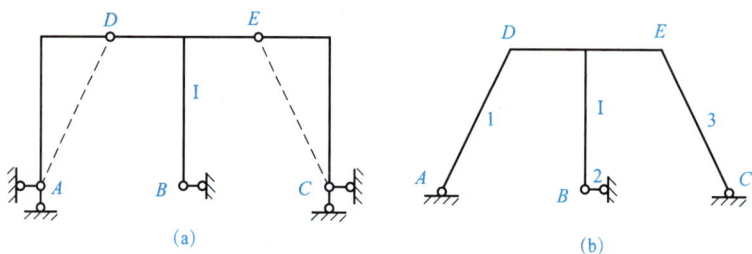

图 3-16 例 3-3 图

解： 观察可见：Τ 形杆 BDE 可作为刚片 Ⅰ，折杆 AD 也是一个刚片，但由于它只用两个铰 A、D 分别与地基和刚片 Ⅰ 相连，其约束作用与通过 A、D 两铰的一根链杆完全等效，如图 3-16(a)中虚线所示。因此，可用链杆 AD 等效代换折杆 AD，同时用 A 铰等效代换固定铰支座 A。同理可用链杆 CE 等效代换折杆 CE。于是图 3-16(a)所示的体系可由图 3-16(b)所示的体系等效代换。

由图 3-16(b)可见，刚片 Ⅰ 与地基用不交于同一点的三根链杆 1、2、3 相连，组成无多余约束的几何不变体系。

【例 3-4】 对图 3-17 所示的结构进行几何组成分析。

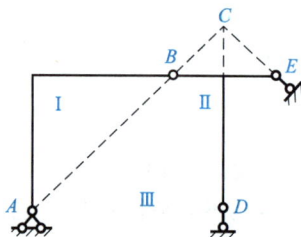

图 3-17 例 3-4 图

解： 将 AB、BED 和基础分别作为刚片 Ⅰ、Ⅱ、Ⅲ。刚片 Ⅰ 和刚片 Ⅱ 用铰 B 相连；刚片

Ⅰ和刚片Ⅲ用铰 A 相连；刚片Ⅱ和刚片Ⅲ用虚铰 $C(D$ 和 E 两处支座链杆的交点)相连。三铰在同一直线上，故该体系为瞬变体系。

【例 3-5】 试分析图 3-18(a)所示体系的几何组成。

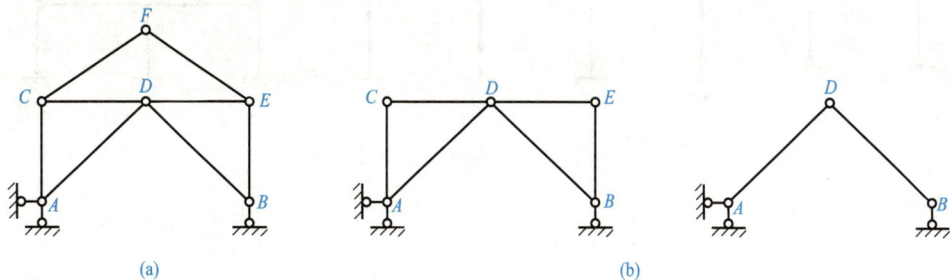

图 3-18 例 3-5 图

解： 如图 3-18(b)所示，首先去掉二元体 CFE，剩下的体系再去掉二元体 ACD 和 BED，余下的部分显然为几何可变体系，缺少一个约束。所以原体系为几何可变体系。

仿真实训

教师提供典型模型，课堂分组分析其几何组成。

技能测试

1. 由两根不共线的链杆连接一个结点的构造，称为_____。

2. 两刚片用_____的三根链杆连接，则组成无多余约束的几何不变体系。

3. 三刚片用_____的三个铰两两连接，则组成无多余约束的几何不变体系。

任务工单

根据所学知识，完成以下任务工单。

1. 分析图 3-19 所示体系的几何组成，并计算体系的计算自由度。

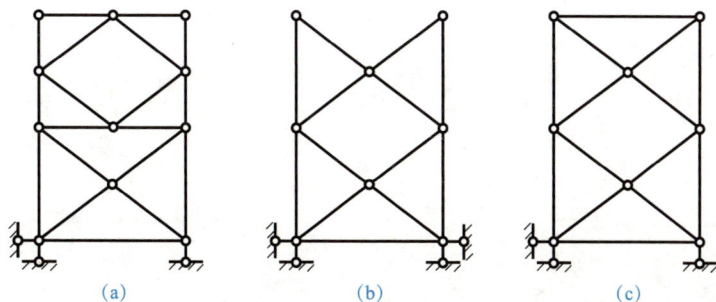

图 3-19 几何组成分析 1

2. 对图 3-20 所示体系进行几何组成分析。

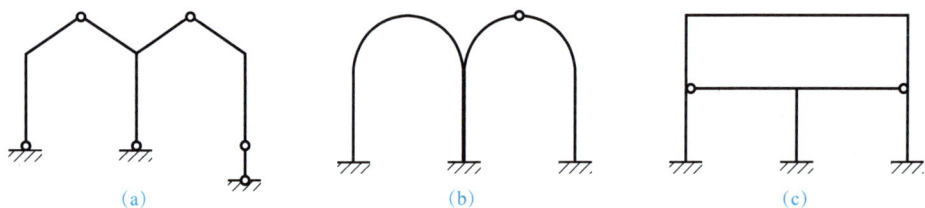

(a)　　　　　　(b)　　　　　　(c)

图 3-20　几何组成分析 2

3. 对图 3-21 所示体系进行几何组成分析。

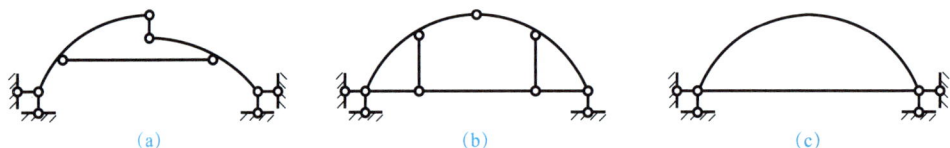

(a)　　　　　　(b)　　　　　　(c)

图 3-21　几何组成分析 3

4. 分析图 3-22 所示体系的几何组成。

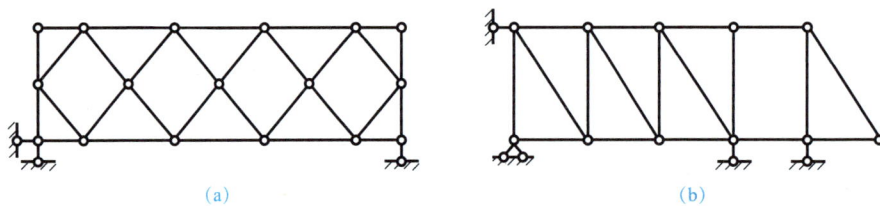

(a)　　　　　　(b)

图 3-22　几何组成分析 4

项目4　构件的强度计算

1. 熟悉简单截面的重心、形心、静矩和惯性矩、惯性积、惯性半径等概念；掌握平行移轴公式。

2. 了解内力、应力、截面法概念；掌握轴向拉(压)杆的变形与胡克定律，轴向拉(压)杆的强度条件和强度计算。

3. 熟悉材料在拉伸与压缩时的力学性能。

4. 掌握梁的弯曲正应力和弯曲剪应力的计算。

5. 了解压杆稳定的概念；掌握欧拉公式。

6. 了解组合变形的概念；掌握斜弯曲变形和偏心拉伸(压缩)的强度计算。

能力目标 》》》

能进行轴向拉压杆件的强度和变形计算，能进行梁的强度计算。

素质目标 》》》

培养学生具有良好的职业道德、公共道德，健康的心理和乐观的人生态度，遵纪守法并具有社会责任感。

思维导图 》》》

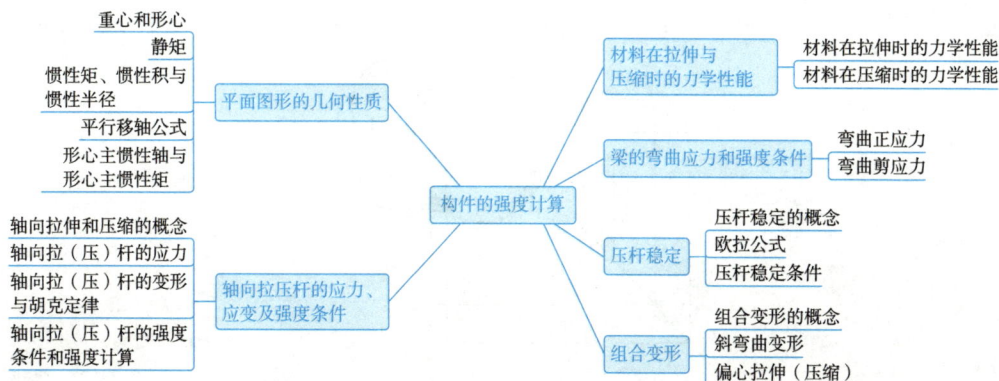

任务1 平面图形的几何性质

课前认知

在建筑力学以及建筑结构的计算中，经常要用到与截面有关的一些几何量。例如，轴向拉压的横截面面积 A、圆轴扭转时的抗扭截面系数 ω 和极惯性矩等都与构件的强度和刚度有关。以后在弯曲等其他问题的计算中，还将遇到平面图形的另外一些如形心、静矩、惯性矩、抗弯截面系数等几何量。这些与平面图形形状及尺寸有关的几何量统称为平面图形的几何性质。扫描二维码，可了解常用简单截面的几何性质。

简单截面的
几何性质

理论学习

4.1.1 重心和形心

1. 重心

地球上的任何物体都受到地球引力的作用，这个力称为物体的重力。可将物体看作由许多微小部分组成的，每一微小部分都受到地球引力的作用，这些引力汇交于地球中心。但是，由于一般物体的尺寸远比地球的半径小得多，因此，这些引力可近似地看成空间平行力系。这些平行力系的合力就是物体的重力。由实验可知，无论物体在空间的方位如何，物体重力的作用线始终是通过一个确定的点，这个点就是物体重力的作用点，称为物体的重心。

(1)一般物体重心的坐标公式。如图 4-1 所示，为确定物体重心的位置，将它分割成各个微小块，各微小块重力分别为 G_1、G_2、$\cdots$、G_n，其作用点的坐标分别为 $(x_1，y_1，z_1)$，$(x_2，y_2，z_2)$，$\cdots$，$(x_n，y_n，z_n)$，各微小块所受重力的合力 W 即整个物体所受的重力 $G = \sum G_i$，其作用点的坐标为 $C(x_C，y_C，z_C)$。对 y 轴应用合力矩定理，有

$$Gx_C = \sum G_i x_i$$

得

$$x_C = \frac{\sum G_i x_i}{G}$$

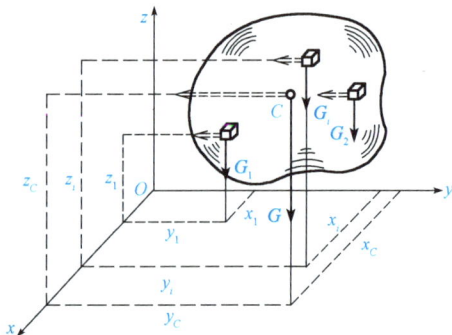

图 4-1 物体重心

同理，对 x 轴取矩可得

$$y_C = \frac{\sum G_i y_i}{G}$$

将物体连同坐标转 $90°$ 而使坐标面 Oxz 成为水平面，再对 z 轴应用合力矩定理，可得

$$z_C = \frac{\sum G_i z_i}{G}$$

因此，一般物体的重心坐标的公式为

$$x_C = \frac{\sum G_i x_i}{G} , \quad y_C = \frac{\sum G_i y_i}{G} , \quad z_C = \frac{\sum G_i z_i}{G} \tag{4-1}$$

（2）均质物体重心的坐标公式。对均质物体用 r 表示单位体积的重力，体积为 V，则物体的重力 $G = Vr$，微小体积为 V_i，微小体积重力 $G_i = V_i y_i$，代入式（4-1），得均质物体的重心坐标公式为

$$x_C = \frac{\sum V_i x_i}{V} , \quad y_C = \frac{\sum V_i y_i}{V} , \quad z_C = \frac{\sum V_i z_i}{V} \tag{4-2}$$

由上式可知，均质物体的重心与重力无关。因此，均质物体的重心就是其几何中心，称为形心。对均质物体来说重心和形心是重合的。

2. 形心

对于均质、等厚的薄平板，计算形心坐标时，可将坐标面 yOz 建立在与板平行的板的中间平面上（图 4-2），用 δ 表示其厚度，ΔA_i 表示微面积，则由式（4-2）得形心坐标计算公式如下：

$$x_C = 0 , \quad y_C = \frac{\sum \Delta A_i y_i}{A} , \quad z_C = \frac{\sum \Delta A_i z_i}{A} \tag{4-3}$$

当微面积 $\Delta A_i \rightarrow 0$ 时，则可用积分形式表示如下：

$$z_C = \frac{\int_A z \, \mathrm{d}A}{A} , \quad y_C = \frac{\int_A y \, \mathrm{d}A}{A} \tag{4-4}$$

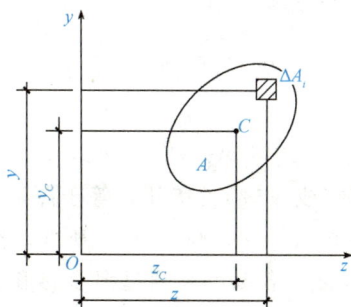

图 4-2　形心

3. 平面图形的形心

当平面图形具有对称轴或对称中心时，则形心一定在对称轴或对称中心上。若平面图形是一个组合平面图形，则可先将其分割为若干个简单图形，然后可按式（4-3）求得其形心的坐标，这时公式中的 ΔA_i 为所分割的简单图形的面积，而 y_i、z_i 为其相应的形心坐标，这种方法称为分割法。另外，有些组合图形，可以看成从某个简单图形中挖去一个或几个简单图形而成，如果将挖去的面积用负面积表示，则仍可应用分割法求其形心坐标，这种方法又称为负面积法。

4.1.2 静矩

1. 静矩的定义

平面图形的面积 A 与其形心到某一坐标轴的距离的乘积称为平面图形对该轴的静矩。如图 4-3 所示，任意平面图形上所有微面积 $\mathrm{d}A$ 与其坐标 y（或 z）乘积的总和，称为该平面图形对 z 轴（或 y 轴）的静矩，用 S_z（或 S_y）表示，即

$$S_z = \int_A y\,\mathrm{d}A,\quad S_y = \int_A z\,\mathrm{d}A \tag{4-5}$$

式（4-5）也称作平面图形对 z 轴和 y 轴的一次矩或面积矩。

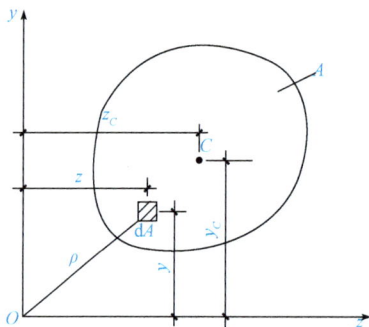

图 4-3 静矩

从式（4-5）可知，平面图形的静矩是对某一轴而言的，同一平面图形对不同的坐标轴，其静矩不相同。

静矩的值可能为正，可能为负，也可能等于零。静矩的量纲是长度的三次方，常用单位为 m^3 或 mm^3。

2. 形心与静矩的关系

平面图形的形心与静矩的关系式为

$$y_C = \frac{S_z}{A},\quad z_C = \frac{S_y}{A} \tag{4-6}$$

上式也可写成

$$S_z = Ay_C,\quad S_y = Az_C \tag{4-7}$$

上式表明，平面图形对 z 轴（或 y 轴）的静矩，等于图形的面积 A 乘以形心的坐标 y_C（或 z_C）。若静矩 $S_z=0$，则 $y_C=0$；$S_y=0$，则 $z_C=0$。所以，若图形对某一轴的静矩等于零，则该轴必然通过图形的形心；反之，若某一轴通过图形的形心，则图形对该轴的静矩必等于零。

在工程实际中，有些杆件的截面是由矩形、圆形、三角形等简单几何图形组合而成的，称为组合截面。组合截面对某轴的静矩等于各简单几何图形对该轴静矩的代数和，即

$$S_z = \sum_{i=1}^{n} A_i y_{Ci},\quad S_y = \sum_{i=1}^{n} A_i z_{Ci} \tag{4-8}$$

式中　n——简单几何图形的个数；

A_i——第 i 个几何图形的面积；

y_{Ci}、z_{Ci}——第 i 个几何图形的形心坐标。

【例 4-1】 计算图 4-4 所示的 T 形截面对 z 轴和 y 轴的静矩（单位为 mm）。

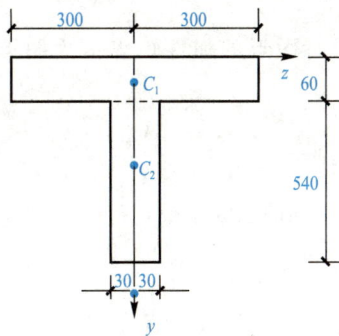

图 4-4　例 4-1 图

解：将 T 形截面分为两个矩形，其面积分别为 A_1、A_2，形心分别为 C_1、C_2。

$$A_1 = 600 \times 60 = 36\,000(\text{mm}^2)$$
$$A_2 = 540 \times 60 = 32\,400(\text{mm}^2)$$

C_1 和 C_2 的坐标分别为

$$z_{C1} = z_{C2} = 0$$
$$y_{C1} = 30 \text{ mm}$$
$$y_{C2} = 60 + 540/2 = 330(\text{mm})$$

由式（4-8）得

$$S_z = \sum_{i=1}^{n} A_i y_{Ci} = 36\,000 \times 30 + 32\,400 \times 330 = 11.772 \times 10^6 (\text{mm}^3)$$

$$S_y = \sum_{i=1}^{n} A_i z_{Ci} = 36\,000 \times 0 + 32\,400 \times 0 = 0$$

4.1.3　惯性矩、惯性积与惯性半径

1. 惯性矩

如图 4-5 所示，任意平面图形上所有微面积 dA 与其坐标 y（或 z）平方乘积的总和，称为该平面图形对 z 轴（或 y 轴）的惯性矩，用 I_z（或 I_y）表示，即

$$\left. \begin{array}{l} I_z = \displaystyle\int_A y^2 \, \mathrm{d}A \\[2mm] I_y = \displaystyle\int_A z^2 \, \mathrm{d}A \end{array} \right\} \tag{4-9}$$

式（4-10）表明，惯性矩恒为正值。常用单位为 m^4 或 mm^4。

2. 惯性积

如图 4-5 所示，任意平面图形上所有微面积 dA 与其坐标 z、y 乘积的总和，称为该平面图形对 z、y 两轴的惯性积，用 I_{zy} 表示，即

$$I_{zy} = \int_A zy \, \mathrm{d}A \tag{4-10}$$

惯性积可为正，可为负，也可为零。常用单位为 m^4 或 mm^4。可以证明，在两正交坐标轴中，只要 z、y 轴

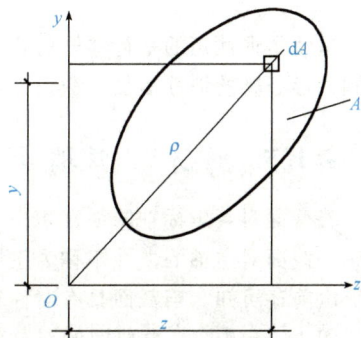

图 4-5　平面图形对 z、y 轴的惯性积

之一为平面图形的对称轴，则平面图形对 z、y 轴的惯性积就一定等于零。

3. 惯性半径

在工程中，为了计算方便，将图形的惯性矩表示为图形面积 A 与某一长度平方的乘积，即

$$\left.\begin{array}{l} I_z = i_z^2 A \\ I_y = i_y^2 A \end{array}\right\} \tag{4-11}$$

式中 i_z、i_y——平面图形对 z、y 轴的惯性半径，常用单位为 m 或 mm。

上式也可以表示为

$$\left.\begin{array}{l} i_y = \sqrt{\dfrac{I_y}{A}} \\ i_z = \sqrt{\dfrac{I_z}{A}} \end{array}\right\} \tag{4-12}$$

4.1.4　平行移轴公式

图 4-6 所示为任意截面图形，z、y 为通过截面形心的一对正交轴，z_1、y_1 为与 z、y 轴平行的另一对轴，两对轴之间的距离分别为 a 和 b。

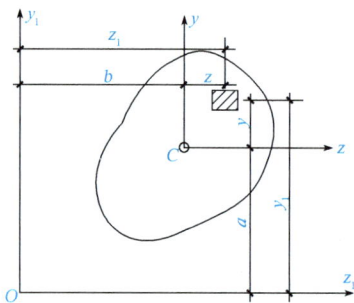

图 4-6　平行移轴

根据惯性矩的定义：

$$I_{z1} = \int_A y_1^2 \, \mathrm{d}A = \int_A (y+a)^2 \, \mathrm{d}A = \int_A y^2 \, \mathrm{d}A + 2a \int_A y \, \mathrm{d}A + a^2 \int_A \mathrm{d}A = I_z + 2ay_C A + a^2 A$$

因为 z 轴通过形心，所以 $y_C = 0$，故

$$I_{z1} = I_z + a^2 A \tag{4-13}$$

同理可得

$$I_{y1} = I_y + b^2 A \tag{4-14}$$

这就是惯性矩的平行移轴公式。此公式表明：截面对任一轴的惯性矩，等于它对平行于该轴的形心轴的惯性矩加上截面面积与两轴间距离平方的乘积。

4.1.5　形心主惯性轴与形心主惯性矩

若截面对某坐标轴的惯性积 $I_{z_0 y_0} = 0$，则这对坐标轴 z_0、y_0 称为截面的主惯性轴，简称主轴。截面对主轴的惯性矩称为主惯性矩，简称主惯矩。

由前述可知，当截面具有对称轴时，截面对包括对称轴在内的一对正交轴的惯性积等于零。图 4-7(a)中，y 为截面的对称轴，z_1 轴与 y 轴垂直，截面对 z_1、y 轴的惯性积等于零，z_1、y 即为主轴。同理，图 4-7(a)中的 z_2、y 和 z、y 也都是主轴。

通过形心的主惯性轴称为形心主惯性轴，简称形心主轴。截面对形心主轴的惯性矩称为形心主惯性矩，简称形心主惯矩。

凡通过截面形心且包含有一个对称轴的一对相互垂直的坐标轴一定是形心主轴。

图 4-7(a)中的 z、y 轴通过截面形心，z、y 轴即形心主轴。图 4-7(b)～(d)中的 z、y 轴均为形心主轴。

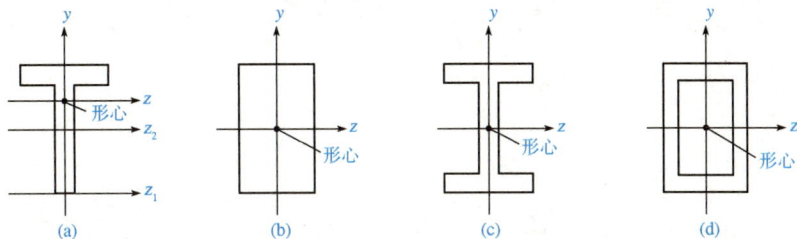

图 4-7　形心主轴

仿真实训

采用相同的材料、相同的截面面积，截面的几何形状不同的物体模型，采用图 4-8 所示实验方式，试验其承载能力是否相同，并思考为什么。

图 4-8　不同截面形状的悬梁的强度测试示意

技能测试

1. 均质物体的重心就是其_____，称为_____。

2. 当平面图形具有对称轴或对称中心时，则形心一定在_____或_____上。

3. 平面图形的静矩是对_____而言的，同一平面图形对不同的坐标轴，其静矩_____。

4. 静矩的单位是_____，惯性矩的单位是_____。

5. 组合截面对某轴的静矩等于各简单几何图形对该轴静矩的_____。

6. 若正方形和圆形的面积相等，则正方形对形心轴的惯性矩_____圆形对形心轴的惯性矩。

7. 如图 4-9 所示，y 轴是截面的对称轴，则_____和_____都是主轴。

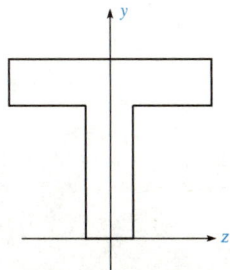

图 4-9　对称图形

61

任务工单

根据所学知识，完成以下任务工单。

1. 物体的重心是否一定在物体上？

2. 计算一物体重心时，如果选取的坐标系不同，重心的坐标是否改变？重心相对于物体的位置是否改变？

3. 已知平面图形对它的形心轴的静矩 $S_z = 0$，问该图形的惯性矩 I_z 是否也为零？为什么？

4. 平面图形由矩形、三角形和四分之一圆形组成，尺寸如图 4-10 所示，单位为 mm。试求其形心位置。

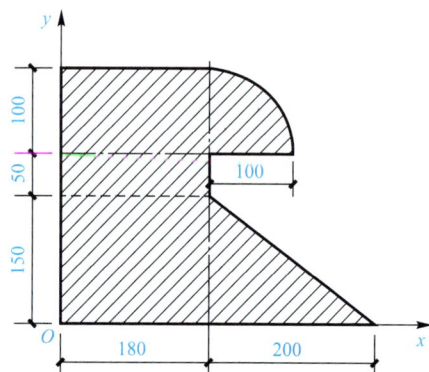

图 4-10 平面图形

5. 求图 4-11 所示三角形图形的惯性矩 I_y 及惯性积 I_{yz}。

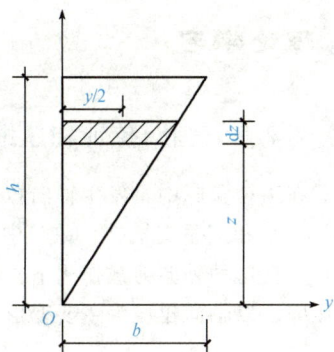

图 4-11　三角形图形

6. 计算图 4-12 所示组合图形对 y、z 轴的惯性积。

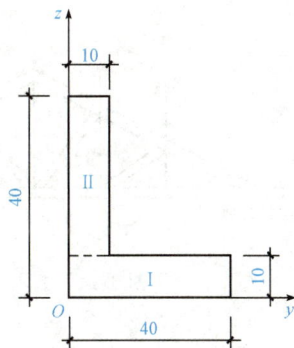

图 4-12　组合图形

7. 试确定图 4-13 所示平面图形的形心主惯性轴的位置，并求形心主惯性矩。

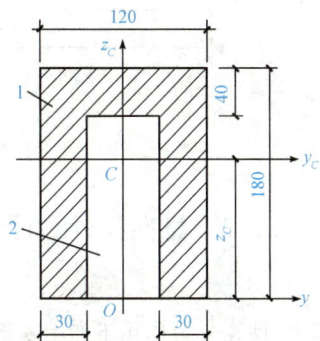

图 4-13　平面图形

任务 2　轴向拉压杆的应力、应变及强度条件

课前认知

　　轴向拉伸和压缩变形是杆件四种基本变形之一，在工程中非常常见。轴向拉压杆的受力特点：杆件的轴线方位受到外力的作用；其变形特点：杆件沿轴线方向伸长或缩短。杆件在使用时必须具有足够的强度以承受荷载的作用，这样才能保证杆件安全、可靠地工作。课前可参观工法楼，观察建筑中有哪些常见的轴向拉压杆。

4.2.1　轴向拉伸和压缩的概念

在工程实际中，发生轴向拉伸或压缩变形的构件很多，例如，钢木组合桁架中的钢拉杆（图 4-14）和三角支架（图 4-15）中的杆，作用于杆上的外力（或外力合力）的作用线与杆的轴线重合。在这种轴向荷载作用下，杆件以轴向伸长或缩短为主要变形形式，称为轴向拉伸或轴向压缩。以轴向拉压为主要变形的杆件，称为拉（压）杆。

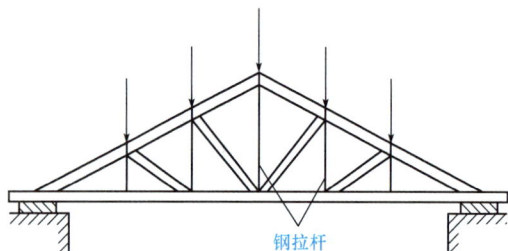

图 4-14　钢木组合桁架

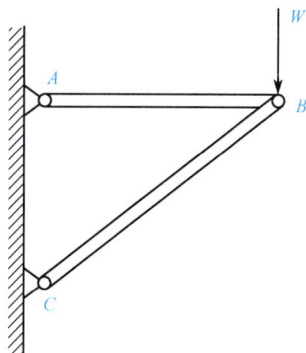

图 4-15　三角支架

实际拉（压）杆的端部连接情况和传力方式是各不相同的，但在讨论时可以将它们简化为一根等截面的直杆（等直杆），两端的力系用合力代替，其作用线与杆的轴线重合，则其计算简图如图 4-16 所示。

图 4-16　拉（压）杆计算简图
(a)拉伸；(b)压缩

4.2.2　轴向拉（压）杆的应力

1. 内力

杆件在外力作用下产生变形，从而杆件内部各部分之间产生相互作用力，这种由外力引起的杆件内部之间的相互作用力称为内力。

2. 截面法

研究杆件内力常用的方法是截面法。截面法是假想用一平面将杆件在需求内力的截面处截开，将杆件分为两部分[图 4-17(a)]；取其中一部分作为研究对象，此时截面上的内力被显示出来，变成研究对象上的外力[图 4-17(b)]，再由平衡条件求出内力。

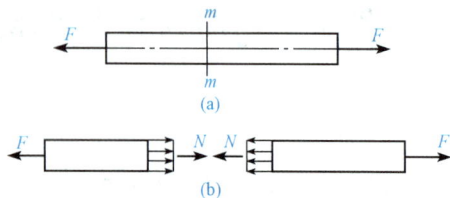

图 4-17　内力

3. 应力

由于杆件由均匀连续的材料制成，因此内力连续分布在整个截面上。由截面法求得的内力是截面上分布内力的合内力。只知道合内力还不能判断杆件是否会因强度不足而破坏，还必须知道内力在横截面上分布的密集程度(简称集度)。将内力在一点处的分布集度称为应力。

为了分析图 4-18(a)所示截面上任意一点 E 处的应力，围绕 E 点取一微小面积 ΔA，作用在微小面积 ΔA 上的合内力记为 ΔP，则

$$p_m = \frac{\Delta P}{\Delta A} \tag{4-15}$$

p_m 称为 ΔA 上的平均应力。平均应力 p_m 不能精确地表示 E 点处的内力分布集度。当 ΔA 无限趋近于零时，平均应力 p_m 的极限值 p 才能表示 E 点处的内力分布集度，即

$$p = \lim_{\Delta A \to 0} \frac{\Delta P}{\Delta A} = \frac{\mathrm{d}P}{\mathrm{d}A} \tag{4-16}$$

式(4-16)中 p 称为 E 点处的应力。

一般情况下，应力 p 的方向与截面既不垂直也不相切。通常将应力 p 分解为与截面垂直的法向分量 σ 和与截面相切的切向分量 τ[图 4-18(b)]。垂直于截面的应力分量 σ 称为正应力或法向应力；与截面相切的应力分量 τ 称为切应力或切向应力(剪应力)。

应力的单位是 Pa，1 Pa＝1 N/m²。因为 Pa 这个单位比较小，力学中一般用兆帕(MPa)，1 MPa＝10^6 Pa。

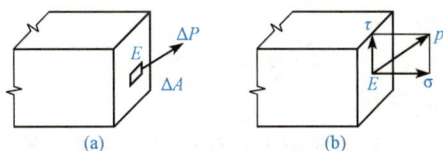

图 4-18　应力分析示意 1

4. 轴向拉(压)杆横截面上的应力

要确定拉(压)杆横截面上的应力，必须了解内力在横截面上的分布规律。如图 4-19(a)所示，等直杆在杆件的外表面画上一系列与轴线平行的纵向线和与轴线垂直的横向线。施加轴向拉力 P 后，杆发生变形，所有的纵向线均产生同样的伸长，所有的横向线均仍保持为直线，且仍与轴线正交[图 4-19(b)]。

根据上述实验现象，对杆件的内部变形可做出如下假设。

(1)平面假设。若将各条横线看作一个横截面，则杆件横截面在变形以后仍为平面且与杆轴线垂直，任意两个横截面只是做相对平移。

(2)若将各纵向线看作杆件由许多纤维组成，根据平面假设，任意两横截面之间的所有纤维的伸长都相同，即杆件横截面上各点处的变形都相同，因此推断它们受的力也相等。

因此，横截面上各点处的正应力 σ 大小相等[图 4-19(c)]。若杆的轴力为 N，横截面面积为 A，则正应力为

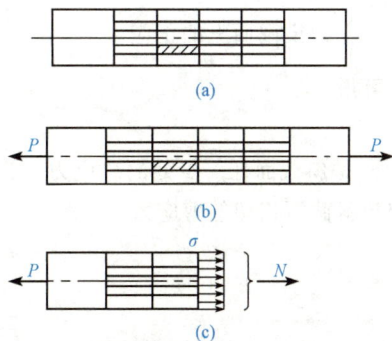

图 4-19　应力分析示意 2

$$\sigma = \frac{N}{A} \tag{4-17}$$

应力单位为 Pa，常用单位是 MPa 或 GPa。

当杆件受轴向压缩时，上式同样适用。由于前面已规定了轴力的正负号，由式(4-17)可

知，正应力也随轴力 N 而有正负之分，即拉应力为正，压应力为负。

5. 轴向拉(压)杆斜截面上的应力

设有一等直杆，在两端分别受到一个大小相等的轴向外力 P 的作用[图 4-20(a)]，现分析任意斜截面 $m—n$ 上的应力，截面 $m—n$ 的方位用它的外法线 On 与 x 轴的夹角 α 表示，并规定 α 从 x 轴算起，逆时针转向为正。

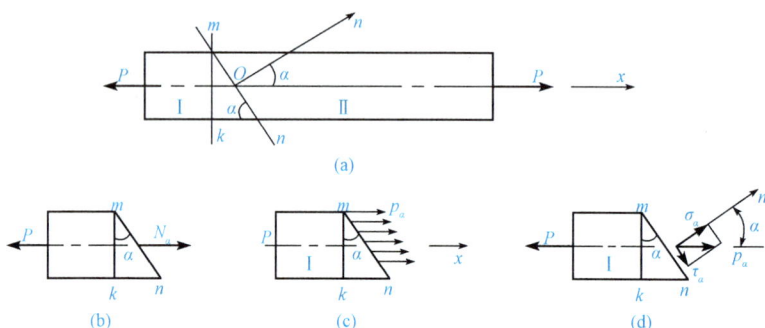

图 4-20　应力分析示意 3

将杆件在 $m—n$ 截面处截开，取左段为研究对象[图 4-20(b)]，由静力平衡方程 $\sum X = 0$，可求得 α 截面上的内力：

$$N_\alpha = P = N \tag{4-18}$$

式中，N 为横截面 $m—k$ 上的轴力。

若以 p_α 表示 α 截面上任意一点的总应力，按照上面所述横截面上正应力变化规律的分析过程，同样可得到斜截面上各点处的总应力相等的结论[图 4-20(c)]，于是可得

$$p_\alpha = \frac{N_\alpha}{A_\alpha} = \frac{N}{A_\alpha} \tag{4-19}$$

式中，A_α 为斜截面面积。

从几何关系可知 $A_\alpha = \dfrac{A}{\cos\alpha}$，将它代入式(4-19)可得

$$P_\alpha = \frac{N}{A}\cos\alpha \tag{4-20}$$

式中，$\dfrac{N}{A}$ 为横截面上的正应力 σ。

可得

$$p_\alpha = \sigma\cos\alpha \tag{4-21}$$

p_α 是斜截面任一点处的总应力，为研究方便，通常将 p_α 分解为垂直于斜截面的正应力 σ_α 和与斜截面相切的剪应力 τ_α[图 4-20(d)]，则

$$\left.\begin{aligned}
\sigma_\alpha &= p_\alpha\cos\alpha = \sigma\cos^2\alpha \\
\tau_\alpha &= p_\alpha\sin\alpha = \sigma\cos\alpha\sin\alpha = \frac{1}{2}\sigma\sin2\alpha
\end{aligned}\right\} \tag{4-22}$$

式(4-22)揭示了轴向受拉杆斜截面上任意一点的 σ_α 和 τ_α 的数值随斜截面位置 α 角而变化的规律。

此规律也适用于轴向受压杆。

σ_α 和 τ_α 的正负号规定如下：正应力 σ_α 以拉应力为正，压应力为负；剪应力 τ_α 以它使研究对象绕其中任意一点顺时针转动趋势时为正，反之为负。

由式(4-22)可知，轴向拉(压)杆在斜截面上有正应力和剪应力，它们的大小随截面的方位角 α 的变化而变化。

当 $\alpha = 0°$ 时，正应力达到最大值：

$$\sigma_{max} = \sigma \tag{4-23}$$

由此可见，拉(压)杆的最大正应力发生在横截面上。

当 $\alpha = 45°$ 时，剪应力达到最大值：

$$\tau_{max} = \frac{\alpha}{2} \tag{4-24}$$

即拉(压)杆的最大剪应力发生在与杆轴成 $45°$ 的斜截面上。

当 $\alpha = 90°$ 时，$\sigma_a = \tau_a = 0$，这表明在平行于杆轴线的纵向截面上无任何应力。

4.2.3　轴向拉(压)杆的变形与胡克定律

杆件在轴向拉伸或压缩时，产生的主要变形是沿轴线方向伸长或缩短，同时杆的横向尺寸缩小或增大。

1. 纵向变形

杆件在轴向拉(压)变形时长度的改变量称为纵向变形，用 Δl 表示。如图 4-21 所示，若杆件原来长度为 l，变形后长度为 l_1，则纵向变形为

$$\Delta l = l_1 - l \tag{4-25}$$

拉伸时纵向变形 Δl 为正值；压缩时纵向变形 Δl 为负值。纵向变形单位是米(m)或毫米(mm)。纵向变形只反映杆件的总变形量，不能确切表明杆件的局部变形程度。用单位长度内的纵向变形来反映杆件各处的变形程度，称为纵向线应变或线应变，用 ε 表示。即

$$\varepsilon = \Delta l / l \tag{4-26}$$

纵向线应变的正负号与 Δl 相同。拉伸时为正值，压缩时为负值。纵向线应变的量纲为 1。

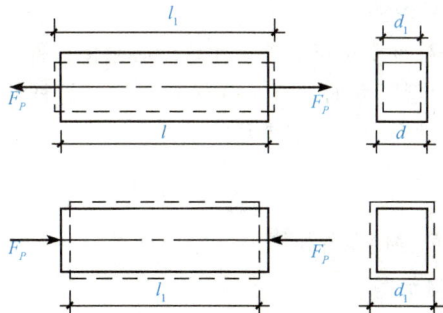

图 4-21　杆件变形

2. 横向变形

杆件在轴向拉(压)变形时，横向尺寸的改变量称为横向变形。若杆件原横向尺寸为 d，变形后的横向尺寸为 d_1，则

$$\Delta d = d_1 - d \tag{4-27}$$

横向线应变为

$$\varepsilon' = \Delta d / d \tag{4-28}$$

横向变形、横向线应变的正负号与纵向变形、纵向线应变的正负号相反，拉伸时为负值，压缩时为正值。

上述概念同样适用于压杆。

3. 拉压胡克定律

试验表明，工程中使用的大多数材料在受力不超过一定范围时，都处在弹性变形阶段。在此范围内，轴向拉、压杆件的伸长或缩短 Δl 与轴力大小 N 和杆长 l 成正比，与横截面面积 A 成反比，即

$$\Delta l \propto \frac{Nl}{A} \tag{4-29}$$

引入比例常数 E，则有

$$\Delta l = \frac{Nl}{EA} \tag{4-30}$$

这一比例关系称为胡克定律。式中，比例常数 E 称为弹性模量，它反映了材料抵抗拉（压）变形的能力。EA 称为杆件的抗拉（压）刚度，对于长度相同、受力相同的杆件，EA 值越大，则杆的变形 Δl 越小；EA 值越小，则杆的变形 Δl 越大。因此，抗拉（压）刚度 EA 反映了杆件抵抗拉（压）变形的能力。

若将式（4-30）改写为

$$\frac{\Delta l}{l} = \frac{1}{E} \cdot \frac{N}{A} \tag{4-31}$$

将正应力 $\sigma = \dfrac{N}{A}$ 及线应变 $\varepsilon = \dfrac{\Delta l}{l}$ 代入，则可得出胡克定律的另一表达式：

$$\varepsilon = \frac{\sigma}{E} \tag{4-32}$$

式（4-30）和式（4-32）是胡克定律的两种表达形式，表明了材料在弹性范围内，力与变形或应力与应变之间的物理关系（当杆件应力不超过某一极限时，应力与应变成正比）。

4.2.4 轴向拉（压）杆的强度条件和强度计算

1. 轴向拉（压）杆的强度条件

在工程实际中，要保证杆件安全可靠地工作，就必须使杆件内的最大应力 σ_{max} 满足 $\sigma_{max} \leqslant [\sigma]$。最大应力所在截面称为危险截面，对于等截面受拉（压）杆件，最大应力就发生在内力最大的那个截面，因此，杆件安全工作应满足的条件是

$$\sigma_{max} = \frac{N_{max}}{A} \leqslant [\sigma] \tag{4-33}$$

式（4-33）称为拉（压）杆的强度条件。

2. 轴向拉（压）杆的强度计算

应用式（4-33）可以解决轴向拉（压）杆强度计算的三类问题。

（1）校核杆的强度。已知杆的材料、尺寸（已知 $[\sigma]$ 和 A）和所承受的荷载（已知内力 N_{max}），可用式（4-33）校核杆件是否满足强度要求。若满足强度要求，则应有

$$\frac{N_{max}}{A} \leqslant [\sigma] \tag{4-34}$$

否则就要增大截面面积 A，或减小轴力 N_{max}。

根据既要保证安全又要节约材料的原则，构件的工作应力不应该小于材料的许用应力 $[\sigma]$ 太多，有时工作应力也允许稍微大于 $[\sigma]$，但是规定以不超过容许应力的 5％ 为限。

（2）选择杆的截面。已知杆的材料和所承受的荷载（已知 $[\sigma]$ 和 N），根据强度条件可求出杆件所需的横截面面积 A。按式（4-33）有

$$A \geqslant \frac{N}{[\sigma]} \qquad\qquad (4\text{-}35)$$

(3)确定杆的容许荷载。已知杆的材料、尺寸(已知$[\sigma]$和A),根据强度条件可求出杆的最大容许承载。按式(4-33)有

$$N_{max} \leqslant A[\sigma] \qquad\qquad (4\text{-}36)$$

仿真实训

2005年2月22日上午,甘肃省庆阳市西峰区世纪大道一级公路路面上举行万人拔河比赛。在第二回合比赛时双方各有500人,所用钢丝绳长约550 m,直径约3 cm,正当双方用力拼比时,钢丝绳突然被拉断,拉断的钢丝绳绳头将分界线两旁的人打伤,另将其余人摔倒在公路上致使多人擦破手腿皮肤和被踩伤。

请学生分组讨论分析引发这一事故的主要原因是什么。

技能测试

1. 下列哪个量的单位与其他不同?(　　　)

A. 轴力　　　　　　B. 压力　　　　　　C. 支座反力　　　　D. 应力

2. 一根钢杆,一根铜杆,承受相同的轴向拉力,两杆的横截面面积不同,则两杆的内力(　　　),应力(　　　)。

A. 相同　　　　　　B. 不同　　　　　　C. 无法确定

3. 轴向拉压杆的危险截面一定是(　　　)最大的截面。

A. 外力　　　　　　B. 内力　　　　　　C. 应力

任务工单

根据所学知识,完成以下任务工单。

1. 在拉(压)杆中,轴力最大的截面一定是危险截面吗?为什么?

2. 两根不同材料的等截面直杆,承受着相同的拉力,它们的截面面积与长度都相等。问:

(1)两杆的内力是否相等?

(2)两杆应力是否相等?

(3)两杆的变形是否相等?

3. 如图 4-22 所示的结构中，$p=120$ kN，各杆横截面面积均等于 20 000 mm²，试求各杆的应力。

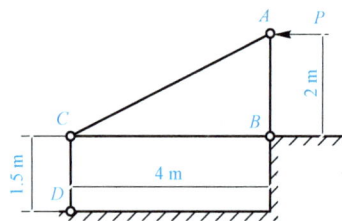

图 4-22　各杆应力计算 1

4. 如图 4-23 所示，某三角构架中 AB 杆的横截面面积为 $A_1=10$ cm²，BC 杆的横截面面积为 $A_2=6$ cm²，若材料的许用拉应力为 $[\sigma^+]=40$ MPa，许用压应力为 $[\sigma^-]=20$ MPa，试校核其强度。

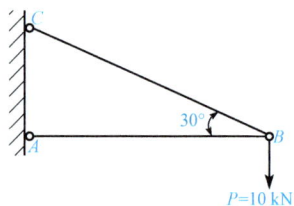

图 4-23　各杆应力计算 2

5. 图 4-24 所示的结构为钢桁架，即各杆均为钢杆（二力杆），钢材的许用应力 $[\sigma]=160$ MPa，荷载 $F=20$ kN。试问 CD 杆的直径至少多大才能满足强度条件？

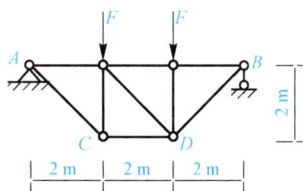

图 4-24　各杆应力计算 3

6. 图 4-25 所示为一钢制正方形框架，边长 $a=400$ mm，重 $W=460$ N，用麻绳套在框架外面吊起。当麻绳在 290 N 的拉力作用下将被拉断。

(1)若麻绳的长度为 1.8 m，试校核其强度。

(2)若要安全起吊，麻绳的长度至少应为多少？

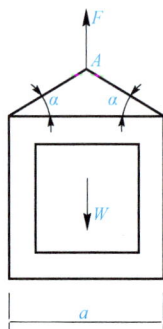

图 4-25　钢制正方形框架

任务3 材料在拉伸与压缩时的力学性能

课前认知

构件的强度、刚度与稳定性与构件的形状、尺寸及所受外力有关，也与材料的力学性能有关。所谓力学性能，是指材料在受力和变形过程中所表现出的性能特征，它们都是通过材料试验来测定的。试验证明，材料的力学性能不仅与材料自身的性质有关，还与荷载的类别（静荷载、动荷载）、温度条件（高温、常温、低温）等因素有关。课前可扫描二维码，了解塑性材料和脆性材料的有关知识。

塑性材料和脆性材料在力学性能上的差别

理论学习

4.3.1 材料在拉伸时的力学性能

1. 低碳钢（塑性材料）的拉伸试验

(1)试件要求。试件的尺寸和形状对试验结果有很大的影响，为了便于比较不同材料的试验结果，在做试验时，应将材料做成国家金属试验标准中统一规定的标准试件，如图 4-26 所示。试件的中间部分较细，两端加粗，便于将试件安装在试验机的夹具中。在中间等直部分上标出一段作为工作段，用来测量变形，其长度称为标距 l。为了便于比较不同粗细试件工作段的变形程度，通常对圆截面标准试件的标距 l 与横截面直径的比例加以规定：$l=10d$ 或 $l=5d$；矩形截面试件标距和截面面积 A 之间的关系规定为 $l=11.3\sqrt{A}$ 和 $l=5.65\sqrt{A}$，前者为长试件，后者为短试件。

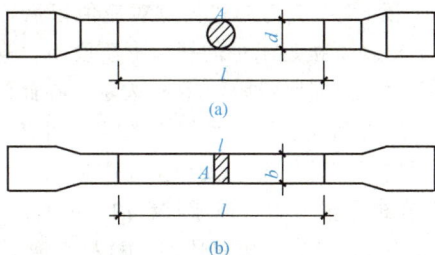

图 4-26 低碳钢的拉伸试验

(2)应力-应变图。将低碳钢的标准试件夹在拉力试验机上，开动试验机后，试件受到由零缓慢增加的拉力 F_P，同时发生变形。在试验机上可以读出试件所受拉力 F_P 的大小，以及相应的纵向伸长 Δl，并间隔性地记录下 F_P 和 Δl 值，直至试件拉断为止。以拉力 F_P 为纵坐标，Δl 为横坐标，将 F_P 和 Δl 的关系按一定比例绘制成的曲线，称为拉伸图，如图 4-27 所示。

由于荷载 F_P 与 Δl 的对应关系与试件尺寸有关，为了消除这一影响，反映材料本身的力学性质，将纵坐标 F_P 改为正应力 $\sigma=N/A$，横坐标 Δl 改为线应变 $\varepsilon=\Delta l/l$。于是，拉伸图就变成图 4-28 所示的应力-应变图。

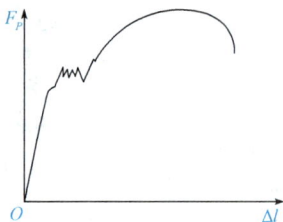

图 4-27 拉伸图

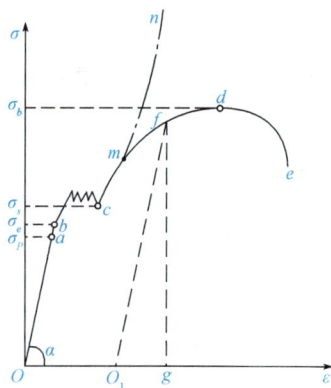

图 4-28 应力-应变图

（3）拉伸过程的四个阶段。低碳钢的拉伸过程可分为四个阶段，现根据应力-应变图来说明各阶段中出现的力学性能。

1）弹性阶段（图 4-28 中 Ob 段）。在此阶段内如果把荷载逐渐卸除至零，则试件的变形完全消失，可见这一阶段，变形是完全弹性的，因此称为弹性阶段。这一阶段的最高点 b 对应的应力称为弹性极限，用 σ_e 表示。

图中的 Oa 为直线，表明 σ 和 ε 成正比，a 点对应的应力值称为比例极限，用 σ_p 表示。常用的 Q235 钢，其比例极限 $\sigma_p = 200$ MPa。

当应力不超过比例极限 σ_p 时，σ 和 ε 成正比，直线 Oa 的斜率即材料的弹性模量 E。即

$$\tan\alpha = \frac{\sigma}{\varepsilon} = E \qquad (4\text{-}37)$$

从图 4-28 中可以看出 ab 段微弯，不再是直线，说明 ab 段内，σ 和 ε 不再成正比，但变形仍然是完全弹性的。由于 a、b 两点非常接近，在实际应用中对 σ_p 和 σ_e 未加严格区别，认为在弹性内应力与应变成正比。

2）屈服阶段（图 4-28 中 bc 段）。当应力超过 b 点对应值以后，应变迅速增加，而应力在很小的范围内波动，其图形上出现了接近水平的锯齿形阶段 bc，这一阶段称为屈服阶段。屈服阶段的最低点 c 所对应的应力称为屈服极限，用 σ_s 表示。在此阶段材料失去了抵抗变形的能力，产生显著的塑性变形。应力和应变不再呈线性关系，胡克定律不再适用。如果试件表面光滑，这时可看到试件表面出现与试件轴线大约呈 45°的斜线，称为滑移线，如图 4-29 所示。这是由于在 45°斜面上存在最大剪应力，造成材料内部晶粒之间相互滑移。

3）强化阶段（图 4-28 中 cd 段）。经过屈服阶段后，材料又恢复了抵抗变形的能力，此时，增加荷载才会继续变形，这个阶段称为强化阶段。强化阶段最高点 d 对应的应力称为强度极限，用 σ_b 表示。它是材料所能承受的最大应力。

4）颈缩阶段（图 4-28 中 de 段）。当应力达到强度极限后，试件在某一薄弱处横截面尺寸急剧减小，出现"颈缩"现象，如图 4-30 所示。此时，试件继续变形所需的拉力相应减小，达到 e 点，试件被拉断。

图 4-29 滑移线

图 4-30 颈缩

（4）强度指标。对于低碳钢来说，屈服极限 σ_s 和强度极限 σ_b 是衡量材料强度的两个重要指标。

1)当材料的应力达到屈服极限 σ_s 时，杆件虽未断裂，但产生了显著的变形，影响构件的正常使用，所以，屈服极限 σ_s 是衡量材料强度的一个重要指标。

2)材料的应力达到强度指标 σ_b 时，出现"颈缩"现象并很快断裂，所以，强度极限 σ_b 也是衡量材料强度的一个重要指标。

(5)塑性指标。试件断裂后，弹性变形消失了，塑性变形保留了下来。试件断裂后所遗留下来的塑性变形的大小，常用来衡量材料的塑性性能。塑性性能指标有延伸率和截面收缩率。

1)延伸率 δ。如图 4-31 所示，试件的工作段在拉断后的长度 l_1 与原长 l 之差（在试件拉断后其工作段总的塑性变形）与 l 的比值，称为材料的延伸率。即

$$\delta = \frac{l_1 - l}{l} \times 100\% \tag{4-38}$$

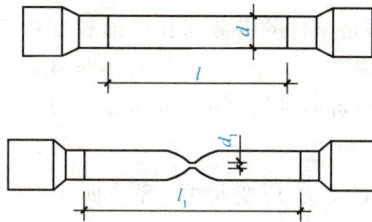

图 4-31　延伸率

延伸率是衡量材料塑性的一个重要指标，一般可按延伸率的大小将材料分为两类，$\delta \geqslant 5\%$ 的材料称为塑性材料；$\delta < 5\%$ 的材料称为脆性材料。低碳钢的延伸率为 $20\% \sim 30\%$。

2)截面收缩率 ψ。试件断裂处的最小横截面面积用 A_1 表示，原截面面积为 A，则比值

$$\varphi = \frac{A - A_1}{A} \times 100\% \tag{4-39}$$

低碳钢的截面收缩率约为 60%。

(6)冷作硬化。在拉伸试验中，当应力达到强化阶段任一点 f 时，逐渐卸载至零，则可以看到，应力和应变仍保持直线关系，且卸载直线 fO_1 基本上与弹性阶段的 Oa 平行，如图 4-28 所示，f 点对应的总应变为 Og，回到 O_1 点后，弹性应变 $O_1 g$ 消失，余留部分 OO_1 为塑性应变。

如果卸载后重新加载，则应力与应变曲线将大致沿着卸载时的同一直线 $O_1 f$ 上升到 f 点，f 点以后的曲线与原来的 σ-ε 曲线相同。由此可见卸载后再加载，材料的比例极限与屈服极限都得到了提高，而塑性降低，这种现象称为冷作硬化。

在工程上，常利用钢筋的冷作硬化这一特性来提高钢筋的屈服极限。

2. 铸铁(脆性材料)的拉伸试验

铸铁的标准拉伸试件按低碳钢拉伸试验同样的方法进行测验，可得到铸铁拉伸的应力-应变曲线，如图 4-32 所示。图中没有明显的直线部分，没有屈服阶段和"颈缩"现象。拉断时应变很小，为 $0.4\% \sim 0.5\%$，断裂时的应力就是强度极限，是衡量脆性材料强度的唯一指标。在工程计算中通常以产生 0.1% 的总应变所对应的曲线的割线斜率来表示材料的弹性模量，即 $E = \tan\alpha$。

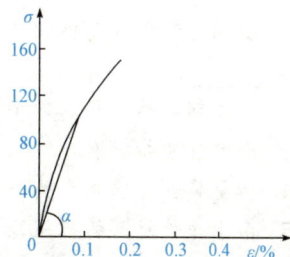

图 4-32　铸铁拉伸的应力-应变曲线

4.3.2 材料在压缩时的力学性能

1. 低碳钢(塑性材料)的压缩试验

（1）试件要求。金属材料（如低碳钢、铸铁等）压缩试验的试件为圆柱形，高为直径的 1.5～3 倍，如图 4-33(a)所示，高度不能太大，否则受压后容易发生弯曲变形。

（2）应力-应变图。低碳钢压缩时的应力-应变图如图 4-28 中的点画线 mn，实线为拉伸试验的应力-应变图。比较两者可以看出，在屈服阶段以前，低碳钢拉伸与压缩的应力-应变曲线基本重合，两者的比例极限、屈服极限、弹性模量均相同。但在屈服极限以后，图形与拉伸时大不相同，

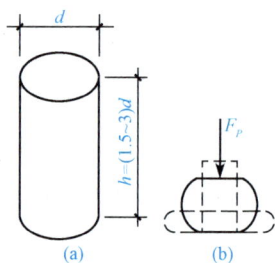

图 4-33　低碳钢的压缩试验

受压时 σ-ε 曲线不断上升，原因是试件的横截面在压缩过程中不断增大，试件由圆柱形变成鼓形，又渐变成饼形，越压越扁[图 4-33(b)]，但并不破坏，无法测出强度极限。因此，低碳钢压缩时的一些力学性能指标可通过拉伸试验测定，一般不须做压缩试验。

2. 铸铁(脆性材料)的压缩试验

图 4-34 所示为铸铁压缩时的应力-应变曲线。整个曲线与拉伸时相似，没有明显的屈服阶段。但压缩时塑性变形比较明显。铸铁压缩时的强度极限为拉伸时的 4～5 倍。破坏时不同于拉伸时沿横截面，而是沿与轴线为 45°～55°的斜截面破坏，如图 4-34 所示。这说明铸铁的压缩破坏是由于抗剪强度低而造成的。由于脆性材料的抗压能力比抗拉能力强，通常用作受压构件，如基础、墩台、柱、墙体等。

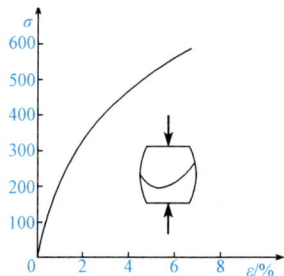

图 4-34　铸铁压缩时的应力-应变曲线

仿真实训

使用电子万能试验机、游标卡尺对低碳钢试件进行拉伸试验，观察低碳钢在拉伸时的各种现象，并测定低碳钢在拉伸时的屈服极限、强度极限、延伸率和断面收缩率。观察试样受力和变形两者间的相互关系，并注意观察材料的弹性、屈服、强化、颈缩、断裂等物理现象。

技能测试

一、填空题

1. 金属材料压缩试验的试件为圆柱形，高为直径的_____倍；非金属材料试件为_____。

2. 低碳钢拉伸过程的四个阶段包括_____、_____、_____和_____。

3. 塑性性能指标有_____和_____。

4. 衡量脆性材料强度的唯一指标是_____。

5. 由于脆性材料的抗压能力比抗拉能力强，所以它通常用作_____构件。

二、选择题

对于图 4-35 所示低碳钢的 $\sigma-\varepsilon$ 曲线，下列说法正确的是（　　）。

A. 应力 σ 随着应变 ε 的增大而增大

B. 应力 σ 与应变 ε 成正比

C. 材料的弹性模量 $E = \tan\alpha$

D. 低碳钢的强度极限是其断裂时的应力

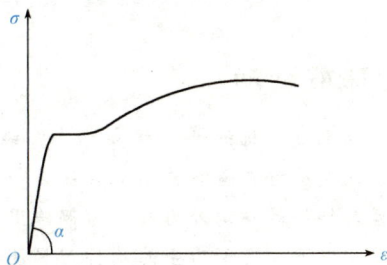

图 4-35　低碳钢 $\sigma-\varepsilon$ 曲线

📑 任务工单

根据所学知识，完成以下任务工单。

1. 分析图 4-36 所示三种不同材料的应力-应变图，回答：哪种材料的强度高？哪种材料的刚度大？哪种材料的塑性好？

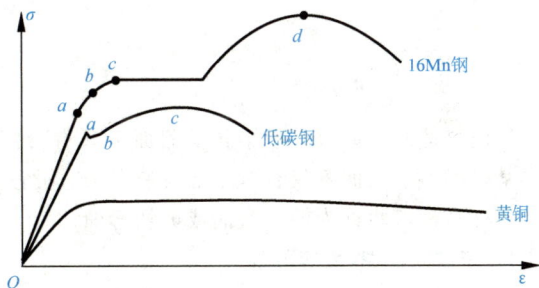

图 4-36　不同材料的应力-应变图

2. 现有低碳钢和铸铁两种材料，在图 4-37 所示结构中，AB 杆选用铸铁，AC 杆选用低碳钢是否合理？为什么？如何选材才最合理？

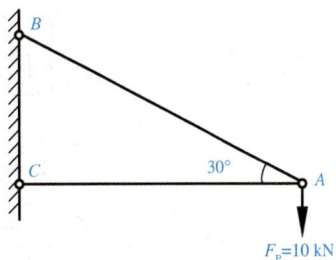

图 4-37　结构选材

课前认知

在土建、机械等工程实际中，经常遇到像吊车梁、火车的轮轴等构件。这类构件在荷载作用下轴线会由直线变为曲线。工程中，把杆件在垂直于其轴线的横向外力或外力偶作用下其轴线由直线变成曲线的变形称为弯曲。以弯曲变形为主的构件习惯上称为梁。对于有纵向对称截面的梁，若外力作用在这一对称平面内，则变形后其轴线也必在对称面内弯成一条曲线，这种弯曲称为平面弯曲（或对称弯曲）。它是最常见、最简单的弯曲形式。课前扫描二维码，了解常见的静定梁形式。

静定梁形式

理论学习

4.4.1　弯曲正应力

平面弯曲时，如果某段梁各横截面上只有弯矩而没有剪力，这种平面弯曲称为纯弯曲。如果某段梁各横截面不仅有弯矩而且有剪力，此段梁在发生弯曲变形的同时，还伴有剪切变形，这种平面弯曲称为横力弯曲或剪切弯曲。

1. 正应力分布规律假设

为了观察变形情况，加载前先在梁的表面画出一系列与轴线平行的纵向线和与轴线垂直的横向线，这些线组成许多小矩形[图 4-38(a)]。当在梁的两端加上外力偶 M 使梁发生纯弯曲时，可以发现：

(1)变形后各横向线仍为直线，只是相对旋转了一个角度，且与变形后的梁轴曲线保持垂直，即小矩形格仍为直角。

(2)各纵向线都弯成弧线，上部(凹边)的纵向线缩短，下部(凸边)的纵向线伸长；横截面上部变宽，下部变窄[图 4-38(b)]。

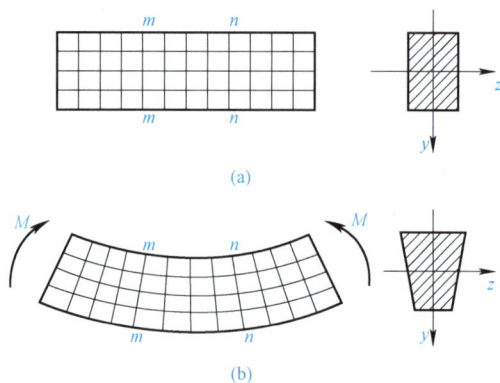

(a)

(b)

图 4-38　梁弯曲变形

根据上面观察到的变形现象，可提出如下假设。

(1)平面假设。梁变形后，横截面仍为平面，只是绕某一轴旋转了一个角度，且仍与变形后的梁轴曲线垂直。

（2）如果设想梁由无数根纵向纤维组成，则梁变形后各纤维只受拉伸或压缩，不存在相互挤压。

由平面假设可知，梁变形后各横截面仍保持与纵线正交，所以切应变为零。由应力与应变的相应关系可知，纯弯曲梁横截面上无切应力存在。

上部的纵线缩短，截面变宽，表示上部各根纤维受压缩；下部的纵线伸长，截面变窄，表示下部各根纤维受拉伸。从上部各层纤维缩短到下部各层纤维伸长的连续变化中，中间必有一层长度不变的过渡层，称为中性层。中性层与横截面的交线称为中性轴，如图 4-39 所示。中性轴将横截面分为受压和受拉两个区域。

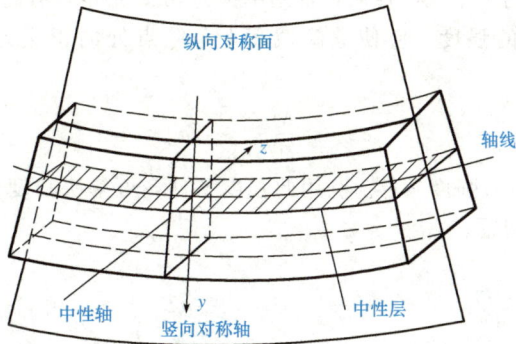

图 4-39　中性轴

2. 正应力计算公式

如图 4-40 所示，根据理论推导（推导从略），梁弯曲时横截面上任一点正应力的计算公式为

$$\sigma = \frac{My}{I_z} \tag{4-40}$$

式中　M——横截面上的弯矩；

$\quad\quad y$——所计算应力点到中性轴的距离；

$\quad\quad I_z$——截面对中性轴的惯性矩。

式(4-40)说明，梁弯曲时横截面上任一点的正应力 σ 与弯矩 M 和该点到中性轴距离 y 成正比，与截面对中性轴的惯性矩成反比，正应力沿截面高度呈线性分布；中性轴上（$y=0$）各点处的正应力为零；在上、下边缘处（$y=y_{max}$）正应力的绝对值最大。用式(4-40)计算正应力时，M 和 y 均用绝对值代入。当截面上有正弯矩时，中性轴以下部分为拉应力，以上部分为压应力；当截面有负弯矩时，则相反。

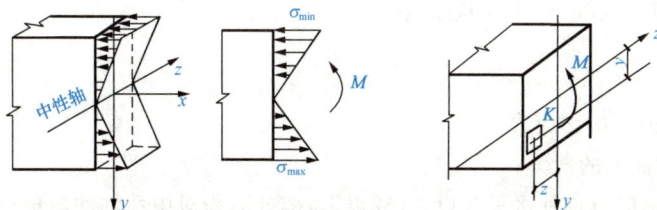

图 4-40　梁弯曲时，正应力分布规律

3. 正应力强度条件

梁弯曲变形时，最大弯矩 M_{max} 所在的截面就是危险截面，该截面上距中性轴最远的边缘

y_{max}处正应力最大，也是危险点：

$$\sigma_{max} = \frac{M_{max} \cdot y_{max}}{I_z} = \frac{M_{max}}{\dfrac{I_z}{y_{max}}}$$

令 $W_z = \dfrac{I_z}{y_{max}}$，则有

$$\sigma_{max} = \frac{M_{max}}{W_z} \qquad\qquad (4\text{-}41)$$

W_z 叫作抗弯截面系数。矩形截面的 $W_z = \dfrac{bh^2}{6}$，圆形截面的 $W_z = \dfrac{\pi d^3}{32}$。抗弯截面系数是截面抵抗弯曲变形能力的一个几何性质，常用单位为 m^3、mm^3，有时也用 cm^3。

为保证梁具有足够的强度，应使危险截面上危险点处的正应力不超过材料的许用应力，即

$$\sigma_{max} = \frac{M_{max}}{W_z} \leqslant [\sigma] \qquad\qquad (4\text{-}42)$$

式(4-42)为梁的正应力强度条件。利用此强度条件，可解决强度校核、设计截面、确定许可荷载三类强度计算问题。

4.4.2 弯曲剪应力

1. 剪应力分布规律假设

对于高度 h 大于宽度 b 的矩形截面梁，其横截面上的剪力 V 沿 y 轴方向，如图 4-41 所示，现假设剪应力的分布规律如下：

(1)横截面上各点处的剪应力 τ 都与剪力 Q 方向一致；

(2)横截面上距中性轴等距离各点处剪应力大小相等，即沿截面宽度为均匀分布。

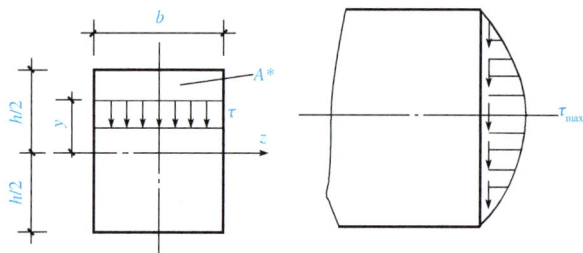

图 4-41 弯曲剪应力

2. 剪应力计算公式

剪应力的计算公式如下(推导从略)：

$$\tau = \frac{Q \cdot S_z^*}{I_z \cdot b} \qquad\qquad (4\text{-}43)$$

式中　τ——横截面上的剪应力；

　　　Q——横截面上的剪力；

　　　S_z^*——欲求应力点处水平线以上(或以下)部分面积对中性轴的静矩；

　　　I_z——截面对中性轴的惯性矩；

　　　b——欲求应力点处横截面的宽度。

对于矩形截面梁，横截面上的最大剪应力发生在中性轴上，且最大剪应力 $\tau_{max} = \dfrac{3}{2} \cdot \dfrac{Q}{A}$

（A 为矩形截面面积）；对于实心圆形截面梁，横截面上的最大剪应力 $\tau_{max} = \dfrac{4}{3} \cdot \dfrac{Q}{A}$（$A$ 为圆形截面面积）。

3. 剪应力强度条件

为保证梁的剪应力强度，梁的最大剪应力不应超过材料的许用剪应力，即

$$\tau_{max} = \frac{Q_{max} \cdot S_z^*}{I_z \cdot b} \leqslant [\tau] \tag{4-44}$$

式中，Q_{max} 为梁上的最大剪力，$[\tau]$ 为材料的许用剪应力。

式(4-44)称为梁的剪应力强度条件。

【例 4-2】 一外伸 I 形钢梁，工字钢的型号为 22a，梁上荷载如图 4-42(a)所示。已知 $l = 6\ m$，$P = 30\ kN$，$q = 6\ kN/m$，$[\sigma] = 170\ MPa$，$[\tau] = 100\ MPa$，检查此梁是否安全。

图 4-42 例 4-2 图

解：(1)绘剪力图、弯矩图，如图 4-42(b)、(c)所示。

$$M_{max} = 39\ kN \cdot m$$

$$Q_{max} = 17\ kN$$

(2)由型钢表查得有关数据。

$$b = 0.75\ cm$$

$$\frac{I_z}{S_{max}^*} = 18.9\ cm$$

$$W_z = 309\ cm^3$$

(3)校核正应力强度及剪应力强度。

$$\sigma_{max} = \frac{M_{max}}{W_z} = \frac{39 \times 10^6}{309 \times 10^3}$$

$$= 126 (MPa) < [\sigma] = 170\ MPa$$

$$\tau_{max} = \frac{Q_{max} S_{max}^*}{I_z b} = \frac{17 \times 10^3}{18.9 \times 10 \times 7.5}$$

$$= 12 (MPa) < [\tau] = 100\ MPa$$

所以，梁是安全的。

内力方程与内力图

79

取两张大小、厚度都相同的长条形硬纸片，如图 4-43(a)、(b)所示，一张不折叠，一张折叠成槽形，分别支承在两端固定的物体上，并在中间处小心地加上粉笔，比较它们的抗弯能力。取一根约 15 cm 的塑料直尺，"平放"在两端支承物体上，如图 4-43(c)所示，在直尺中间处用手指给它一个竖直向下的作用力；用拇指与食指捏住直尺中间处，"立放"在两端支承物体上，并给它一个竖直向下的作用力 F，如图 4-43(d)所示，比较它们的抗弯能力。取两根约 15 cm 的相同的塑料直尺和两支相同的圆笔筒，放置如图 4-43(e)所示，在直尺的中间处用手指给它一个竖直向下的作用力 F，观察比较图 4-43(c)所示直尺与图 4-43(e)所示直尺的承受荷载的能力和弯曲变形情况。

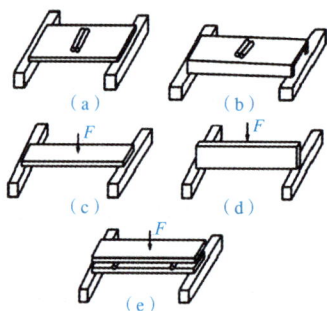

图 4-43　受力试验

技能测试

1. 矩形截面梁，当横截面的高度增加一倍，宽度减小一半时，从正应力强度条件考虑，该梁的承载能力（　　）。

A. 不变　　　　　　　B. 增大一倍　　　　　C. 减小一半　　　　　D. 增大三倍

2. 某简支梁 C 截面左侧的剪力为 8 kN，右侧的剪力为 -12 kN，则作用在 C 截面上的集中力为（　　）kN。

A. 8　　　　　　　　B. -12　　　　　　C. 4　　　　　　　D. 20

3. 对于图 4-44，哪种砖的放置更合理？（　　　　）

图 4-44　砖放置情况

A. 图(a)　　　　　　B. 图(b)

任务工单

根据所学知识，完成以下任务工单。

1. 一般情况下，过一点在最大正应力所在的截面上，有没有切应力？在最大切应力所在的截面上，有没有正应力？

2. 试判断图 4-45 中各组梁的内力图是否相同并说明原因。

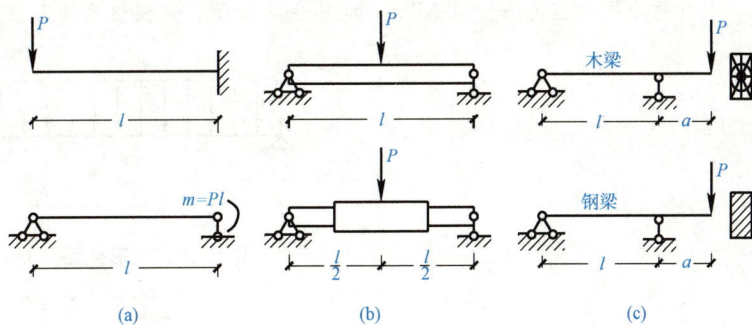

图 4-45　梁受力

3. 如图 4-46 所示，矩形截面木梁受到可移动荷载 $F=40$ kN 作用。已知 $[\sigma]=10$ MPa，$[\tau]=3$ MPa，截面宽高比 $b/h =2/3$。试确定梁的截面尺寸。

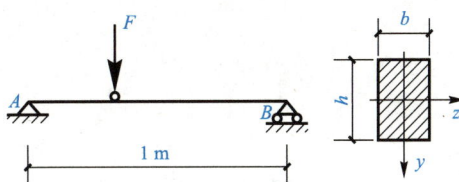

图 4-46　矩形截面梁受力

4. 悬臂梁长 900 mm，在自由端承受集中力 F 的作用。梁由三块 50 mm×100 mm 的木块胶合而成。如图 4-47 所示，z 轴为中性轴，胶合缝的许用切应力 $[\tau]=0.35$ MPa。试按胶合缝的切应力强度确定许用荷载 F，并求在此荷载作用下梁的最大弯曲正应力。

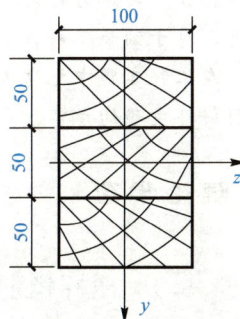

图 4-47　悬臂梁受力

81

5. 某矩形截面简支木梁受均布荷载 $q=5$ kN/m 作用，已知 $l=7.5$ m，截面宽 $b=300$ mm，高 $h=180$ mm，木材的许用切应力 $[\tau]=1$ MPa，如图 4-48 所示。试校核梁的剪应力强度。

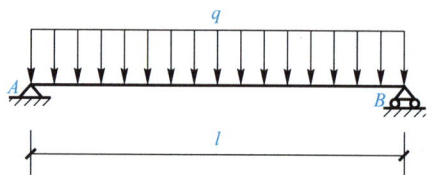

图 4-48　矩形截面简支梁受力

6. 某矩形截面梁，其截面尺寸及荷载如图 4-49 所示，$q=1.3$ kN/m，已知 $[\sigma]=10$ MPa，$[\tau]=2$ MPa，试校核梁的正应力和剪应力强度。

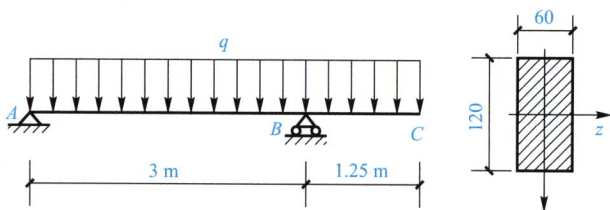

图 4-49　矩形截面梁受力校核

任务5　压杆稳定

课前认知

受轴向压力的直杆称为压杆。从强度观点出发，压杆只要满足轴向压缩的强度条件，就能正常工作。这种结论对于短粗杆来说是正确的，而对于细长杆不然。细长压杆的承载能力并不仅仅取决于轴向抗压强度，而是与该杆在一定压力作用下突然变弯、不能保持原有的直线形状有关。由此可见，对于细长压杆，其能不能保持直线状态下的平衡问题必须加以考虑。在工程实践中把这类问题称为压杆的稳定性问题。课前扫描二维码，了解杆件失稳的危害。

视频：杆件失稳的危害

理论学习

4.5.1　压杆稳定的概念

为方便研究，将实际的压杆抽象为如下力学模型：将压杆看作轴线为直线，且压力作用线与轴线重合的均质等直杆，称为轴心受压直杆或理想柱。把杆轴线存在的初曲率、压力作用线稍微偏离轴线及材料不完全均匀等因素，抽象为使杆产生微小弯曲变形的微小横向干扰。图 4-50 所示的轴心受压直杆即采用上述力学模型，给杆件以微小的横向干扰，存在以下三种情况。

(1) 当压力 F 的值较小时(F 小于某一临界值 F_{cr})，将横向干扰力去掉后，压杆将在直线平衡位置左右摆动，最终仍恢复到图 4-50(a)所示的直线平衡状态。这表明，压杆原来的直线平衡状态是稳定的，该压杆原有直线状态的平衡是稳定平衡。

(2) 当压力 F 的值恰好等于某一临界值 F_{cr} 时，将横向干扰力去掉后，压杆就在被干扰所形成的微弯状态下处于新的平衡，既不恢复原状，也不增加其弯曲程度，如图 4-50(b)所示。这表明，压杆在偏离直线平衡位置的附近保持微弯状态的平衡，称压杆这种状态的平衡为临界平衡，它是介于稳定平衡和不稳定平衡之间的一种临界状态。当然，就压杆原有直线状态的平衡而言，临界平衡也属于不稳定平衡。

(3) 当压力 F 的值超过某一临界值 F_{cr} 时，将横向干扰力去掉后，压杆不仅不能恢复到原来的直线平衡状态，而且还将在微弯的基础上继续弯曲，从而使压杆失去承载能力，如图 4-50(c)所示。这表明，压杆原来的直线平衡状态是不稳定的，该压杆原有直线状态的平衡是不稳定平衡。

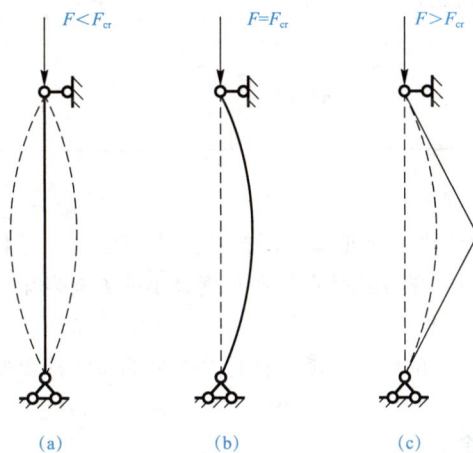

图 4-50　轴心受压杆的三种情况

压杆直线状态的平衡由稳定平衡过渡到不稳定平衡，称为压杆失去稳定，简称"失稳"。压杆处于稳定平衡和不稳定平衡之间的临界状态时，其轴向压力称为临界力，用 F_{cr} 表示(使压杆失稳的最小荷载)。临界力 F_{cr} 是判别压杆是否失稳的重要指标。

4.5.2　欧拉公式

临界力 F_{cr} 的大小与压杆的长度、截面形状及尺寸、压杆的材料以及压杆两端的支承情况有关。在材料的弹性范围内细长压杆的临界力由下式(欧拉公式)计算：

$$F_{cr} = \frac{\pi^2 EI}{(\mu l)^2} \tag{4-45}$$

式中　E——材料的弹性模量，与材料性质有关，反映材料抵抗变形的能力；

　　　I——压杆横截面对形心轴的与 μ 对应的最小惯性矩；

　　　μ——长度系数，它反映了不同杆端约束对临界力的影响，其值可按表 4-1 确定；

　　　l——压杆长度；

　　　μl——压杆计算长度。

表 4-1　各种支承约束条件下等截面压杆临界力的欧拉公式

杆端情况	两端铰支	一端固定另端铰支	下端固定上端竖向滑动	一端固定另端自由	下端固定上端水平滑动	两端弹簧支座
失稳时挠曲线形状		 C—挠曲线拐点	 C、D—挠曲线拐点		 C—挠曲线拐点	 C、D—挠曲线拐点
临界压力 F_{cr}	$F_{cr}=\dfrac{\pi^2 EI}{l^2}$	$F_{cr}=\dfrac{\pi^2 EI}{(0.7l)^2}$	$F_{cr}=\dfrac{\pi^2 EI}{(0.5l)^2}$	$F_{cr}=\dfrac{\pi^2 EI}{(2l)^2}$	$F_{cr}=\dfrac{\pi^2 EI}{l^2}$	$F_{cr}=\dfrac{\pi^2 EI}{(\mu_1 l)^2}$
长度系数 μ	$\mu=1$	$\mu=0.7$	$\mu=0.5$	$\mu=2$	$\mu=1$	$\mu=\mu_1$ $0.5<\mu_1<1.0$

欧拉公式反映了以下问题。

(1)临界力与压杆的抗弯刚度成正比。压杆的抗弯刚度越大，临界力越大，就越不容易丧失稳定。而且压杆失稳时，压杆总是在抗弯刚度最小的方向发生弯曲。

(2)临界力与压杆的计算长度的平方成反比。计算长度综合反映了压杆的长度和支座约束情况对临界力的影响。压杆的稳定性随压杆计算长度的增加而急剧下降。

4.5.3　压杆稳定条件

当压杆的应力达到临界应力，压杆将丧失稳定，因此，正常工作的压杆，其横截面上的应力不得超过临界应力，即

$$\sigma \leqslant \sigma_{cr}$$

为保证压杆的直线平衡位置是稳定的，并具有一定的安全储备，必须使压杆横截面上的应力不能超过压杆临界应力的许用值 $[\sigma_{cr}]$，即

$$\sigma = \frac{F_N}{A} \leqslant [\sigma_{cr}] \tag{4-46}$$

式(4-46)为压杆的稳定条件。式中稳定许用应力 $[\sigma_{cr}]=\sigma_{cr}/n_{st}$，$n_{st}$ 为稳定安全系数。

在实际工程计算中，实际安全系数 n 应大于或等于稳定安全系数 n_{st}，即

$$n = \frac{F_{cr}}{F} = \frac{\sigma_{cr}}{\sigma} \geqslant n_{st}$$

📋 仿真实训

用一张 A4 纸，分别卷成 210 mm 和 297 mm 高的柱子(柱子外面可用胶带绑一下)，在柱子顶部放置重物，观察在放置相同重量的重物时，哪根柱子先发生折弯(失稳)。

技能测试

一、填空题

1. 压杆处于稳定平衡和不稳定平衡之间的临界状态时，其轴向压力称为_____，用_____表示。

2. 压杆失稳时的压力比强度不足而破坏时的压力_____。

3. 在一端固定，一端自由的情况下，压杆的长度系数为_____。

二、选择题

1. 如图 4-51 所示，压杆下端固定，上端与水平弹簧相连，则长度系数（　　）。

图 4-51　选择题 1 图

A. $\mu<0.5$ B. $0.5<\mu<0.7$

C. $0.7<\mu<2$ D. $\mu<2$

2. 受压直杆突然发生弯曲而导致折断破坏的现象称为（　　）。

A. 倾覆   B. 失稳   C. 滑移

3. 下列压杆材料、长度和横截面面积均相同，其中临界力最小的是（　　）。

A. 两端铰支   B. 一端固定，一端自由

C. 一端固定，一端竖向滑动   D. 一端固定，一端铰支

任务工单

根据所学知识，完成以下任务工单。

1. 如图 4-52 所示，三根压杆的材料及横截面均相同，试判断哪一根最容易失稳，哪一根最不容易失稳。

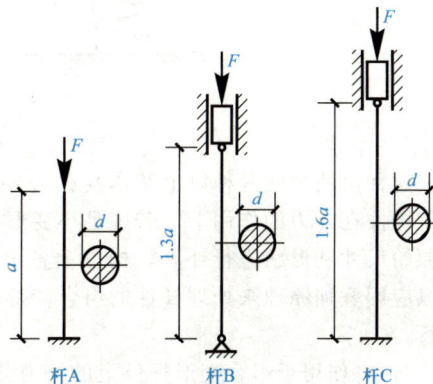

图 4-52　压杆失稳判别

2. 一细长木杆长 $l=3.8$ m，截面为圆形，直径 $d=100$ mm，材料的 $E=10$ GPa，试分别计算下列情况下木杆的临界力和临界应力。

(1)两端铰支；(2)一端固定，一端铰支。

3. 两端铰支的压杆，截面为 22 a 号工字钢，长 $l=5$ m，弹性模量 $E=2.0\times10^5$ MPa，试用欧拉公式求压杆的临界压力。

》》 任务6　组合变形

📙 课前认知

在实际工程中，有许多构件在荷载作用下常常同时发生两种或者两种以上的基本变形，这种情况称为组合变形。解决组合变形问题的关键是将组合变形转化成若干种基本变形，分别求解并叠加各基本变形问题的结果，得到组合变形危险点的位置及应力，以便进行强度计算。课前可扫描二维码，了解生活中常见的组合变形。

生活中常见的
组合变形

📙 理论学习

4.6.1　组合变形的概念

如图 4-53 所示，烟囱除自重引起的轴向压缩变形外，还有水平风力引起的弯曲变形；挡土墙也同时受侧向压力引起的弯曲变形和自重引起的压缩变形。

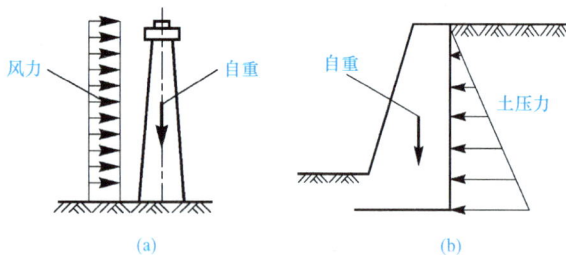

图 4-53　烟囱与挡土墙受力变形

这种由两种或两种以上基本变形组合而成的变形称为组合变形。

构件在外力的作用下，若满足小变形条件且材料处于线弹性范围内，即受力变形后仍可按原始尺寸和形状进行计算，构件上各个外力所引起的变形将相互独立、互不影响。因此，可以应用叠加原理来处理杆件的组合变形问题。组合变形杆件的强度计算，通常按下述步骤进行：

(1)将作用于组合变形杆件上的外力分解或简化为基本变形的受力方式。

(2)按各基本变形进行应力计算。

(3)将各基本变形同一点处的应力进行叠加，以确定组合变形时各点的应力。

(4)分析确定危险点的应力，建立强度条件。

4.6.2　斜弯曲变形

当横向外力作用在梁的纵向对称平面内时，梁变形后的轴线所在平面与外力作用平面相重合，这种弯曲称为平面弯曲。在一些情况下，梁所承受的横向荷载通过形心，但并不在纵向对称平面内，在梁变形后其轴线所在平面与外力作用平面不重合，这种弯曲称为斜弯曲。斜弯曲是两个平面弯曲的组合变形。

1. 正应力计算

斜弯曲时梁的横截面上同时有正应力和切应力，但因切应力值很小，一般不予考虑。

下面结合图 4-54(a)所示的矩形截面梁说明斜弯曲时横截面上某一点正应力的计算方法。

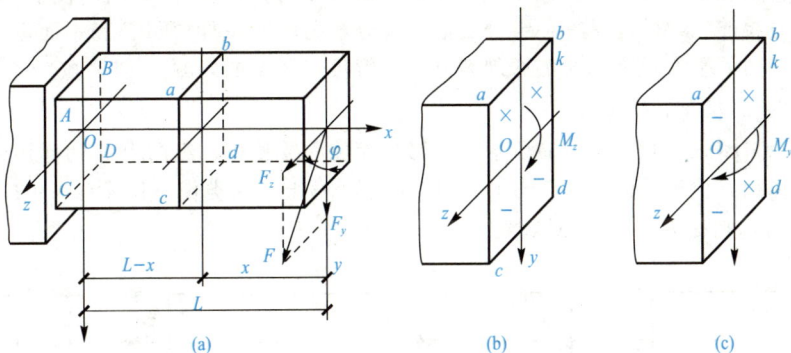

图 4-54　正应力计算

(1)外力分解。如图 4-54(b)所示，将外荷载 F 沿坐标轴 y 和 z 分解，得

$$F_y = F \cdot \cos\varphi$$

$$F_z = F \cdot \sin\varphi$$

其中，F_y 使梁产生绕 z 轴的平面弯曲，F_z 使梁产生绕 y 轴的平面弯曲。

(2)内力计算。一般情况下，斜弯曲梁的强度是由最大正应力控制的，因此，计算内力时主要计算梁的弯矩。

在距自由端为 x 的任意横截面上，由 F 分解的两个分力 F_y 和 F_z 引起的弯矩值为

$$M_z = F_y \cdot x = F\cos\varphi \cdot x$$

$$M_y = F_z \cdot x = F\sin\varphi \cdot x$$

(3)应力计算。在距自由端为 x 的横截面上任意一点 K 处(相应坐标 y、z)，由 M_z 和 M_y 引起的正应力

$$\sigma_{Mz} = \frac{M_z \cdot y}{I_z}$$

$$\sigma_{My} = \frac{M_y \cdot z}{I_y}$$

由叠加原理得 K 点的正应力为

$$\sigma_K = \sigma_{Mz} + \sigma_{My} = \frac{M_z \cdot y}{I_z} + \frac{M_y \cdot z}{I_y} \tag{4-47}$$

式中的 I_z 和 I_y 为横截面对形心主轴 z 和 y 的惯性矩；y 和 z 为 K 点的坐标。具体计算时，M_z、M_y、y、z 均以绝对值代入，而 σ_K 的正负号，可由点 K 所在位置直观判断，如图 4-54(c)所示。

2. 强度条件

斜弯曲时的强度条件为

$$\sigma_{\max} = \frac{M_z}{W_z} + \frac{M_y}{W_y} \leqslant [\sigma] \tag{4-48}$$

根据这一强度条件，同样可以进行强度校核、设计截面、确定许可荷载等三类强度计算。

在设计截面尺寸时，因有 W_z、W_y 两个未知量，所以需先假定一个比值。通常情况下，对矩形截面，$\frac{W_z}{W_y} = \frac{h}{b} = 1.2 \sim 2$；对工字形截面，$\frac{W_z}{W_y} = 8 \sim 10$；对槽形截面，$\frac{W_z}{W_y} = 6 \sim 8$。

4.6.3 偏心拉伸(压缩)

作用在杆件上的压力，当其作用线与杆件的轴线平行但不重合时，杆件就受到偏心拉伸(压缩)。偏心拉伸(压缩)也是一种组合变形，可分解为轴向拉伸(压缩)和平面弯曲两种基本变形。可运用力的平移定理和叠加原理来分析、解决这类型的问题。

1. 单向偏心拉伸(压缩)

(1)正应力计算。如图 4-55(a)所示一矩形截面偏心受拉杆，纵向力 F 的作用线平行于杆轴线，但其作用点位于截面的一个形心主轴(对称轴 y)上，这类偏心拉伸称为单向偏心拉伸。当 F 为压力时，则称为单向偏心压缩。

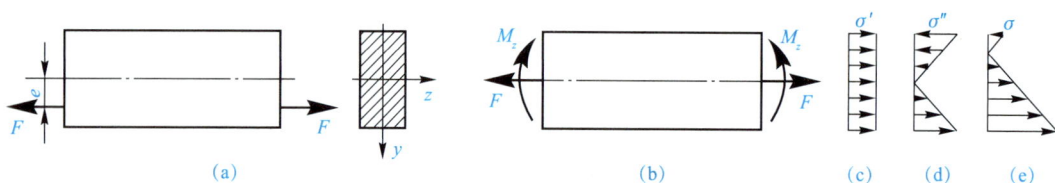

图 4-55 单向偏心拉伸(压缩)

为了分析杆件的应力，将图 4-55(a)中的拉力 F 平移到截面形心处，使其作用线与杆件轴线重合。由静力学知，在力 F 平移的同时，需附加一个矩为 $M_z = Fe$ 的力偶，如图 4-55(b)所示。式中，e 称为偏心距。此时，F 使杆件产生轴向拉伸，而 M_z 使杆件产生平面弯曲(纯弯曲)，从而可知，单向偏心拉伸就是轴向拉伸与平面弯曲的组合变形。

在轴向外力 F 作用下，各横截面的轴力为

$$N = F$$

横截面上任意一点 K 处的正应力为

$$\sigma' = \frac{N}{A} = \frac{F}{A}$$

在 M_z 作用下，各横截面的弯矩为

$$M = M_z$$

同一点的正应力为

$$\sigma'' = \frac{M}{I_z} y$$

F 和 M_z 同时作用下，该点的正应力为

$$\sigma = \sigma' + \sigma'' = \frac{F}{A} \pm \frac{M_z y}{I_z} \tag{4-49}$$

式(4-49)就是单向偏心拉伸或压缩情况下杆件横截面上任意一点处正应力的计算公式。该式既适用于单向偏心拉伸，又适用于单向偏心压缩。利用式(4-49)计算正应力时，应注意

各项正负号。式中第一项是由轴向力 F 引起的正应力,当 F 为拉力时为正,F 为压力时为负;第二项是由力偶矩 M_z 引起的正应力,其正负号随点的位置不同而不同,可根据杆件的弯曲变形由直观法判定,即拉应力为正,压应力为负。

单向偏心拉伸(压缩)下,最大正应力所在点的位置可由直观法判断。图 4-55 所示的情况,F 与 M_z 单独作用下正应力沿截面的分布如图 4-55(c)、(d)所示,而两种情况叠加的结果如图 4-55(e)所示。显然,最大拉应力发生在截面的下边缘,其值为

$$\sigma_{\max} = \sigma' + \sigma'' = \frac{F}{A} + \frac{M_z}{W_z} \tag{4-50}$$

至于截面的上边缘处是拉应力还是压应力,则需比较该处的 σ' 和 σ'',因为在该处的 σ' 为拉应力,而 σ'' 为压应力。图 4-55(e)中所表示的是 σ'' 的绝对值大于 σ' 的情况。

(2)强度条件。由于单向偏心拉伸(压缩)是轴向拉伸(压缩)与纯弯曲的组合,因而各横截面上的轴力 F_N 和弯矩 M 是相同的,所以,强度计算时可在任意一个横截面上进行。任意横截面上危险点处的最大拉应力和最大压应力可由式(4-50)求得。因危险点均处于单向应力状态,故强度条件为

$$\sigma_{\text{tmax}} \leqslant [\sigma_\text{t}], \quad |\sigma_{\text{cmax}}| \leqslant [\sigma_\text{c}]$$

2. 双向偏心拉伸(压缩)

(1)正应力计算。图 4-56(a)所示的偏心受拉杆,平行于杆件轴线的拉力 F 的作用点不在截面的任何一个对称轴上,与 z、y 轴的距离分别为 e_y 和 e_z,此类偏心拉伸称为双向偏心拉伸,当 F 为压力时,称为双向偏心压缩。

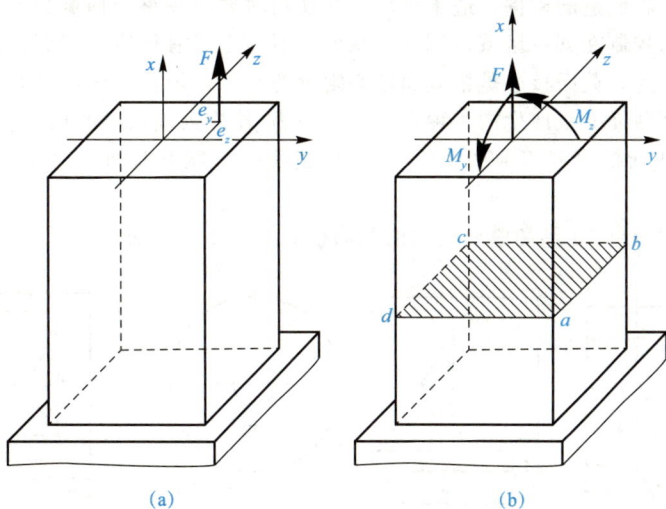

图 4-56 双向偏心拉伸(压缩)

计算此类杆件任一点正应力的方法,与单向偏心拉伸(压缩)类似。仍是将外力 F 平移到截面的形心处,使其作用线与杆件的轴线重合,但平移后附加的力偶不是一个,而是两个。两个力偶的力偶矩分别是 F 对 z 轴的力矩 $M_z = Fe_y$ 和 F 对 y 轴的力矩 $M_y = Fe_z$[图 4-56(b)]。此时,F 使杆件发生轴向拉伸,M_z 使杆件在 xOy 平面内发生平面弯曲,M_y 使杆件在 xOz 平面内发生平面弯曲。所以,双向偏心拉伸(压缩)实际上是轴向拉伸(压缩)与两个平面弯曲的组合变形。

轴向外力 F、力偶 M_z 和 M_y 三者共同作用下,该点的压应力则为

$$\sigma = \sigma' + \sigma'' + \sigma''' = \frac{F}{A} + \frac{M_z}{I_z} \cdot y + \frac{M_y}{I_y} \cdot z \tag{4-51a}$$

或

$$\sigma = \sigma' + \sigma'' + \sigma''' = \frac{F}{A} + \frac{Fe_y}{I_z} \cdot y + \frac{Fe_z}{I_y} \cdot z \qquad (4\text{-}51\text{b})$$

式(4-51a)与式(4-51b)既适用于双向偏心拉伸，又适用于双向偏心压缩。式中，第一项拉伸时为正，压缩时为负。式中，第二项和第三项的正负，则是依照求应力点的位置，由变形来确定。例如，确定图 4-56(b)中 ABCD 面上 A 点正应力的正负时，M_z 作用下 A 点处于受拉区，所以第二项为正。M_y 作用下 A 点处于受压区，则第三项为负。

对矩形、I 形等具有两个对称轴的截面，最大拉应力或最大压应力都是发生在截面的角点处，其位置均不难判定。

(2)强度条件。在进行强度计算时，需要求出截面上最大拉应力或最大压应力。将危险点的坐标代入式(4-37a)或式(4-37b)，可得截面上的最大拉应力或最大压应力，因危险点均处于单向应力状态，故强度条件为

$$\sigma_{\text{tmax}} \leqslant [\sigma_{\text{t}}], \quad |\sigma_{\text{cmax}}| \leqslant [\sigma_{\text{c}}]$$

3. 截面核心

从前面的分析可知，当构件受偏心压缩时，横截面上的应力由轴向压力引起的应力和偏心弯矩引起的应力组成。当偏心压力的偏心距较小时，产生的偏心弯矩相应较小，从而使由偏心弯矩引起的应力不大于轴向压力引起的应力，即横截面上就只会有压应力而无拉应力。

在工程中有不少材料的抗拉性能较差而抗压性能较好且价格低，如砖、石材、混凝土、铸铁等，用这些材料制造的构件，适于承压，在使用时要求在整个横截面上没有拉应力。这就要求把偏心压力控制在某一区域范围内，从而使截面上只有压应力而无拉应力。这一范围即为截面核心。因此，截面核心是指截面形心附近的一个区域，当纵向偏心力的作用点位于该区域内时，整个截面上只产生同一种正负号的应力(拉应力或压应力)。

截面核心是截面的一种几何特征，它只与截面的形状和尺寸有关，而与外力的大小无关。

常见的圆形、矩形、I 形和槽形截面的截面核心如图 4-57 所示。

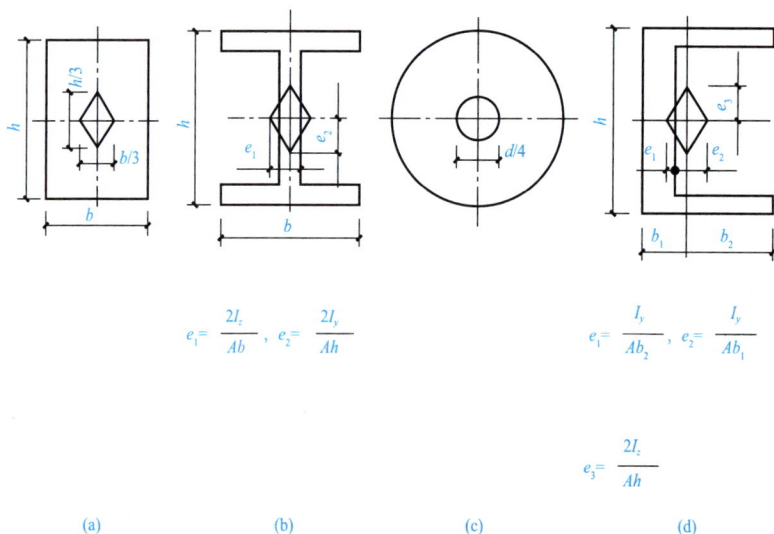

$$e_1 = \frac{2I_z}{Ab}, \quad e_2 = \frac{2I_y}{Ah} \qquad\qquad\qquad e_1 = \frac{I_y}{Ab_2}, \quad e_2 = \frac{I_y}{Ab_1}$$

$$e_3 = \frac{2I_z}{Ah}$$

(a)　　　　　　　(b)　　　　　　　(c)　　　　　　　(d)

图 4-57　截面核心

将一把有机玻璃直尺放在桌面上，分别按图 4-58 所示两种情况施加力，观察尺子的变形情况，哪种情况尺子更容易断？

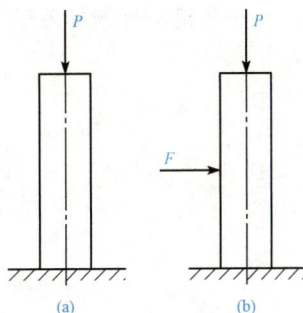

图 4-58　尺子折断试验

技能测试

1. 铸铁构件受力如图 4-59 所示，其危险点的位置是（　　）。

   A. A 点
   B. B 点
   C. C 点
   D. D 点

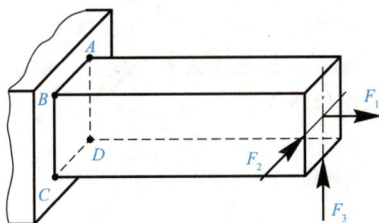

图 4-59　危险点判断

2. 三种受压杆件如图 4-60 所示，杆 1、杆 2 与杆 3 中的最大压应力（绝对值）分别为 σ_{max1}、σ_{max2} 和 σ_{max3}，下列关系正确的是（　　）。

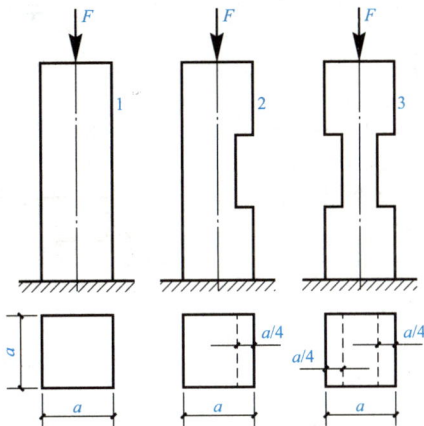

图 4-60　最大压应力比较

A. $\sigma_{max1} < \sigma_{max2} < \sigma_{max3}$
B. $\sigma_{max1} < \sigma_{max2} = \sigma_{max3}$
C. $\sigma_{max1} < \sigma_{max3} < \sigma_{max2}$
D. $\sigma_{max1} = \sigma_{max3} < \sigma_{max2}$

任务工单

根据所学知识，完成以下任务工单。

1. 将偏心拉伸（压缩）分解为基本变形时如何确定各基本变形下正应力的正负？

2. 分析图 4-61 所示柱子的变形，指出危险截面和危险点的位置。

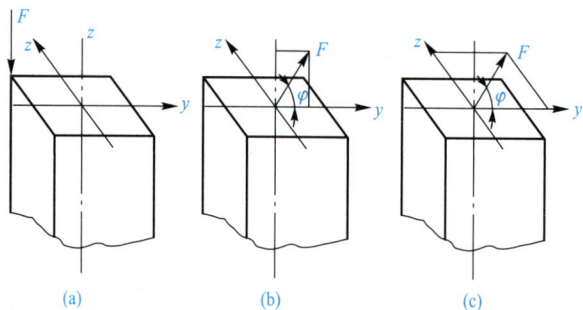

图 4-61　判断危险截面和危险点

3. 如图 4-62 所示，由 22a 号工字钢制成的外伸梁承受均布荷载 q，q 的作用线与 y 轴的夹角 $\varphi=10°$，且通过截面形心，已知 $q=4.5 \text{ kN/m}$，$l=6 \text{ m}$，材料的许用应力 $[\sigma]=160 \text{ MPa}$，试校核梁的强度。

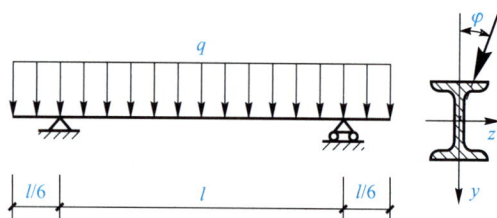

图 4-62　外伸梁

4. 如图 4-63 所示，受偏心拉力作用的圆直杆，已知偏心距 $e=20 \text{ mm}$，直径 $d=70 \text{ mm}$，许用拉应力 $[\sigma_t]=120 \text{ MPa}$，求许用荷载 $[F]$。

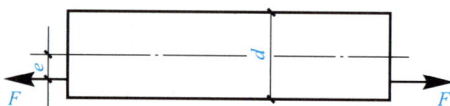

图 4-63　圆直杆

5. 正方形截面短柱如图 4-64 所示，截面尺寸为 $200 \text{ mm} \times 200 \text{ mm}$，承受轴向压力 $F=60 \text{ kN}$，短柱中间开槽深度为 100 mm，许用应力 $[\sigma]=15 \text{ MPa}$。试校核柱的强度。

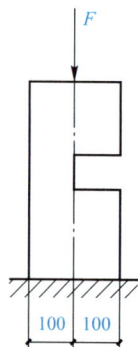

图 4-64　短柱

项目 5 结构的位移计算

知识目标 >>>

1. 了解结构位移的概念、计算结构位移的目的；熟悉变形体的虚功原理。
2. 掌握计算位移的方法。

能力目标 >>>

能熟练运用单位荷载法和图乘法计算荷载作用下静定结构的位移。

素质目标 >>>

培养学生具有拓展知识、接受终生教育的基本能力。

思维导图 >>>

结构的位移计算 → 结构位移计算方法 →
- 结构位移的概念
- 计算结构位移的目的
- 虚功原理
- 单位荷载法计算位移
- 图乘法计算位移

任务 结构位移计算方法

课前认知

结构分析的三大基本任务是进行强度、刚度和稳定性分析，而刚度分析的主要工作是计算结构在各种作用下的位移。结构通常由可变形的固体材料组成，在荷载作用下将会产生变形和位移。结构的位移计算在工程上具有重要意义。课前扫描二维码，了解位移计算的有关假设。

位移计算的
有关假设

理论学习

5.1.1 结构位移的概念

结构都是由变形材料制成的，当结构受到外部因素的作用时，它将产生变形和位移。变形是指形状的改变，位移是指某点位置或某截面位置和方位的移动。

图 5-1 所示的刚架，在荷载作用下发生了虚线所示的变形，杆端截面形心 A 移到了 A' 点，AA' 称为 A 点的线位移，记为 Δ_A。若将 Δ_A 沿水平和竖向分解，则其分量 Δ_{AH} 和 Δ_{AV} 分别称为 A 点的水平线位移和竖向线位移。同时，截面 A 还转动了一个角度，此角度称为截面 A 的角位移，用 φ_A 表示。

图 5-2 所示的刚架，在荷载作用下发生了虚线所示的变形，C、D 两点的水平线位移分别为 Δ_{CH} 和 Δ_{DH}，两者之和称为 C、D 两点的水平相对线位移。A、B 两个截面的转角分别为 φ_A 和 φ_B，两者之和称为 A、B 两个截面的相对角位移。将以上线位移、角位移、相对线位移及相对角位移统称为广义位移。

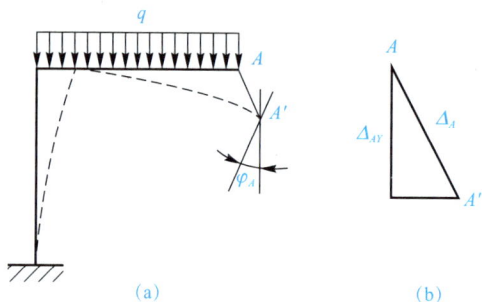

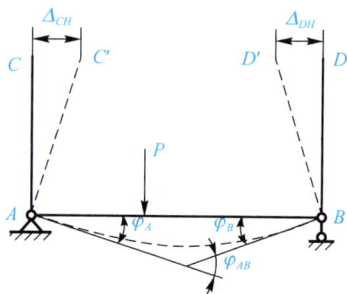

图 5-1　刚架位移　　　　　图 5-2　刚架相对位移

5.1.2　计算结构位移的目的

(1)验算结构的刚度。结构在荷载作用下如果变形太大，即使不破坏也不能正常使用。即结构设计时，要计算结构的位移，控制结构不能发生过大的变形，让结构位移不超过允许的限值，这一计算过程称为刚度验算。

(2)计算超静定。计算超静定结构的反力和内力时，由于静力平衡方程数目不够，需建立位移条件的补充方程，所以必须计算结构的位移。

(3)保证施工。在结构的施工过程中，也常常需要知道结构的位移，以确保施工安全和拼装就位。

(4)研究振动和稳定。在结构的动力计算和稳定计算中，也需要计算结构的位移。

可见，结构的位移计算在工程上具有重要意义。

5.1.3　虚功原理

1. 变形体的虚功

功的基本定义是力与沿力方向发生位移的乘积称为功。若位移是由力本身引起的，此时力做的功称为实功；若位移并不是由力本身引起的，而是由其他原因引起的，此时力与位移的乘积称为虚功。

2. 变形体的虚功原理

变形体的虚功原理可表述：变形体处于平衡的必要和充分条件是，对于任何虚位移，外力所做的虚功总和等于各微段上的内力在其变形上所做虚功的总和，即"外力虚功等于内力虚功"。可写为

$$W_{外}=W_{内}$$

图 5-3(a)所示的简支梁，在静荷载 F_1 作用下，梁发生了虚线所示的变形，达到平衡状态。F_1 的作用点沿其作用线产生了位移 Δ_{11}，此时 F_1 做的实功为 $W_{11}=1/2F_1\Delta_{11}$，称为外力实功。这里的位移 Δ_{11} 用两个脚标，第一个脚标"1"表示位移发生的地点和方向，即表示 F_1 作用点沿 F_1 方向上的位移；第二个脚标"1"表示位移产生的原因，即此位移是由 F_1 引起的。

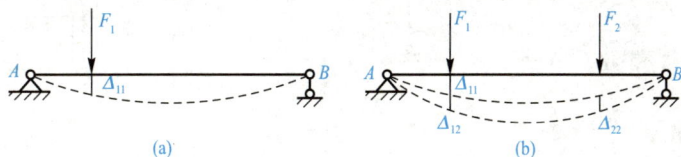

图 5-3　虚功原理

在图 5-3(a)的基础上，在梁上再增加一个静荷载 F_2，梁就会达到新的平衡状态，如图 5-3(b)所示。F_1 的作用点沿 F_1 的方向又产生了位移 Δ_{12}，F_2 的作用点沿 F_2 方向产生了位移 Δ_{22}，由于 F_1 不是产生 Δ_{12} 的原因，所以 $W_{12}=F_1\Delta_{12}$ 即为 F_1 所做的虚功，称为外力虚功；而 F_2 是产生 Δ_{22} 的原因，所以 $W_{22}=1/2F_2\Delta_{22}$ 就是外力实功。

图 5-3 所示的简支梁，在 F_1 和 F_2 作用下会产生内力。内力在其本身引起的变形上所做的功，称为内力实功，分别用 W'_{11}、W'_{22} 表示；内力在其他原因引起的变形上所做的功，称为内力虚功，用 W'_{12} 表示。在图 5-3 中，外力 F_1 和 F_2 所做的总功为

$$W_{外}=W_{11}+W_{12}+W_{22}$$

由 F_1 和 F_2 引起的内力所做的总功为

$$W_{内}=W'_{11}+W'_{12}+W'_{22}$$

而 $W_{外}=W_{内}$，即

$$W_{11}+W_{12}+W_{22}=W'_{11}+W'_{12}+W'_{22}$$

根据实功原理，即外力实功等于内力实功，有

$$W_{11}=W'_{11}，\ W_{22}=W'_{22}$$

所以得

$$W_{12}=W'_{12}$$

上述虚功原理表明：结构的第一组外力在第二组外力所引起的位移上所做的外力虚功，等于第一组内力在第二组内力所引起的变形上所做的内力虚功。

5.1.4　单位荷载法计算位移

1. 荷载作用下位移计算的一般公式

利用虚功原理推导结构在荷载作用下位移计算的一般公式，首先要确定力状态和位移状态。

如图 5-4(a)所示，结构在荷载 q 作用下发生了如图中的虚线所示变形。下面来求结构上任一截面沿任一指定方向上的位移，如 K 截面的水平位移 Δ_K。

由于所求为实际荷载 q 作用下结构的位移，故应以图 5-4(a)为结构的位移状态（实际状态）。为了建立虚功方程，需要人为地另建立一个虚拟的力状态。为此，在 K 点上作用一个水平的单位荷载 $P_K=1$，它应与 Δ_K 相对应，如图 5-4(b)所示。

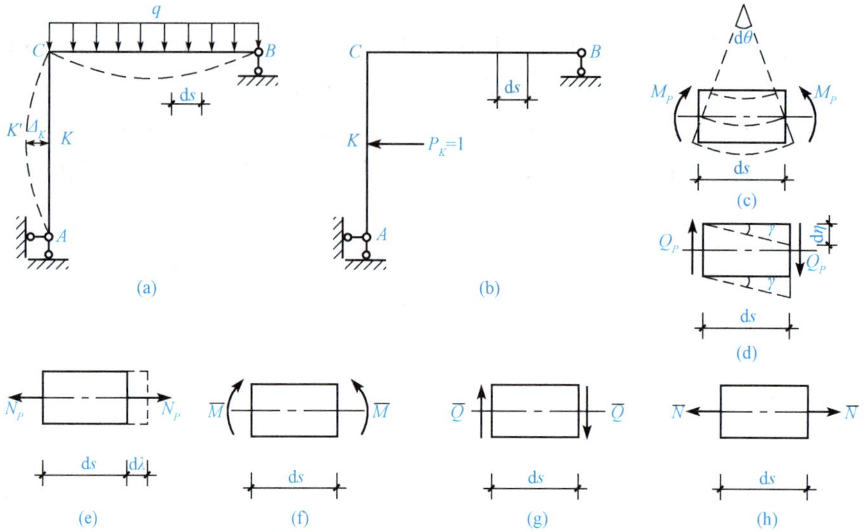

图 5-4　荷载作用下位移计算

虚拟状态中的外力所做虚功：

$$W = P_K \cdot \Delta_K = \Delta_K \tag{5-1}$$

式(5-1)说明，当 $P_K = 1$ 时，外力虚功在数值上恰好等于所要求的位移 Δ_K。

为了计算虚拟状态中的内力所做的虚功 W'，首先在图 5-4(a)上取 ds 微段，其上由于实际荷载所产生的内力 M_P、Q_P、N_P 作用下所引起的相应变形为 $d\theta$、$d\eta$、$d\lambda$，分别如图 5-4(c)～(e)所示，其计算式分别如下：

相对转角

$$d\theta = \frac{1}{\rho} ds = \frac{M_P}{EI} ds$$

相对剪切位移

$$d\eta = \gamma ds = K \frac{Q_P}{GA} ds$$

相对轴向位移

$$d\lambda = \frac{N_P}{EA} ds$$

式中，K 是与杆横截面形状有关的系数。对于矩形截面，$K = 6/5$；对于圆形截面，$K = 32/27$。

同样在图 5-4(b)所示的虚拟状态中从结构的相应位置取微段 ds，该微段两端所受内力为 M、Q、N，如图 5-4(f)～(h)所示，其中已略去了内力的高阶微量。

微段上虚内力在实际变形上所做内力虚功为

$$dW_{内} = \bar{M} d\theta + \bar{Q} d\eta + \bar{N} d\lambda \tag{5-2}$$

整根杆件的内力虚功可由积分求得为

$$W_{内} = \int_0^l \bar{M} d\theta + \int_0^l \bar{Q} d\eta + \int_0^l \bar{N} d\lambda \tag{5-3}$$

当结构由多根杆件组成时，可分别求得各杆段的虚功，再求总和就是结构内力虚功，即

$$W_{内} = \sum \int \bar{M} d\theta + \sum \int \bar{Q} d\eta + \sum \int \bar{N} d\lambda = \sum \int \frac{M_P \bar{M}}{EI} ds + \sum \int \frac{K Q_P \bar{Q}}{GA} ds + \sum \int \frac{N_P \bar{N}}{EA} ds \tag{5-4}$$

由虚功原理得

$$\Delta_K = \sum \int \frac{M_P \bar{M}}{EI} ds + \sum \int \frac{K Q_P \bar{Q}}{GA} ds + \sum \int \frac{N_P \bar{N}}{EA} ds \tag{5-5}$$

式(5-5)中右边第一、二、三项分别是弯矩、剪力、轴力所引起的位移。这就是变形体在荷载作用下位移计算的一般公式。它只要求结构处于平衡状态和变形微小两个条件。利用式(5-5)计算结构位移时，应根据结构的具体情况，只考虑其中一项或两项。例如，对于梁、刚架应取第一项，对于桁架应取第三项。

这种用虚设单位荷载产生的内力，在实际状态荷载所引起的位移上做虚功，而利用虚功原理计算结构位移的方法，称为单位荷载法。单位荷载法计算位移公式适用于弹性材料和非弹性材料，可以用于计算静定结构的位移，也可以用于计算超静定结构的位移。

2. 静定结构在荷载作用下的位移计算

对梁或刚架等弯曲变形的结构，可以证明，轴力和剪力对结构位移的影响相对于弯矩来说很小，在计算时可以忽略不计，因此对这类结构，位移计算公式可采用下述简化公式：

$$\Delta_K = \sum \int \frac{M_P \bar{M}}{EI} \mathrm{d}s \qquad (5\text{-}6)$$

而在桁架中，只存在轴力，且同一杆件的轴力 N、N_P 及 EA 沿杆长 l 均为常数，因此，位移计算可采用如下简化形式：

$$\Delta_K = \sum \int \frac{\bar{N} N_P}{EA} \mathrm{d}s = \sum \frac{\bar{N} N_P}{EA} \int \mathrm{d}s = \sum \frac{\bar{N} N_P l}{EA} \qquad (5\text{-}7)$$

应特别强调的是：单位荷载必须根据所求位移而假设，也即虚设单位荷载必须是与所求广义位移相对应的广义力。例如，图 5-5(a)所示的悬臂刚架，横梁上作用有竖向荷载 q，当求此荷载作用下的不同位移时，其虚设单位荷载有以下几种不同情况：

(1)欲求 A 点的水平线位移，应在 A 点沿水平方向加一单位集中力，如图 5-5(b)所示。

(2)欲求 A 点的角位移，应在 A 点加一单位力偶，如图 5-5(c)所示。

(3)欲求 A、B 两点的相对线位移(A、B 两点之间相互靠拢或拉开的距离)，应在 A、B 两点沿 AB 连线方向加一对反向的单位集中力，如图 5-5(d)所示。

(4)欲求 A、B 两截面的相对角位移，应在 A、B 两截面处加一对反向的单位力偶，如图 5-5(e)所示。

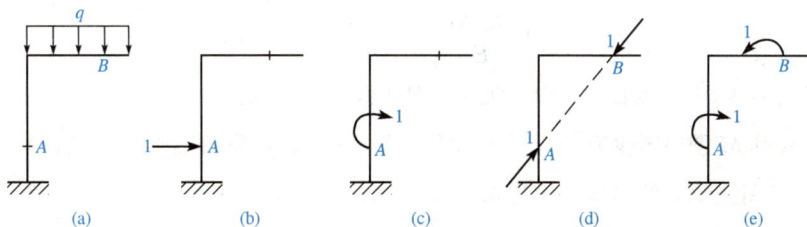

图 5-5 虚设单位荷载

利用单位荷载法计算结构位移的步骤如下：

(1)根据欲求位移选定相应的虚拟状态。

(2)根据所要求的位移，虚设相应的单位荷载。

(3)列出结构各杆段在虚拟状态下和实际荷载作用下的内力方程。

(4)将各内力方程分别代入位移计算公式，分段积分求总和即可计算出所求位移。

【例 5-1】 试计算图 5-6(a)所示的等截面简支梁中点 C 的竖向位移 Δ_{CV}。已知 EI 为常数。

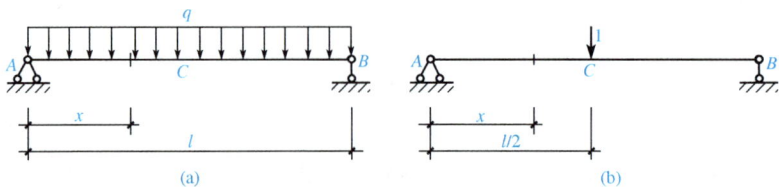

图 5-6 例 5-1 图

解：(1)在 C 点加一竖向单位荷载作为虚拟状态[图 5-6(b)]，分段列求出单位荷载作用下梁的弯矩方程。设以 A 为坐标原点，则当 $0 \leqslant x \leqslant l/2$ 时，有

$$\bar{M} = \frac{1}{2}x$$

(2)实际状态下[图 5-6(a)]杆的弯矩方程：

$$M_P = \frac{q}{2}(lx - x^2)$$

(3)因为结构对称，所以由式(5-6)得

$$\Delta_{CV} = 2\int_0^{\frac{l}{2}} \frac{1}{EI} \times \frac{x}{2} \times \frac{q}{2}(lx - x^2)\mathrm{d}x = \frac{q}{2EI}\int_0^{\frac{l}{2}}(lx^2 - x^3)\mathrm{d}x = \frac{5ql^4}{384EI}(\downarrow)$$

计算结果为正，说明 C 点竖向位移的方向与虚拟单位荷载的方向相同。

5.1.5　图乘法计算位移

1. 图乘法的使用条件

计算弯曲变形引起的位移时，需要利用式(5-6)，如果结构杆件数目较多，荷载又较复杂，计算上述积分就比较麻烦。但是，如果结构各杆段均满足下列三个条件，则可通过使积分运算转化为两个弯矩图相乘的方法(图乘法)，使计算简化。这三个条件如下：

(1)杆段的轴线为直线。

(2)杆段的弯曲刚度 EI 为常数。

直梁和刚架的位移公式则为

$$\Delta = \sum \int_0^l \frac{M_P \bar{M}}{EI}\mathrm{d}s = \sum \frac{1}{EI}\int_0^l \bar{M}M_P\mathrm{d}x \tag{5-8}$$

积分号内的 $M_P\mathrm{d}x$，与图 5-7 中 x 处 M_P 图的微面积 $\mathrm{d}\omega$ 的数值相等。

(3)M_P 图和 $\bar{M}$ 图中至少有一个直线图形。图 5-7 中，$\bar{M}$ 图的图形为直线，M_P 图的图线为曲线。在 $\bar{M}$ 图上 x 处的纵坐标线为 $\bar{M} = x \cdot \tan\alpha$。

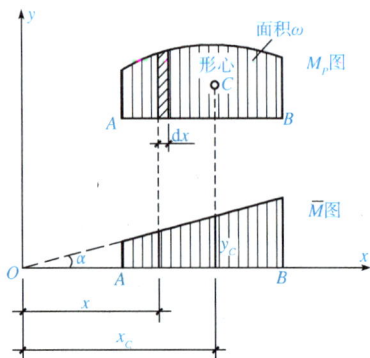

图 5-7　图乘法

对式(5-8)中的积分作变换：

$$\int_0^l \bar{M}M_P \mathrm{d}x = \int_A^B x \cdot \tan\alpha \cdot M_P \mathrm{d}x = \tan\alpha \int_A^B x \cdot \mathrm{d}\omega$$

式中最后的积分为 M_P 图对 x 轴的静矩，它等于 AB 段 M_P 图的面积 ω 乘以图形形心 C 的坐标 x_C，则

$$\int_0^l \bar{M}M_P \mathrm{d}x = \tan\alpha \cdot x_C \cdot \omega = \bar{y_C} \cdot \omega$$

这样，在图示坐标下，应用等量替换，便将式(5-8)中的积分变换为图形的面积乘以形心的坐标。图乘法求位移的一般表达式为

$$\Delta = \sum \frac{1}{EI}\omega y_C \tag{5-9}$$

式(5-9)就是图乘法所使用的公式，它将积分运算问题简化为求图形的面积、形心和标距的问题。

用上式计算位移时应注意以下几点：

(1)杆件为等截面直杆(分段截面相同也可)。

(2)竖标 y_C 只能取自直线弯矩图形。

(3) ω 与 y_C 若在杆件同侧乘积取正号，异侧乘积取负号。

图 5-8 所示为几种常用的简单图形面积及形心位置，图中的抛物线均为标准抛物线。

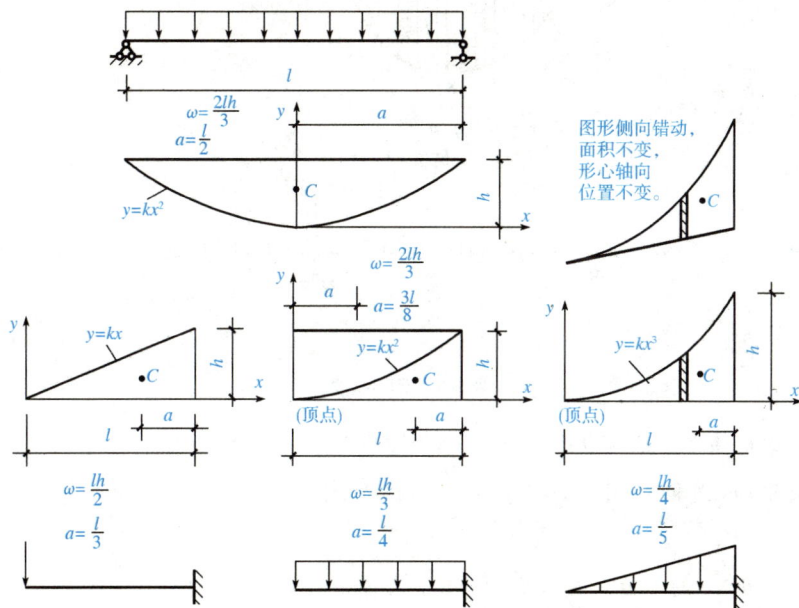

图 5-8　简单图形面积及形心位置

视频：图乘法的使用技巧

2. 应用图乘法计算静定结构的位移

图乘法计算位移的解题步骤如下：

(1)画出结构在实际荷载作用下的弯矩图 M_P。

(2)据所求位移选定相应的虚拟状态，画出单位弯矩图 $\overline{M}$。

(3)分段计算一个弯矩图形的面积 ω 及其形心所对应的另一个弯矩图形的竖标 x_C。

(4)将 ω、x_C 代入图乘法公式计算所求位移。

【例 5-2】 试求图 5-9(a)所示伸臂梁 C 端的转角位移 φ_C，其中 $EI=45$ kN·m^2。

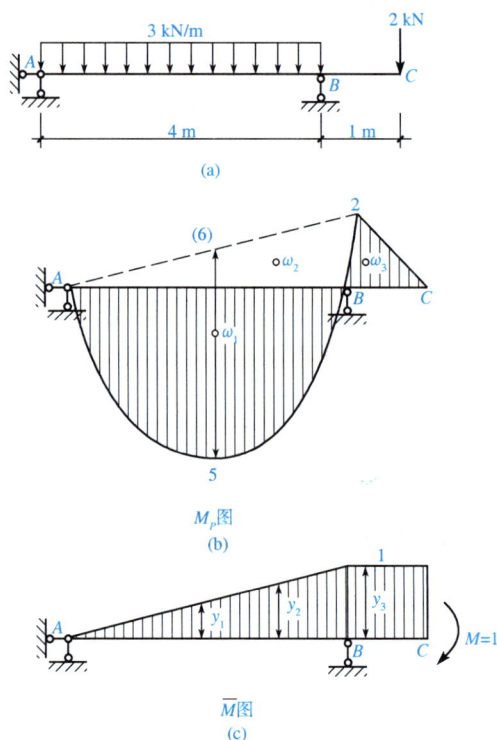

图 5-9　例 5-2 图

解：(1)在 C 端加一单位力偶，如图 5-9(c)所示。

(2)分别作 M_P 图和 $\overline{M}$ 图，如图 5-9(b)、(c)所示。

(3)计算 φ_C。

将 M_P、$\overline{M}$ 图乘，$\overline{M}$ 包括两段直线，所以，整个梁应分 AB 和 BC 两段应用图乘法。

$$\varphi_C = \frac{1}{EI}\sum \omega y_C$$

$$= \frac{1}{EI}(\omega_1 y_1 - \omega_2 y_2 + \omega_3 y_3)$$

$$= \frac{1}{EI}\left(\frac{1}{2}\times 4\times 2\times \frac{2}{3}\times 1 - \frac{2}{3}\times 4\times 6\times \frac{1}{2}\times 1 + \frac{1}{2}\times 1\times 2\times 1\right)$$

$$= \frac{1}{45}\times\left(4\times\frac{2}{3}-16\times\frac{1}{2}+1\right)$$

$$= -0.096(\text{rad})(\curvearrowleft)$$

负号表示 C 端转角的方向与所假设单位力偶的方向相反。

教师提供简单刚架、桁架结构模型，课堂观察在外力作用下结构的变形与位移。

技能测试

1. _____是指形状的改变，_____是指某点位置或某截面位置和方位的移动。

2. 广义位移包括_____、_____、_____及_____。

3. 力与沿力方向发生位移的乘积称为_____。若位移是由力本身引起的，此时力做的功称为_____；若位移并不是由力本身引起的，而是由其他原因引起的，此时力与位移的乘积称为_____。

4. 外力虚功_____内力虚功。

任务工单

根据所学知识，完成以下任务工单。

1. 图乘法的应用条件是什么？求拱的位移时是否能用图乘法？

2. 判断图 5-10 中各图乘示意图是否正确，如不正确请改正。

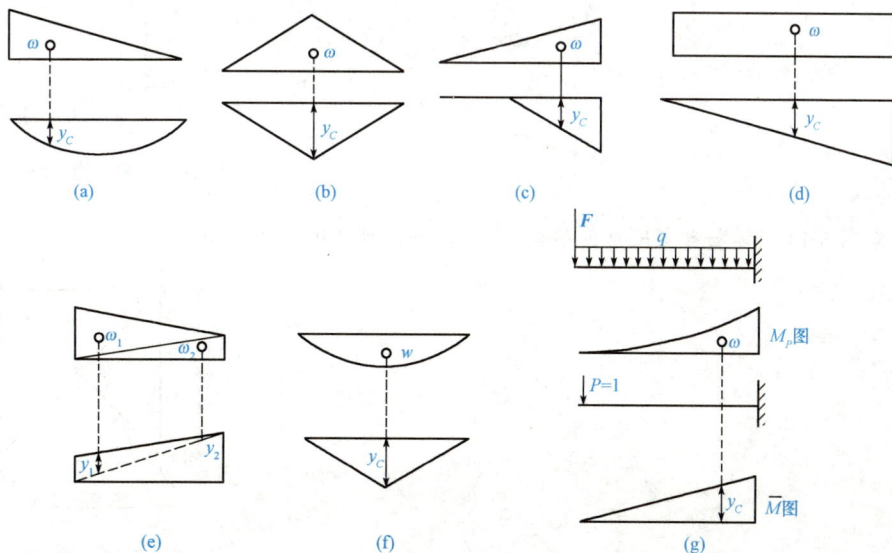

图 5-10 图乘示意判断

3. 求图 5-11 所示悬臂梁自由端的竖向位移，EI 为常数。

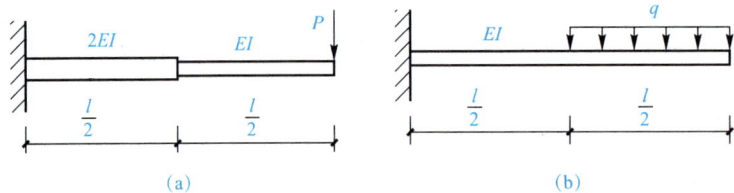

图 5-11　悬臂梁竖向位移

4. 求图 5-12 所示结构 C 截面的转角。

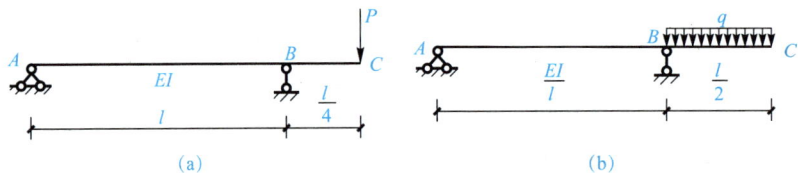

图 5-12　C 截面转角

5. 计算图 5-13 所示刚架截面 D 的竖向位移 Δ_{DV}，刚架各杆的 EI 为常数。

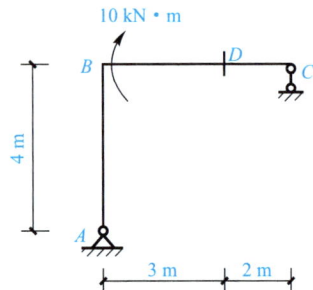

图 5-13　刚架截面竖向位移

6. 求图 5-14 所示桁架 CE 杆的转角 φ_{CE}。各杆刚度 EA 为常数。

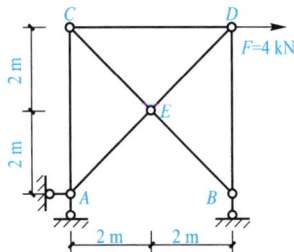

图 5-14　桁架转角

项目 6　静定结构和超静定结构

知识目标

1. 掌握多跨静定梁、斜梁与静定平面刚架的内力计算及节点法、截面法、联合法在桁架内力计算过程中的应用。

2. 熟悉超静定次数的确定；掌握力法计算超静定结构。

能力目标

能够进行多跨静定梁、静定平面刚架、静定桁架、静定组合结构的内力计算，并能够熟练画出其内力图；能够运用力法计算超静定结构。

素质目标

培养学生能够对多种因素进行综合分析与综合应用的能力，并在工程设计和施工中，对待综合性技术问题，能够采用多途径解决工程技术方法的能力。

思维导图

静定结构和超静定结构

- 静定结构内力分析
  - 多跨静定梁
  - 静定桁架
  - 静定刚架
  - 静定组合结构
- 超静定结构计算与设计
  - 确定超静定次数
  - 力法计算超静定结构
  - 位移法计算超静定结构

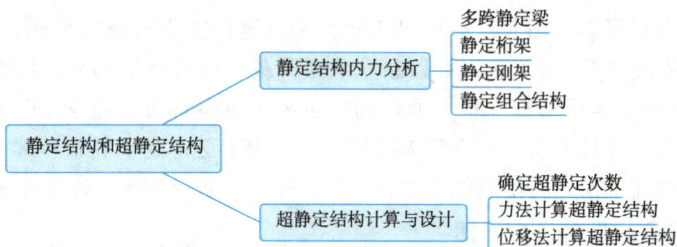

任务 1　静定结构内力分析

课前认知

静定结构是指仅用平衡方程可以确定全部内力和约束力的几何不变结构。其包括静定梁、静定刚架、静定桁架和静定组合结构等。虽然这些结构形式各异，但都具有共同的特性。课前扫描二维码，了解静定结构的共同特性以及绘制内力图的技巧，为后续学习打下基础。

静定结构的
共同特性

内力图的绘制
技巧

6.1.1 多跨静定梁

1. 多跨静定梁的几何组成

多跨静定梁是由若干根伸臂梁和简支梁用铰连接而成的，并用来跨越几个相连跨度的静定梁。在实际的建筑工程中，多跨静定梁常用来跨越几个相连的跨度。图 6-1(a)所示为在公路或城市桥梁中常采用的多跨静定梁结构形式之一。其计算简图如图 6-1(b)所示。

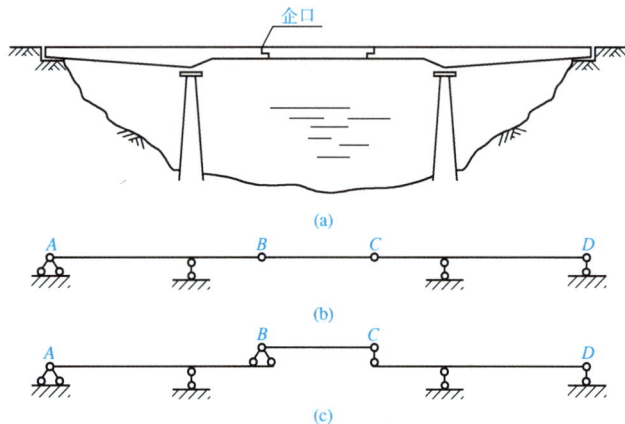

图 6-1 多跨静定梁计算简图

在房屋建筑结构中的木檩条，也是多跨静定梁的结构形式。连接单跨梁的一些中间铰，在钢筋混凝土结构中，其主要形式常采用企口结合[图 6-1(a)]，而在木结构中常采用斜搭接并用螺栓连接。

从几何组成分析可知，图 6-1(b)中 AB 梁直接由链杆支座与地基相连，是几何不变的，且梁 AB 本身不依赖梁 BC 和 CD 就可以独立承受荷载，称为基本部分。如果仅受竖向荷载作用，CD 梁也能独立承受荷载维持平衡，同样可视为基本部分。短梁 BC 依靠基本部分的支承才能承受荷载并保持平衡，所以称为附属部分。为了更清楚地表示各部分之间的支承关系，将基本部分画在下层，将附属部分画在上层，如图 6-1(c)所示，称为关系图或层次图。

2. 多跨静定梁的内力及内力图

对于多跨静定梁，只要了解它的组成和各部分的传力次序，即不难进行内力计算。从层次图可以看出：基本部分上的荷载作用并不影响附属部分，而附属部分上的荷载作用必传至基本部分。因此，在计算多跨静定梁时，应先计算附属部分，再计算基本部分。两者之间的作用可以根据作用力和反作用力定律确定。这样多跨静定梁即可拆成若干单跨梁分别计算，然后将各单跨梁的内力图相叠加，即得到多跨静定梁的内力图。

【例 6-1】 绘制图 6-2(a)所示多跨静定梁的内力图。

解： (1)绘制层次图。ABC 梁段与基础上组成几何不变体系，故为基本部分。CDE 梁段依附在 ABC 梁段上，EF 梁依附在 CDE 梁上，它们都是附属部分，如图 6-2(b)的层次图所示。

(2)求梁支座反力。由图 6-2(b)可以看出，整个多跨静定梁由三个层次构成，应先从最右端附属部分 EF 梁段开始，然后依次分析 CDE 梁段，最后是基本部分 ABC 梁段。各梁段的隔离体如图 6-2(c)所示，由 $\sum Y=0$，$\sum M_E=0$，得附属部分 EF 梁段的支座反力为

$$H'_E=0，V'_E=0，R_F=10 \text{ kN}(\uparrow)$$

将 V'_E、H'_E 的反作用力 V_E、H_E 以外荷载形式加在 CDE 梁段的 E 处，取如图 6-2(c)为隔离体，求得 CDE 梁段的支座反力为

$$H'_C=0，V'_E=7.5 \text{ kN}(\uparrow)，H_E=0，V_E=0，R_D=22.5 \text{ kN}(\uparrow)$$

同理，求出 ABC 梁的支座反力为

$$H_C=0，V_C=7.5 \text{ kN}(\downarrow)，R_A=6.25 \text{ kN}(\downarrow)，R_B=13.75 \text{ kN}(\uparrow)$$

(3)绘制梁的内力图。支座反力求出以后，即可按照上述方法逐段绘制出梁的剪力图和弯矩图，如图 6-2(d)、(e)所示，读者可自行校核。

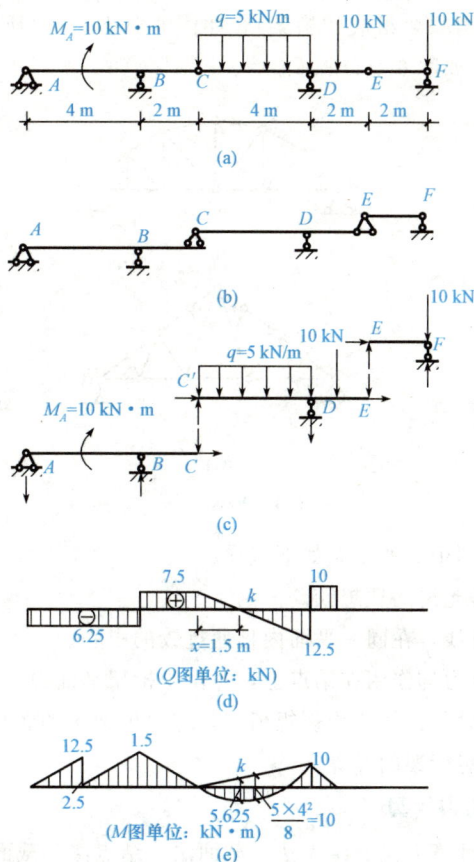

图 6-2　例 6-1 图

6.1.2　静定桁架

1. 桁架的组成与分类

桁架是指由铰结点连接的直杆组成的结构，如图 6-3 所示。若组成桁架的各杆不在同一平面内，则称为空间桁架；若组成桁架的各杆在同一平面内，则称为平面桁架。桁架在工程中使用很多，如桥梁、房屋、水闸闸门等的主要部件都经常采用桁架形式。在桁架结构中，杆件依所在位置不同，可分为弦杆和腹杆两类。上下缘的杆件分别称为上弦杆和下弦杆，上下弦杆间的杆件称为腹杆，腹杆包括斜杆和竖杆。两个相邻弦杆间的水平距离称为结点长度；桁架两个支座间的水平距离称为跨度；支座连线至桁架最高点的距离 h 称为桁高。

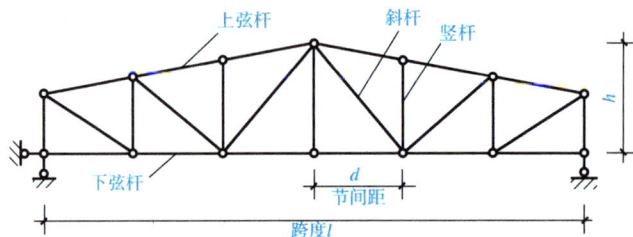

图6-3 桁架

按几何组成的不同，桁架分为简单桁架(由一个基本部分为铰接的三角形组成，在此基础上依次增加二元体组成的桁架)，如图 6-4(a)~(c)所示；联合桁架(由几个简单桁架按几何不变体系的简单组成规则联合组成的桁架)，如图 6-4(d)、(e)所示；复杂桁架(除了前两种方式组成的其他桁架)，如图 6-4(f)所示。

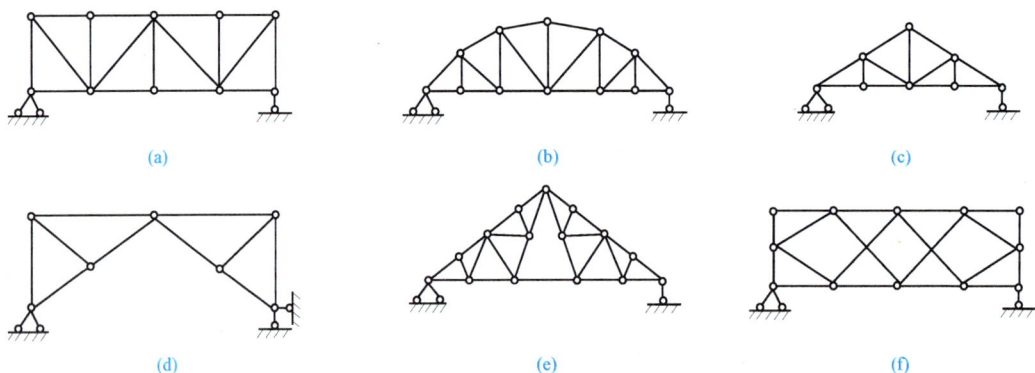

图6-4 桁架类型

在平面桁架的计算简图中，通常做如下假设：

(1)桁架中各结点均是光滑的理想铰。

(2)各杆的轴线均为直线，在同一平面内且通过铰的中心。

(3)所有荷载和支座反力均作用在结点上，并位于桁架平面内。

同时符合上述三个假设的桁架称为理想桁架，理想桁架中的各杆均为二力杆，各杆只受轴力作用。本书只讨论理想桁架的计算。

2. 静定平面桁架的内力计算

静定平面桁架的内力计算方法有结点法、截面法、结点法和截面法的联合应用三种。

(1)结点法。结点法是取桁架的一个结点为脱离体，利用该结点的静力平衡条件计算出该结点处各杆的内力。由于桁架中各杆只受轴力，作用于任一结点上的所有力(包括外荷载、支座反力和杆件轴力)构成一个平面汇交力系，而平面汇交力系一次只能求解两个独立的未知量，因此，所取结点的未知量数目不能超过两个。计算时，从未知量不超过两个的结点开始，依次计算，就可求出桁架中各杆的轴力。结点法适用于简单桁架。

在计算内力前，先把零杆找出，这样会使计算简化。零杆是指桁架中轴力为零的杆件。可按下述方法判断零杆。

1)结点与两不共线的杆相连，结点无外荷载作用[图 6-5(a)]，这两杆均为零杆。

2)结点与两不共线的杆相连，结点作用有一集中力 F，与其中一杆共线[图 6-5(b)]，与 F 共线杆内力为 F，另一杆为零杆。

3)结点与三杆相连，其中两杆共线，一杆不共线，无外荷载作用[图 6-5(c)]，共线两杆内力相同，不共线杆为零杆。

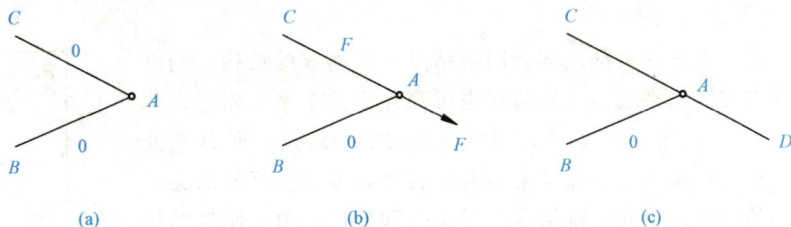

图 6-5 零杆

(2)截面法。在桁架的计算中，有时只需要求出某一(或某些)指定杆件的内力，这时用截面法比较方便。截面法用一个假想的面把桁架切断为独立的两部分，以其中一部分为隔离体(至少包含两个结点)，得到一个平面一般力系，有三个平衡方程，能解三个未知量。因此要求隔离体的未知力一般不多于三个。

(3)结点法和截面法的联合应用。结点法和截面法是计算桁架内力的基本方法，对于简单桁架来说，这两种方法都很方便。但对于某些联合桁架，仅用结点法或截面法会遇到困难，需要联合应用结点法和截面法。

【例 6-2】 计算图 6-6 所示桁架 a、b、c、d 杆的内力。

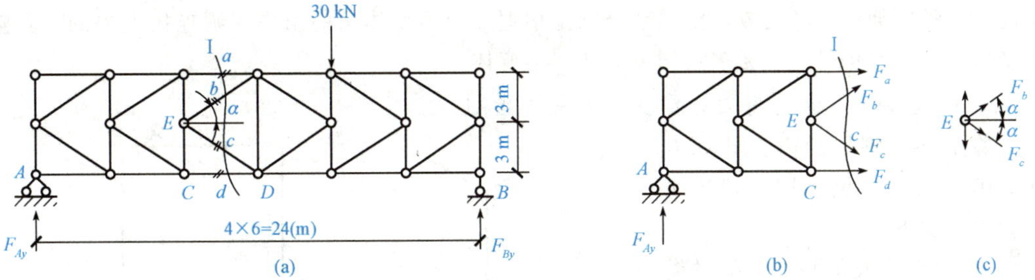

图 6-6 例 6-2 图

解：计算桁架的支座反力

$\sum M_A(F)=0$，$F_{By}\times 24-30\times 16=0$，得 $F_{By}=20$ kN，$F_{Ay}=10$ kN。

用截面 I—I 将桁架切断，以左侧部分为隔离体，如图 6-6(b)所示，有四个未知力 F_a、F_b、F_c 和 F_d，但平面一般力系的平衡方程只有三个，不能全部确定这四个未知力。再以 E 点为隔离体，采用结点法，如图 6-6(c)所示，根据平衡条件

$\sum F_x=0$，$F_b\cos\alpha+F_c\cos\alpha=0$，即 $F_b+F_c=0$。

考虑图 6-6(b)所示左侧隔离体：

$\sum F_y=0$，$10+F_b\sin\alpha-F_c\sin\alpha=0$

其中，$\sin\alpha=3/5$，$\cos\alpha=4/5$，解得 $F_b=-8.33$ kN，$F_c=8.33$ kN。

$\sum M_D(F)=0$，$-10\times 12-F_a\times 6-F_b\times\cos\alpha\times 6=0$

解得 $F_a=-13.33$ kN。

$\sum F_x=0$，$F_a+F_d=0$，得 $F_d=13.33$ kN。

6.1.3　静定刚架

1. 刚架的概念与分类

刚架是由若干根直杆全部或部分用刚结点连接而成的结构。当刚架各杆件轴线都在同一平面内且外荷载也可简化到这个平面内时，称为平面刚架。如图 6-7 所示的虚线，刚架变形时的刚结点，即 B 点处各杆不能发生相对的移动也不能发生相对的转动，因而各杆间的夹角在变形过程中始终保持不变，刚结点可以承受和传递内力。刚架结构与其他结构相比的优点：结构刚度较大，内力分布均匀，使用空间大，施工方便。

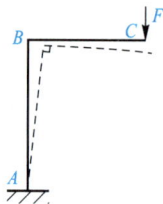

图 6-7　刚架变形

静定平面刚架主要有以下四种类型。

(1)悬臂刚架，如图 6-8(a)所示。刚架本身为几何不变体系且无多余约束，它用固定支座与地基相连。

(2)简支刚架，如图 6-8(b)所示。刚架本身为几何不变体系且无多余约束，它用一个固定铰支座和一个可动铰支座与地基相连。

(3)三铰刚架，如图 6-8(c)所示。刚架本身由两构件组成，中间用铰相连，其底部用两个固定铰支座与地基相连，从而形成没有多余约束的几何不变体系。

(4)组合刚架，如图 6-8(d)所示。此刚架一般分为基本部分和附属部分，基本部分一般由前述三种刚架的一种构成，附属部分则是根据几何不变体系的组成规则连接上去的。就整体结构而言，它仍是一个无多余约束的几何不变体系。

2. 静定平面刚架的内力计算及内力图的绘制

静定平面刚架的内力计算方法原则上与静定梁相同，其解题步骤通常如下。

(1)由整体或某些部分的平衡条件求出支座反力或约束反力。

(2)根据荷载情况，将刚架分解成若干杆段，由平衡条件求出各杆端内力。

(3)由杆端内力并运用叠加原理逐杆绘制内力图，从而得到整个刚架的内力图。

在上述步骤中求解杆端内力是较为关键的一步。刚架各杆端的内力有弯矩、剪力和轴力三个分量，其计算方法仍为截面法。在刚架中，弯矩图纵坐标规定画在杆件受拉纤维一边，不用注明正负号。剪

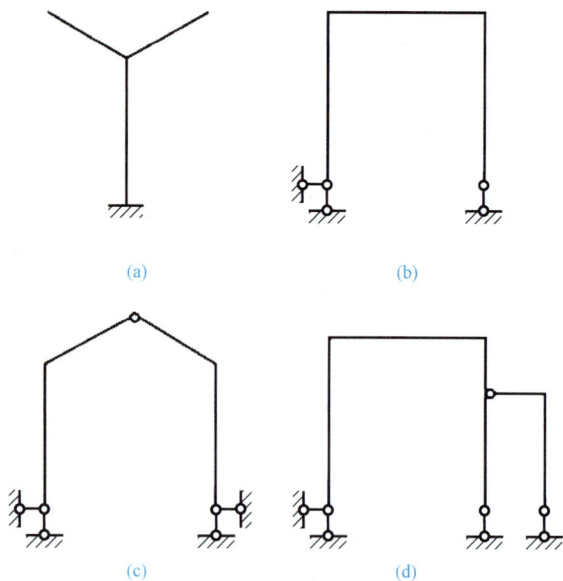

图 6-8　刚架类型

力以使隔离体有顺时针转动趋势为正，反之为负，剪力图可画在杆件的任一侧，但要注明正负号。轴力以拉力为正，压力为负，轴力图也可画在杆件的任一侧，要注明正负号。

为了明确地表示刚架上不同截面的内力，尤其是为了区分汇交于同一结点的各杆端截面

的内力，我们规定在内力符号后面引用两个脚标：第一个表示内力所属截面；第二个表示该截面所属杆件的另一端。

【例 6-3】 试计算图 6-9 所示刚架结点 C、D 处杆端截面的内力。

解：（1）利用整体平衡，求出支座反力，如图 6-9 所示。

（2）计算刚结点 C 处的杆端内力。沿 C_1 作截面，用 AC_1 杆上作用的外力，自 A 向 C_1 求得

$$Q_{CA}=12-4\times 3=0$$

$$N_{CA}=4 \text{ kN（拉）}$$

$$M_{CA}=12\times 4-3\times 4\times 2=24(\text{kN}\cdot\text{m})（右侧受拉）$$

这里列 M_{CA} 算式时，是以右边受拉为正列出的，结果为正，故右边受拉。沿 C_2 作截面，用 AC_2 杆上作用的外力，自 A 向 C_2 求得

$$N_{CD}=12-3\times 4=0$$

$$Q_{CD}=-4 \text{ kN}$$

$$M_{CD}=12\times 4-3\times 4\times 2=24(\text{kN}\cdot\text{m})（下边受拉）$$

（3）计算刚结点 D 处的杆端内力。沿 D_1 作截面，用 BD_1 杆上作用的外力，自 B 向 D_1 求得

$$Q_{DB}=0$$

$$N_{DB}=-4 \text{ kN（压）}$$

$$M_{DB}=0$$

沿 D_2 作截面，用 BD_2 杆上作用的外力，自 B 向 D_2 求得

$$Q_{DC}=-4 \text{ kN}$$

$$N_{DC}=0$$

$$M_{DC}=0$$

（4）其内力图如图 6-10 所示。

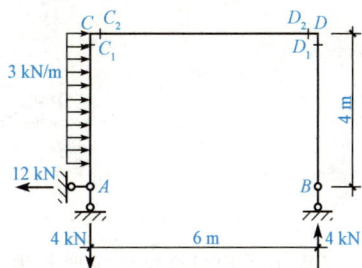

图 6-9 例 6-3 图

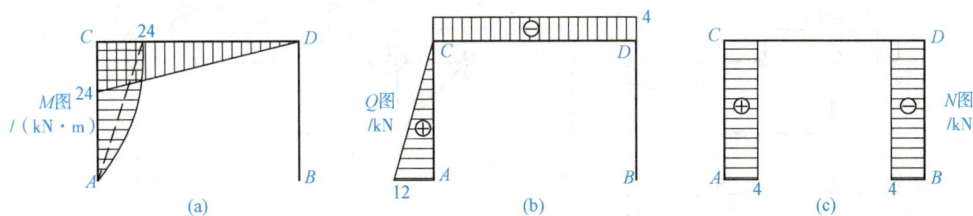

图 6-10 例 6-3 内力图

6.1.4 静定组合结构

1. 静定组合结构的概念

在实际工程中，经常会遇到一种结构，这种结构中一部分杆件只受轴力作用，属于链杆；而另一部分杆件除轴力作用外还承受弯矩和剪力作用，属于梁式杆。这种由链杆和梁式杆混合组成的结构，通常称为组合结构。图 6-11(a) 所示的下撑式五角形屋架就是静定组合结构中一个较为典型的例子。它的上弦杆由钢筋混凝土制成，主要承受弯矩；下弦杆和腹杆由型钢制成，主要承受轴力。其计算简图如图 6-11(b) 所示。

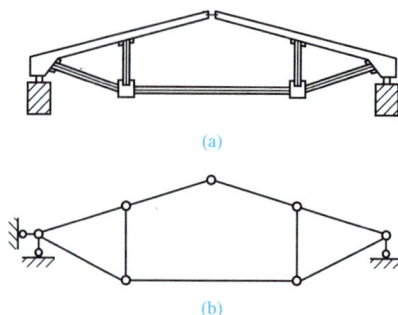

图 6-11 五角形屋架

工程中采用组合结构主要是为了减小梁式杆的弯矩，充分发挥材料强度，节省材料。减小梁式杆的弯矩主要采取两项措施：一是减小梁式杆的跨长；二是使梁式杆某些截面产生负弯矩，以减小跨中正弯矩值。

2. 静定组合结构的内力计算

组合结构的内力计算，一般是在求出支座反力后，先计算链杆的轴力，其计算方法与平面桁架内力计算相似，可用截面法和节点法；然后，计算梁式杆的内力；最后，绘制结构的内力图。

【例 6-4】 试对图 6-12(a)所示的组合结构进行内力分析。

解：(1)利用平衡方程求支反力[图 6-12(b)]。

(2)计算链杆轴力。作截面Ⅰ—Ⅰ，截开铰 C 和链杆 DE[图 6-12(b)]，取其右半部分为隔离体，由 $\sum M_C = 0$，得

$$N_{ED} \times 3 - 30 \times 6 = 0$$

故 $N_{ED} = 60$ kN(拉)

再由节点 D 及 E 的平衡，可求得所有链杆的轴力，如图 6-12(b)所示。

(3)作梁式杆件的内力图。杆件 AFC 和 CGB 的受力情况如图 6-12(c)所示。根据该隔离体(一般力系)的平衡条件，可作杆 AFC 和 CGB 的 M、V 及 N 图，如图 6-12(d)所示。

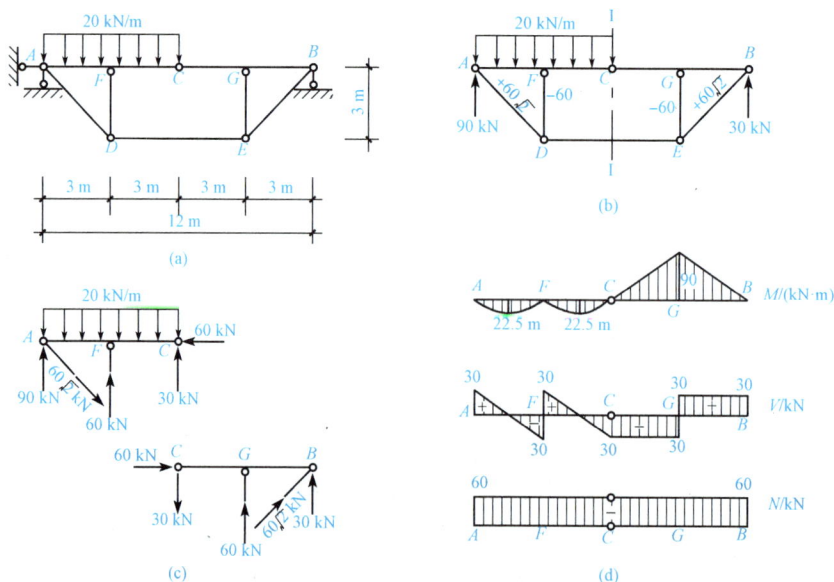

图 6-12 例 6-4 图

仿真实训

在日常生活中，我们用手是很难拉断一根铁丝的。请设计图 6-13 所示的装置，用手指在铰链处用力向下按，细铁丝就会被拉断。调整高跨比，进行试验，分析高跨比越小，产生的水平推力是越大还是越小？

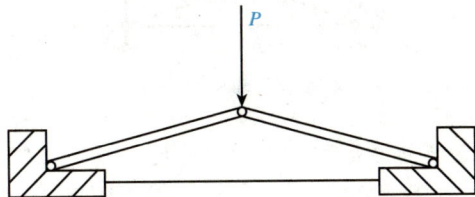

图 6-13　拉断铁丝试验

技能测试

一、填空题

1. 多跨静定梁由_____部分和_____部分组成。

2. 绘制刚架内力图时，剪力图和轴力图可画在_____，而弯矩图画在_____。

3. 对桁架每使用一次结点法最多能求_____个未知力，每使用一次截面法最多能求_____个未知力。

4. 用截面法计算桁架时，隔离体须含_____结点。

二、选择题

1. 如图 6-14 所示，桁架杆件受力的描述正确的有(　　)。(多选题)

　　A. 上弦杆受拉　　　　　　　　　　B. 所有杆件均为二力杆

　　C. 斜腹杆受压　　　　　　　　　　D. 直腹杆受力为零

图 6-14　桁架受力 1

2. 如图 6-15 所示，下列关于桁架杆件受力的描述正确的有(　　)。

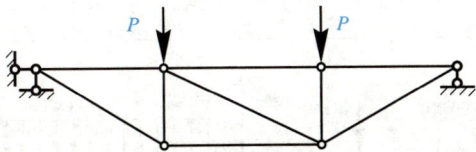

图 6-15　桁架受力 2

　　A. 上弦杆受拉　　　　　　　　　　B. 所有杆件均为二力杆

　　C. 斜腹杆受压　　　　　　　　　　D. 直腹杆受力为零

111

3. 在图 6-16 中，杆件为零杆的是(   )。(多选题)

    A. CE 杆   B. AD 杆   C. CD 杆   D. BE 杆

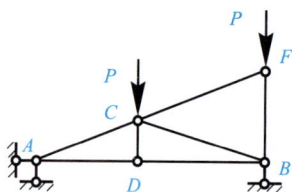

图 6-16 零杆判断 1

4. 在图 6-17 中，杆件为零杆的是(   )。(多选题)

    A. EF 杆   B. FD 杆   C. CD 杆   D. AB 杆

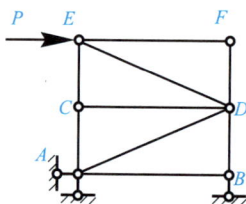

图 6-17 零杆判断 2

任务工单

根据所学知识，完成以下任务工单。

1. 多跨静定梁的约束反力计算顺序为什么是先计算附属部分后计算基本部分？

2. 桁架中的零杆既然不受力，为何不能去掉？

3. 作图 6-18 所示多跨静定梁的弯矩图。

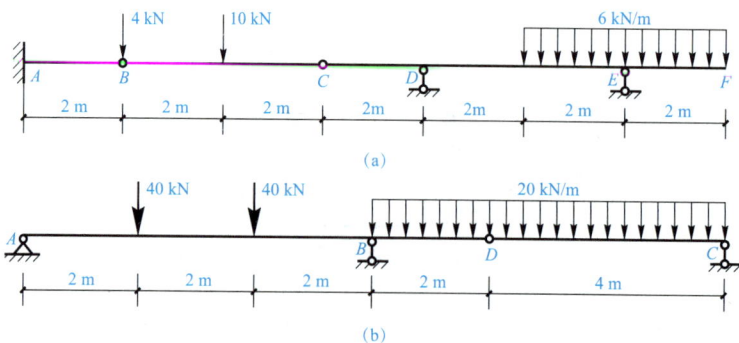

(a)

(b)

图 6-18 多跨静定梁

4. 求图 6-19 中杆件 1 的内力。

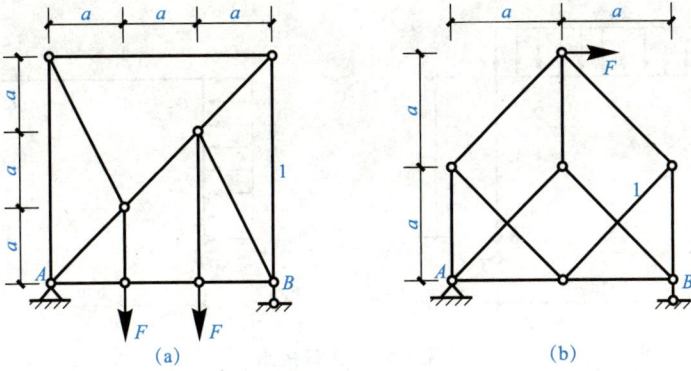

图 6-19　杆件内力计算

5. 找出图 6-20 中的所有零杆。

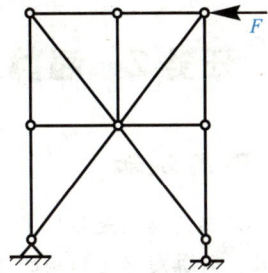

图 6-20　零杆判别

6. 作图 6-21 所示结构的内力图。

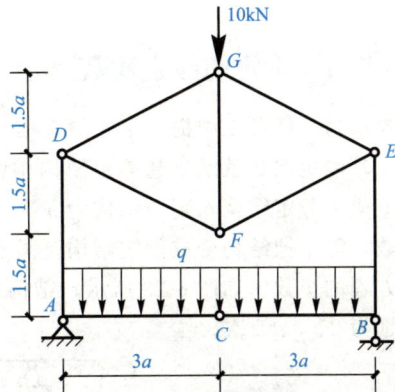

图 6-21　内力计算

7. 作出图 6-22 的弯矩图。

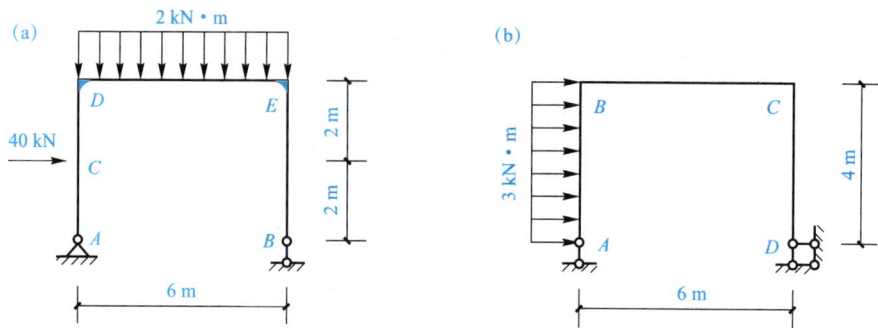

图 6-22　作弯矩图

任务 2　超静定结构计算与设计

课前认知

超静定结构是几何不变且有多余约束的结构，其反力和内力仅由静力平衡条件不能全部求出。计算超静定结构的基本方法有两种：一种是取某些力做基本未知量的力法；另一种是取某些位移做基本未知量的位移法。另外，还有从这两种基本方法演变而来的其他计算方法。

理论学习

6.2.1　确定超静定次数

在项目 3 任务 1 中提出了超静定结构的概念，下面研究超静定次数。从几何构造的角度分析，超静定次数就是指超静定结构中的多余约束的个数。如果从原结构中去掉 n 个约束，结构就成为静定结构，则原结构为 n 次超静定结构。所以，超静定结构的次数等于多余约束的个数，等于把结构变成静定结构是需要撤除的约束个数，也等于支座反力未知力个数减去平衡方程的个数。如图 6-23 所示，结构超静定次数为 1 次，图 6-24(a)～(c)所示的超静定次数分别为 2、3、6 次。

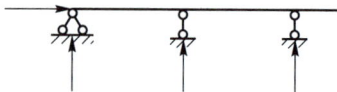

图 6-23　超静定结构

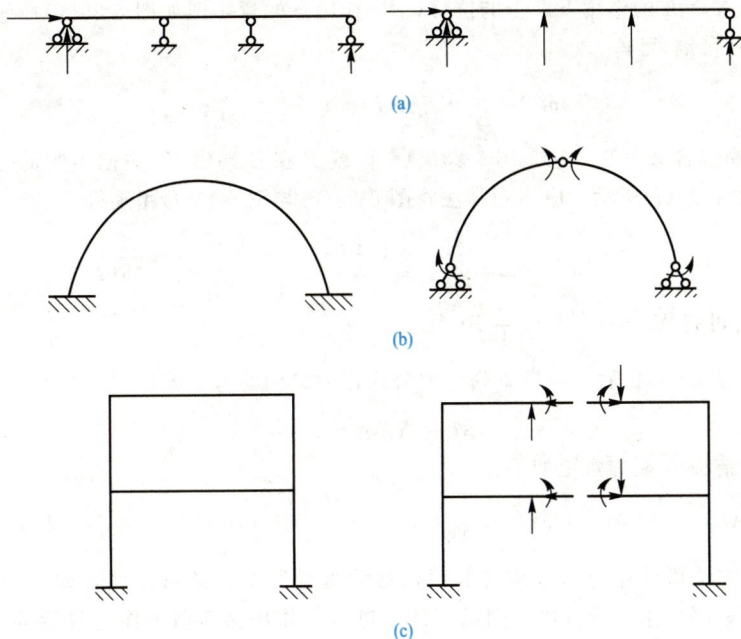

图 6-24　超静定次数

确定超静定次数时，关键是学会把原结构拆为一个静定结构。此时需注意以下几点：

(1)撤去或切断一根链杆，等于拆去一个约束，如图 6-24(a)所示。

(2)撤去一个铰支座或单铰，等于拆去两个约束。

(3)在连续杆上加一个单铰，等于拆去一个约束，如图 6-24(b)所示。

(4)撤去一个固定端或切断一根梁式杆，等于拆去三个约束，如图 6-24(c)所示。

6.2.2　力法计算超静定结构

1. 力法的基本原理

下面通过图 6-25(a)所示单跨超静定梁的求解说明用力法求解的基本原理和步骤。

首先将 B 端支座链杆截断，并代之以未知反力 X_1，如图 6-25(b)所示，其称为力法的基本结构，基本结构的受力情况和变形情况与原结构完全相同，因此 B 点的竖向位移应满足原结构的约束条件，即

$$\Delta_1 = 0 \tag{6-1}$$

将基本体系分解为 P 单独作用，如图 6-25(c)所示，以及多余未知力 X_1 单独作用，如图 6-25(d)所示，这时 B 端的竖向位移分别为 Δ_{1P}、Δ_{11}，存在以下关系：

$$\Delta_1 = \Delta_{11} + \Delta_{1P} \tag{6-2}$$

又因假定了图中结构满足线弹性条件，于是 Δ_{11} 与 X_1 满足下列线性关系：

$$\Delta_{11} = \delta_{11} X_1 \tag{6-3}$$

将式(6-2)和式(6-3)代入式(6-4)可得

$$\delta_{11} X_1 + \Delta_{1P} = 0 \tag{6-4}$$

式(6-4)即用力法求解图 6-25(a)所示问题的力法方程，将 δ_{11} 和 Δ_{1P} 计算出来后便可解出未知力 X_1。式中，Δ_{1P} 称为自由项；X_1 为多余未知力，也称为力法的基本未知量。

方程中的自由项 Δ_{1P} 和系数 δ_{11} 一般采用位移计算公式来计算。系数 δ_{11} 为基本结构的 B 端

在竖向单位力 $X_1=1$ 的作用下产生的位移，X_1 作用下的弯矩图如图 6-25(e)所示，应用图乘法由该图图乘（自乘）可得

$$\delta_{11} = \frac{1}{EI} \cdot \frac{1}{2} \cdot l \cdot l \cdot \frac{2}{3}l = \frac{l^3}{3EI}$$

由 Δ_{1P} 的物理含义可知，它是图 6-25(c)中荷载 P 在 B 端沿 X_1 方向引起的位移，作相应的 M 图，如图 6-25(f)所示，应用图乘法将图 6-25(e)与图 6-15(f)相乘得

$$\Delta_{1P} = \frac{1}{EI}\left[-\frac{1}{2} \cdot \frac{l}{2} \cdot \frac{Pl}{2}\left(\frac{2}{3}l + \frac{1}{3} \cdot \frac{l}{2} \right) \right] = -\frac{5Pl^3}{48EI}$$

由式(6-1)可得 $X_1 = -\dfrac{\Delta_{1P}}{\delta_{11}} = \dfrac{5}{16}P(\uparrow)$。

多余未知力 X_1 算出后，可按下列叠加公式作原结构的弯矩图：

$$M = X_1 \bar{M}_1 + M_P$$

例如，原结构 A 端的弯矩如下：

$$M_{AC} = X_1 \bar{M}_1^{AC} + M_P^{AC} = \frac{5}{16}P \cdot l + \left(-\frac{1}{2}Pl \right) = -\frac{3}{16}Pl\text{（上侧受拉）}$$

用同样的方法可计算跨中弯矩的数值，最后得到原结构的弯矩图，如图 6-25(g)所示，其称为最后弯矩图。作出最后弯矩图后，便可进一步作出最后剪力图与最后轴力图（本例中 $F_N=0$）。

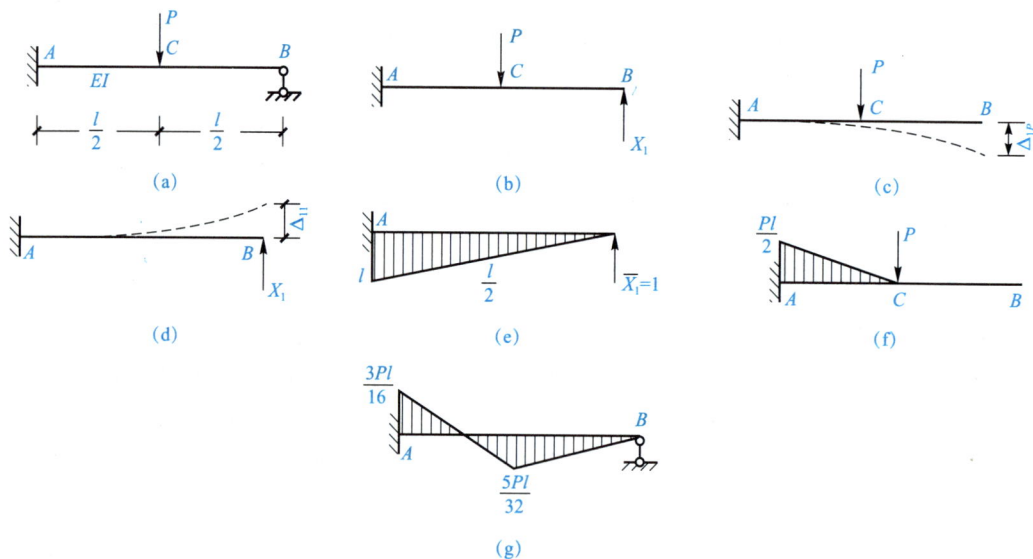

图 6-25　力法案例

2. 力法的典型方程

以上以一次超静定梁为例，说明了力法原理。下面讨论多次超静定的情况。图 6-26(a)所示的刚架为二次超静定结构。下面以 B 点支座的水平和竖直方向反力 X_1、X_2 为多余未知力，确定基本结构，如图 6-26(b)所示。按上述力法原理，基本结构在给定荷载和多余未知力 X_1、X_2 共同作用下，其内力和变形应等同于原结构的内力和变形。原结构在铰支座 B 点处沿多余力 X_1 和 X_2 方向的位移（或称为基本结构上与 X_1 和 X_2 相应的位移）都应为零，即

$$\left. \begin{array}{l} \Delta_1 = 0 \\ \Delta_2 = 0 \end{array} \right\} \tag{6-5}$$

上式就是求解多余未知力 X_1 和 X_2 的位移条件。

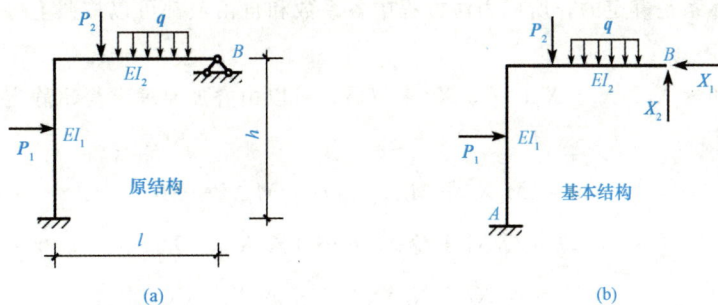

图 6-26 基本结构的确定

以 Δ_{1P} 表示基本结构上多余未知力 X_1 的作用点沿其作用方向,由于荷载单独作用时所产生的位移;Δ_{2P} 表示基本结构上多余未知力 X_2 的作用点沿其作用方向,由于荷载单独作用时所产生的位移;δ_{ij} 表示基本结构上 X_i 的作用点沿其作用方向,由于 $X_j=1$ 单独作用时所产生的位移,如图 6-27 所示。根据叠加原理,式(6-5)可写成以下形式:

$$\left.\begin{array}{l} \Delta_1 = \delta_{11}X_1 + \delta_{12}X_2 + \Delta_{1P} = 0 \\ \Delta_2 = \delta_{21}X_1 + \delta_{22}X_2 + \Delta_{2P} = 0 \end{array}\right\} \tag{6-6}$$

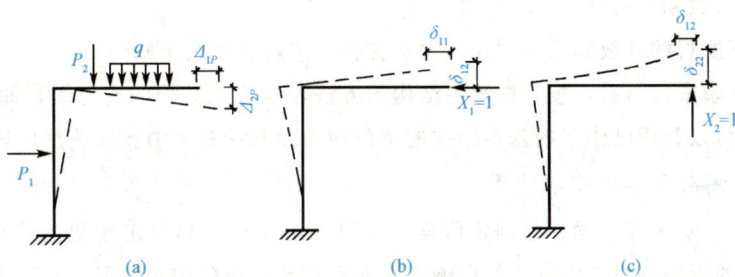

图 6-27 位移条件

式(6-6)就是为求解多余未知力 X_1 和 X_2 所需要建立的力法方程。其物理意义是:在基本结构上,由于全部的多余未知力和已知荷载的共同作用,在去掉多余约束处的位移应与原结构中相应的位移相等。在本例中等于零。

在计算时,首先要求得式(6-6)中的系数和自由项,然后代入式(6-6),即可求出 X_1 和 X_2,剩下的问题就是静定结构的计算问题了。

对于高次超静定问题,其力法方程也可类似推出。若为 n 次超静定结构,用力法方程计算时,可去掉 n 个多余约束,得到静定的基本结构,在去掉的多余约束处代以 n 个多余未知力,可根据 n 个已知的位移条件建立 n 个关于多余未知力的方程。当原结构在去掉多余约束处的已知位移为零时,其力法方程为

$$\left.\begin{array}{l} \delta_{11}X_1 + \delta_{12}X_2 + \delta_{13}X_3 + \cdots + \delta_{1n}X_n + \Delta_{1P} = 0 \\ \delta_{21}X_1 + \delta_{22}X_2 + \delta_{23}X_3 + \cdots + \delta_{2n}X_n + \Delta_{2P} = 0 \\ \vdots \\ \delta_{n1}X_1 + \delta_{n2}X_2 + \delta_{n3}X_3 + \cdots + \delta_{nn}X_n + \Delta_{nP} = 0 \end{array}\right\} \tag{6-7}$$

方程中的系数称为柔度系数,位于主对角线上的系数 δ_{ii} 称为主系数,在主对角线两侧的

系数 δ_{ij} 称为副系数，Δ_{1P} 称为自由项。可以证明 $\delta_{ij}=\delta_{ji}$。

由于基本体系是静定的，所以力法方程中各系数和自由项都可以按照上一单元位移计算的方法求出。

在基本未知量 X_1、X_2、X_3、$\cdots$、X_n 求得后，可以由叠加原理求得超静定结构任一截面的内力

$$M = \bar{M}_1 X_1 + \bar{M}_2 X_2 + \cdots + \bar{M}_n X_n + M_P$$

$$Q = \bar{Q}_1 X_1 + \bar{Q}_2 X_2 + \cdots + \bar{Q}_n X_n + Q_P$$

$$N = \bar{N}_1 X_1 + \bar{N}_2 X_2 + \cdots + \bar{N}_n X_n + N_P$$

3. 力法计算超静定结构的步骤

用力法计算超静定结构的步骤可归纳如下：

(1)去掉结构的多余约束得静定的基本结构，并以多余未知力代替相应的多余约束的作用。在选取基本结构的形式时，以使计算尽可能简单为原则。

(2)根据基本结构在多余力和荷载共同作用下，在去掉多余约束处的位移应与原结构相应的位移相同的条件，建立力法方程。

(3)作出基本结构的单位内力图和荷载内力图(或写出内力表达式)，按照求位移的方法计算方程中的系数和自由项。

(4)将计算所得的系数和自由项代入力法方程，求解各多余未知力。

(5)求出多余未知力后，按分析静定结构的方法，绘出原结构的内力图，即最后内力图。最后内力图也可以利用已作出的基本结构的单位内力图和荷载内力图按叠加原理求得。

4. 力法求解超静定结构的应用

(1)用力法求解超静定梁、超静定刚架。计算超静定梁、超静定刚架的位移时，通常忽略轴力和剪力的影响，只考虑弯矩的影响。因而系数及自由项按照下列公式计算：

$$\delta_{ii} = \sum \int \frac{\bar{M}_i \bar{M}_i}{EI} \mathrm{d}x$$

$$\delta_{ij} = \sum \int \frac{\bar{M}_i \bar{M}_j}{EI} \mathrm{d}x$$

$$\delta_{iP} = \sum \int \frac{\bar{M}_i M_P}{EI} \mathrm{d}x$$

(2)用力法求解超静定桁架。用力法计算超静定桁架，在只承受结点荷载时，由于在桁架的杆件中只产生轴力，因此，在计算系数和自由项时只需要考虑轴力的影响，故

$$\delta_{ii} = \sum \frac{\bar{N}_i \bar{N}_i}{EA} l$$

$$\delta_{ij} = \sum \frac{\bar{N}_i \bar{N}_j}{EA} l$$

$$\Delta_{iP} = \sum \frac{\bar{N}_i N_P}{EA} l$$

桁架杆件轴力图，同样可以由叠加原理求得

$$N = \bar{N}_1 X_1 + \bar{N}_2 X_2 + \cdots + \bar{N}_n X_n + N_P$$

【例 6-5】 试用力法计算图 6-28(a)所示刚架的内力，并绘制内力图。

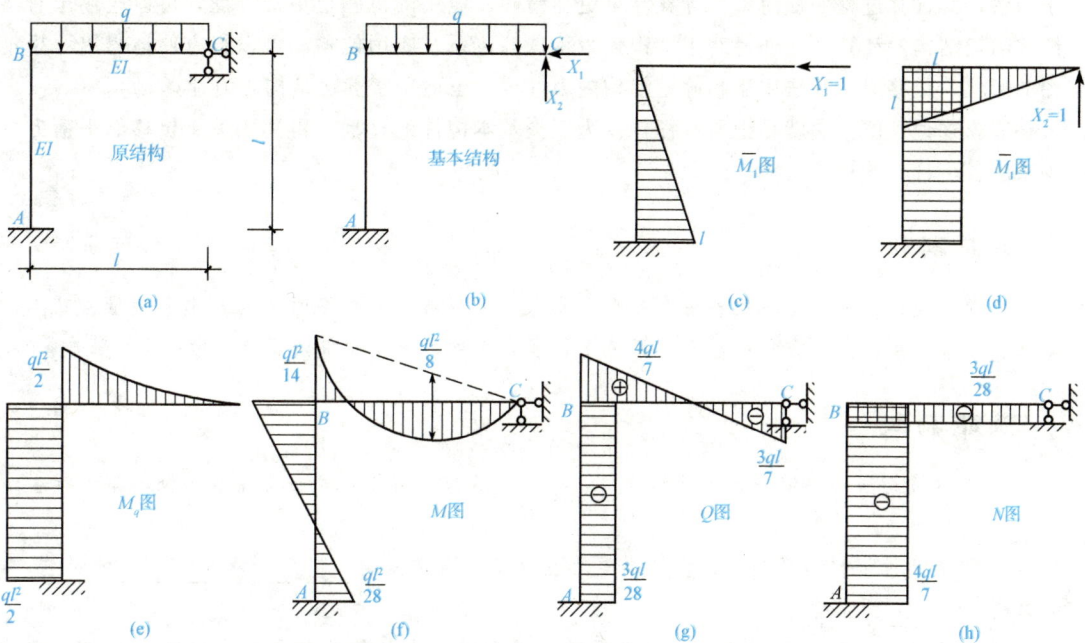

图 6-28 例 6-5 图

解：(1)选取基本结构。本题为二次超静定结构，去掉 C 处的两个多余约束，得基本结构，如图 6-28(b)所示。

(2)建立力法典型方程。

$$\left.\begin{array}{l} \delta_{11}X_1 + \delta_{12}X_2 + \Delta_{1q} = 0 \\ \delta_{21}X_1 + \delta_{22}X_2 + \Delta_{2q} = 0 \end{array}\right\}$$

(3)绘制 $\overline{M}_i$ 图和 M_q 图，如图 6-28(c)～(e)所示，计算系数和自由项。

$$\delta_{11} = \frac{1}{EI}\left(\frac{1}{2} \times l \times l \times \frac{2}{3}l\right) = \frac{l^3}{3EI}$$

$$\delta_{22} = \frac{1}{EI}\left(\frac{1}{2} \times l \times l \times \frac{2}{3}l + l^3\right) = \frac{4l^3}{3EI}$$

$$\Delta_{1q} = -\frac{1}{EI}\left(\frac{1}{2} \times l \times l \times \frac{ql^2}{2}\right) = -\frac{ql^4}{4EI}$$

$$\Delta_{2q} = -\frac{1}{EI}\left(\frac{l}{3} \times \frac{ql^2}{2} \times \frac{3l}{4} + \frac{ql^2}{2} \times l^2\right) = \frac{-5ql^4}{8EI}$$

(4)求解多余未知力。

$$X_1 = \frac{3}{28}ql, X_2 = \frac{3}{7}ql$$

(5)根据叠加原理绘制 M 图，如图 6-28(f)所示。

(6)根据静力平衡条件绘制 Q 图和 N 图，分别如图 6-28(g)、(h)所示。

6.2.3 位移法计算超静定结构

力法和位移法的主要区别在于选用的基本未知量不同，力法是以多余约束力为基本未知量，位移法则是以结点位移作为基本未知量。

119

位移法是解决超静定结构最基本的计算方法，计算时与结构超静定次数关系不大，相较于力法，其计算过程更加简单，计算结果更加精确，应用的范围也更加广泛，可以应用于有侧移刚架结构的计算。此外，对于结构较为特殊的体系，应用位移法可以很方便地得出弯矩图的形状，位移法不仅适用于超静定结构内力计算，也适用于静定结构内力计算。

简单来说：位移法就是把所有杆件变为三类基本构件的过程。再建立关于位移的平衡方程来解各个杆件的杆端位移。

仿真实训

课堂分组讨论：力法与位移法在原理与步骤上有何异同？试将两者从基本未知量、基本结构、基本体系、典型方程的意义、每一系数和自由项的含义和求法等方面做一全面比较。

技能测试

1. 撤去或切断一根链杆，等于拆去_____个约束；撤去一个铰支座或单铰，等于拆去_____个约束。

2. 用力法求解超静定梁、超静定刚架的位移时，通常忽略_____和_____的影响，只考虑_____的影响。

3. 用力法计算超静定桁架，在只承受结点荷载时，在计算系数和自由项时只需要考虑_____的影响。

4. 杆端弯矩正负号规定为：对杆端而言，杆端弯矩以_____为正；对结点或支座而言，则以_____为正。

5. 位移法的基本未知量包括_____和_____。

任务工单

根据所学知识，完成以下任务工单。

1. 试确定图 6-29 所示结构的超静定次数。

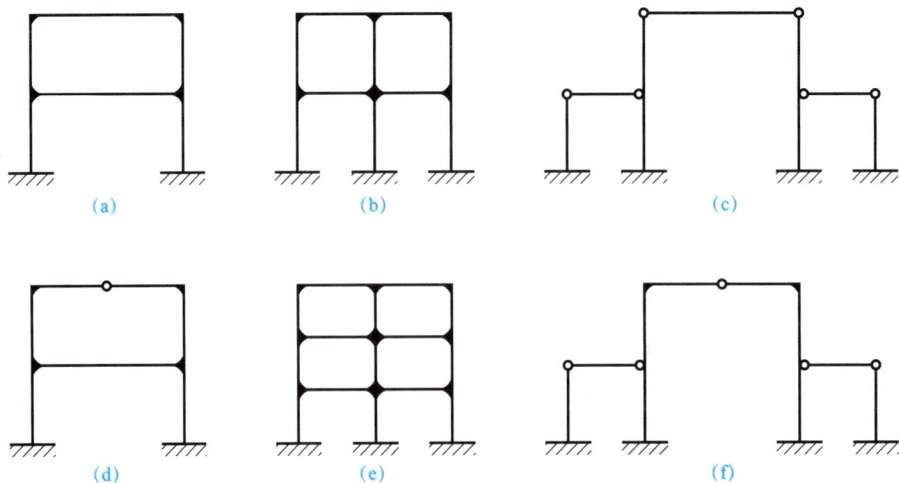

(a)　　　　　(b)　　　　　(c)

(d)　　　　　(e)　　　　　(f)

图 6-29　超静定次数

120

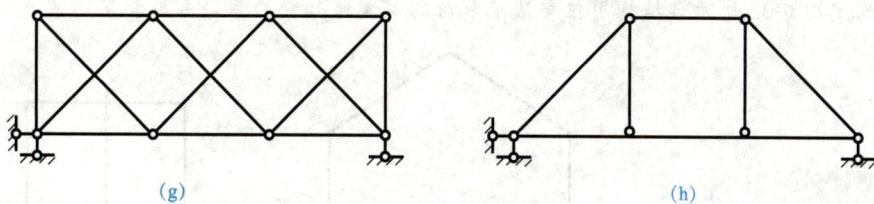

图 6-29　超静定次数(续)

2.用力法计算图 6-30 所示刚架。

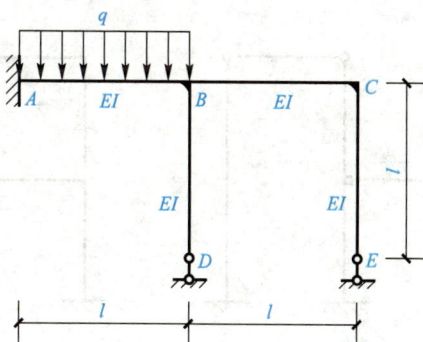

图 6-30　刚架

3.如图 6-31 所示,试用力法求解,并绘制内力图,EI 为常数。

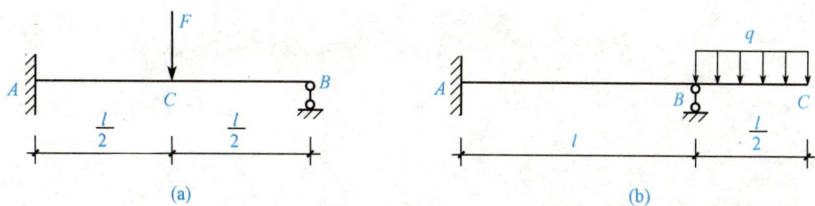

图 6-31　力法计算

4. 确定图 6-32 所示各结构用位移法求解时的基本未知量数目，并取相应的基本结构。

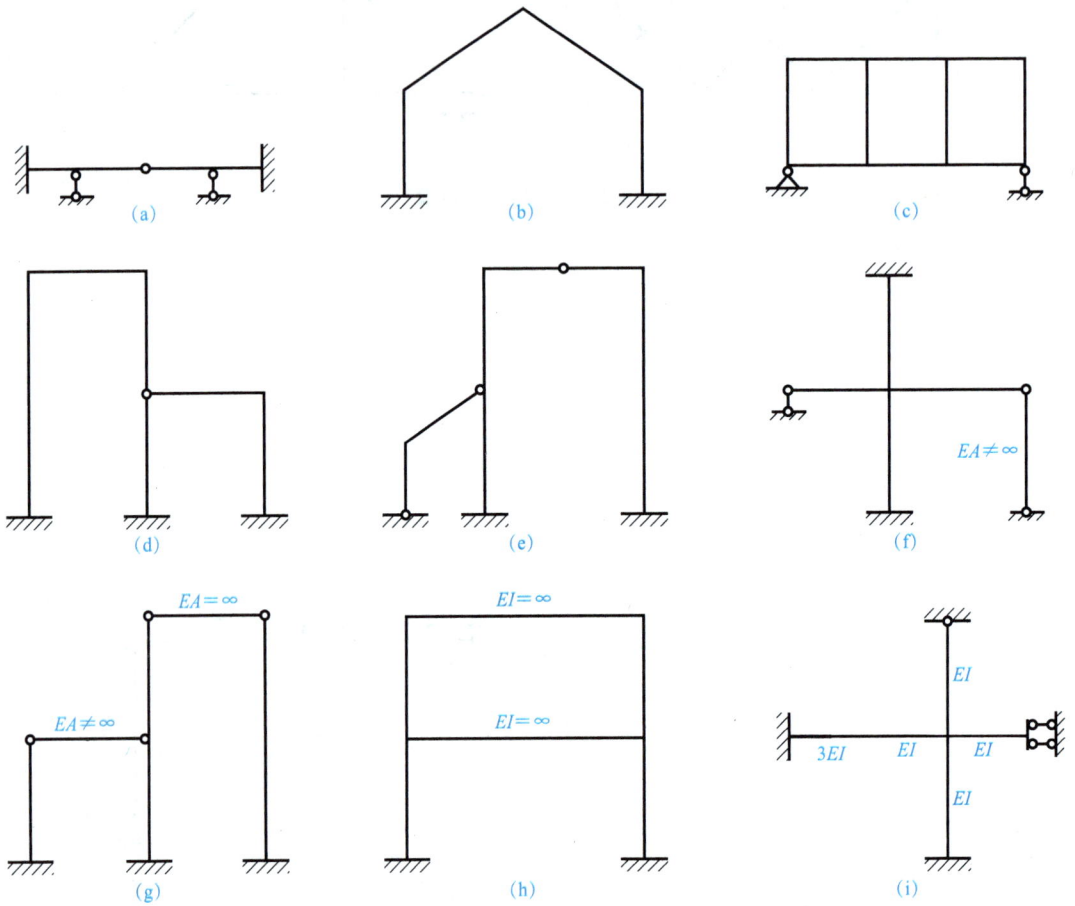

图 6-32　位移法计算

下篇　建筑结构

项目7　建筑结构计算概述

知识目标 >>>

1. 了解荷载效应；熟悉建筑结构的组成与分类，荷载的分类；掌握荷载代表值。
2. 掌握极限状态的设计方法。
3. 了解混凝土结构耐久性的相关规定。
4. 了解抗震设防烈度的概念；掌握建筑抗震设防分类、设防标准和抗震设防目标。

能力目标 >>>

能阐述建筑结构荷载的分类及其代表值；能掌握承载能力极限状态和正常使用极限状态的正确含义；具有对建筑结构的地震设防烈度及抗震设防目标的界定能力。

素质目标 >>>

培养学生工程无小事、安全第一的职业素养。

思维导图 >>>

```
                建筑结构概述
                 荷载的分类                                      混凝土结构的耐久性
                荷载代表值  ─ 建筑结构荷载 ─ 混凝土结构耐久性规定 ─ 影响混凝土结构耐久性的因素
                 荷载效应                                       混凝土结构耐久性的基本要求
                                    建筑结构计算概述
       结构的功能要求                                              抗震设防烈度
    结构设计的使用年限                                            建筑抗震设防分类和设防标准
       结构的极限状态  ─ 建筑结构极限状态设计方法 ─ 建筑抗震 ─ 抗震设防目标
     极限状态设计方法                                              建筑抗震概念设计
```

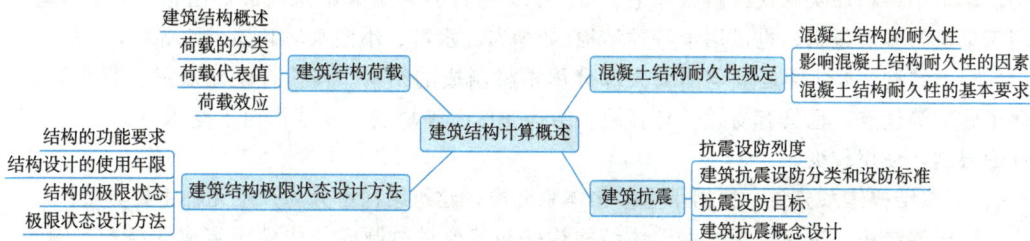

>>> 任务1　建筑结构荷载

📑 课前认知

若想成功地想象和设计一个建筑或建筑物中的结构，必须首先弄清楚其功能和其得以存在的原因。在这两个问题上，结构和建筑的作用是分不开的。结构永远是建筑物的基本组成部分。无论古代人为自己或家庭建造简单的掩蔽物，还是现代人建造可以容纳成百上千人在那里生产、贸易、娱乐的大空间，都必须用一定的材料，建造成具有足够抵抗能力的空间骨架，抵御自然界可能发生的各种作用力，为人类需要服务。这种骨架就是建筑结构，简称为结构。凡是能使结构产生内力、应力、位移、应变、裂缝的因素都称为结构上的作用。本任务重点讨论直接作用，即荷载。课前可了解建筑结构，观察学校各个建筑属于什么结构类型。

理论学习

7.1.1 建筑结构概述

1. 建筑结构的定义与组成

建筑是人们生活、生产和从事其他活动所必需的房屋或场所，是一种人工创造的空间环境。任何建筑都离不开构件相互连接形成的骨架。这种由各类构件连接而形成的能承受"作用"的体系，称为建筑结构。其"作用"是指施加在结构上的荷载或引起建筑结构外加变形或约束变形的原因。前者称为直接作用，如恒荷载、活荷载；后者称为间接作用，如地震、基础沉降、温度变化等。

建筑结构由板、梁、墙、柱、基础等基本构件组成。其中，板、梁是用以承受竖向荷载的水平构件；墙、柱是用以承受水平构件传来的竖向荷载或水平荷载的竖向构件；基础是用以承受竖向构件及其上部构造层传来的荷载并传给其下部的地基。

2. 建筑结构的分类

(1)按建筑所用材料分类。根据建筑所用材料的不同，建筑结构可分为以下几类。

1)钢筋混凝土结构。钢筋混凝土结构由混凝土和钢筋两种材料组成，其是工程中应用最广泛的一种形式，可用于民用建筑和工业建筑，如多层与高层住宅、旅馆、办公楼、大跨度的大会堂、剧院、展览馆和工业厂房；也可用于特种结构，如烟囱、水塔、水池等。

2)钢结构。钢结构是由钢板和各种型钢组成的结构，常用于重工业或有动力荷载的厂房(如冶金、重型机械厂房)、大跨房屋(如体育馆、飞机场、车站)、高层建筑等。

3)砌体结构。砌体结构是指用烧结普通砖、承重烧结空心砖、硅酸盐砖、中小型混凝土砌块、中小型粉煤灰砌块或料石和毛石等块材，通过砂浆铺缝砌筑而成的结构。砌体结构可用于单层与多层建筑，也可用于特种结构(如烟囱、水塔、小型水池和挡土墙等)。

4)木结构。木结构是指全部或大部分用木材制成的结构。其具有就地取材、制作简单、便于施工等优点，也具有易燃、易腐蚀和结构变形大等缺点。木结构由于受木材自然生长条件的限制，使用较少。

(2)按结构体系分类。根据承重结构体系分类，建筑结构可分为以下几种主要类型。

1)砖混结构。砖混结构是由砌体结构构件和其他材料制成的构件所组成的结构。例如，许多多层住宅、宿舍等建筑，承重墙体采用砖砌体，水平承重构件，如梁和楼板等采用钢筋混凝土结构构件，故属于砖混结构。砖混结构多用于层数较少、房间尺寸相对较小的住宅、旅馆、办公楼等建筑中。

2)框架结构。框架结构是采用梁、柱组成的结构体系作为建筑承重结构。框架结构的主要构件是梁和柱，而墙体只是作为围护构件。框架结构不宜建得太高，在非地震区一般用于15层以下的房屋，在地震区常用于10层以下的房屋。

3)剪力墙结构。剪力墙结构是利用建筑物的纵向和横向的钢筋混凝土墙体作为主要承重构件，再配以梁板组成的承重结构体系。其墙体同时起围护及分割房间的作用。剪力墙结构是高层住宅普遍采用的结构形式。

4)框架-剪力墙结构。框架-剪力墙结构简称框剪结构。其在框架结构的基础上，沿框架纵、横方向的某些位置，在柱与柱之间设置数道钢筋混凝土墙体作为剪力墙。框剪结构中的剪力墙既可以单独设置，也可以利用电梯井、楼梯间、管道井等墙体设置，因此，这种结构已被广泛地应用于各类房屋建筑中。

5)筒体结构。用钢筋混凝土墙组成一个筒体作为房屋的承重结构。筒体可以由密柱深梁组成一个筒体，也可以用多个筒体组成筒中筒、束筒，还可以将框架和筒体联合起来组成框筒结构。筒体结构在各个方向的抗侧刚度都很大，是目前高层建筑中较多采用的结构形式。

6)大跨度结构。一些大型建筑，如体育馆、车站候车厅等，需要大跨度大空间，为了减轻屋盖的自重，常采用网架结构、悬索结构、薄壳结构等。

7.1.2　荷载的分类

《建筑结构荷载规范》(GB 50009—2012)(以下简称《荷载规范》)将结构上的荷载按作用时间的长短和性质分为下列三类。

1. 永久荷载

永久荷载也称为恒荷载，是指在使用期间，其值不随时间变化，或其变化与平均值相比可以忽略不计，或其变化是单调的并能趋于限制的荷载，如结构自重、土压力、预应力等。

2. 可变荷载

可变荷载也称为活荷载，是指在使用期间，其值随时间变化，且其变化与平均值相比不可忽略不计的荷载，如楼面可变荷载、屋面可变荷载和积灰荷载、起重机荷载、风荷载、雪荷载、温度作用等。

3. 偶然荷载

偶然荷载指在结构设计使用年限内不一定出现，而一旦出现其量值很大，且持续时间很短的荷载，如爆炸力、撞击力等。

7.1.3　荷载代表值

建筑结构设计时，根据不同极限状态的设计要求所采用的荷载量值称为荷载代表值。

对永久荷载，应采用标准值作为代表值；对可变荷载，应根据设计要求采用标准值、组合值、频遇值或准永久值作为代表值；对偶然荷载，应按建筑结构使用的特点确定其代表值。

1. 荷载标准值

荷载标准值是该荷载在结构设计基准期内在正常情况下可能达到的最大量值。永久荷载标准值 Q_k 可按结构构件的设计尺寸和材料重力密度计算确定，《荷载规范》附录 A 中给出了常用材料和构件的自重。

2. 可变荷载代表值

(1)可变荷载组合值。当两种或两种以上可变荷载同时作用在结构上时，考虑到它们同时达到其标准值的可能性较小，故除产生最大作用效应的主导荷载外，其他可变荷载标准值均乘以荷载组合值系数，称为可变荷载组合值，即

$$Q_c = \psi_c Q_k \tag{7-1}$$

式中　Q_c——可变荷载组合值；

　　　ψ_c——可变荷载组合值系数，取值见表 7-1；

　　　Q_k——可变荷载标准值。

(2)可变荷载频遇值。可变荷载在设计基准期内在结构上偶尔出现的较大荷载，称为可

变荷载频遇值。其具有持续时间较短或发生次数较少的特点，对结构的破坏性有所减缓。可变荷载频遇值由可变荷载标准值乘以小于 1.0 的频遇值系数 ψ_f 得到。

（3）可变荷载准永久值。可变荷载在设计基准期内经常作用的那部分可变荷载，称为可变荷载准永久值。其具有总持续时间较长的特点，对结构的影响类似永久荷载。可变荷载准永久值由可变荷载标准值乘以小于 1.0 的准永久值系数 ψ_q 得到。

表 7-1　民用建筑楼面均布活荷载标准值及其组合值、频遇值和准永久值系数

项次	类别			标准值 /(kN·m^{-2})	组合值系数 ψ_c	频遇值系数 ψ_f	准永久值系数 ψ_q
1	（1）住宅、宿舍、旅馆、办公楼、医院病房、托儿所、幼儿园			2.0	0.7	0.5	0.4
	（2）试验室、阅览室、会议室、医院门诊室			2.0	0.7	0.6	0.5
2	教室、食堂、餐厅、一般资料档案室			2.5	0.7	0.6	0.5
3	（1）礼堂、剧场、影院、有固定座位的看台			3.0	0.7	0.5	0.3
	（2）公共洗衣房			3.0	0.7	0.5	0.5
4	（1）商店、展览厅、车站、港口、机场大厅及其旅客等候室			3.5	0.7	0.6	0.5
	（2）无固定座位的看台			3.5	0.7	0.5	0.3
5	（1）健身房、演出舞台			4.0	0.7	0.6	0.5
	（2）运动场、舞厅			4.0	0.7	0.6	0.3
6	（1）书库、档案库、贮藏室			5.0	0.9	0.9	0.8
	（2）密集柜书库			12.0	0.9	0.9	0.8
7	通风机房、电梯机房			7.0	0.9	0.9	0.8
8	汽车通道及客车停车库	（1）单向板楼盖(板跨不小于 2 m)和双向板楼盖(板跨不小于 3 m×3 m)	客车	4.0	0.7	0.7	0.6
			消防车	35.0	0.7	0.5	0.0
		（2）双向板楼盖(板跨不小于 6 m×6 m)和无梁楼盖(柱网不小于 6 m×6 m)	客车	2.5	0.7	0.7	0.6
			消防车	20.0	0.7	0.5	0.0
9	厨房	（1）餐厅		4.0	0.7	0.7	0.7
		（2）其他		2.0	0.7	0.6	0.5
10	浴室、卫生间、盥洗室			2.5	0.7	0.6	0.5
11	走廊、门厅	（1）宿舍、旅馆、医院病房、托儿所、幼儿园、住宅		2.0	0.7	0.5	0.4
		（2）办公楼、餐厅、医院门诊部		2.5	0.7	0.6	0.5
		（3）教学楼及其他可能出现人员密集的情况		3.5	0.7	0.5	0.3
12	楼梯	（1）多层住宅		2.0	0.7	0.5	0.4
		（2）其他		3.5	0.7	0.5	0.3
13	阳台	（1）可能出现人员密集的情况		3.5	0.7	0.6	0.5
		（2）其他		2.5	0.7	0.6	0.5

7.1.4 荷载效应

荷载(直接作用)和间接作用都将使结构或结构构件产生内力、变形和裂缝,我们称其为作用效应。由于结构设计中以荷载作用为多,故常称作荷载效应。荷载效应与荷载之间一般可认为呈线性或近似线性关系,即

$$S = CQ \tag{7-2}$$

式中　C——荷载效应系数。因为荷载为随机变量,荷载效应也是随机变量。

仿真实训

课堂分组讨论:结合工法楼讨论不同组成部分按材料、结构体系进行建筑分类,并列举生活中不同形式的荷载,讨论其荷载分类。

技能测试

一、填空题

1. 按建筑所用材料分类,建筑结构可分为_____、_____、_____、_____。

2. 建筑结构设计时,根据不同极限状态的设计要求所采用的荷载量值称为荷载代表值。对永久荷载,应采用_____作为代表值。

3. 结构上的荷载按作用时间的长短和性质分为_____、_____、_____。

二、选择题

1. 常用的民用办公楼、食堂、健身房的楼面均布活荷载标准值分别为(　　)。

A. 2.0、2.5、5.0　　　　　　　　B. 2.0、3.5、4.0

C. 2.0、2.5、4.0　　　　　　　　D. 2.0、3.0、4.0

2. 下列不属于可变荷载的是(　　)。

A. 积灰荷载　　　　　　　　　　B. 风荷载

C. 雪荷载　　　　　　　　　　　D. 结构自重

任务工单

根据所学知识,完成以下任务工单。

1. 荷载分为哪几类?

2. 什么是荷载代表值?

3. 什么是可变荷载组合值？

4. 什么是荷载效应？

任务2　建筑结构极限状态设计方法

课前认知

极限状态是结构或其构件能够满足前述某一功能要求的临界状态。超过这一界限，结构或其构件就不能满足设计规定的该项功能要求而进入失效状态。在进行结构设计时，应针对不同的极限状态，根据结构的特点和使用要求给出具体的极限状态限值，以作为结构设计的依据。

理论学习

7.2.1　结构的功能要求

通常情况下，结构应满足下列各项功能要求：

(1)安全性。要求结构能承受在正常施工和正常使用时可能出现的各种作用，以及在偶然事件发生时和发生后，仍能保持必需的整体稳定性。

(2)适用性。要求结构在正常使用时能保证其具有良好的工作性能，不出现过大的变形和裂缝。

(3)耐久性。要求结构在正常维护下具有良好的耐久性能。

上述功能要求概括起来称为结构的可靠性。结构的可靠性用可靠度来度量，若建筑结构在规定的使用年限内，在正常设计、正常施工和正常使用的条件下，其安全性、适用性和耐久性均能满足要求，则该结构是可靠的。

7.2.2　结构设计的使用年限

结构设计的使用年限是设计规定的一个时期，在这一规定的时期内，只需要进行正常的维护而不需进行大修就能按预期目的使用，完成预定的功能，即房屋建筑在正常设计、正常施工、正常使用和维护下所应达到的使用年限。《建筑结构可靠性设计统一标准》(GB 50068—2018)(以下简称《统一标准》)将结构的设计使用年限划分为4类，见表7-2。

表 7-2　设计使用年限分类

类别	设计使用年限/年
临时性建筑结构	5
易于替换的结构构件	25
普通房屋和构筑物	50
纪念性建筑和特别重要的建筑结构	100

在结构设计中,设计使用年限为 50 年的建筑物是较常见的,如住宅楼、普通办公楼、教室等。

7.2.3　结构的极限状态

结构的极限状态可分为以下几类。

1. 承载能力极限状态

当结构或结构构件达到最大承载力,或达到不适合继续承载的变形状态时,称该结构或结构构件达到承载能力极限状态。当结构或结构构件出现下列状态之一时,即认为超过了承载能力极限状态:

(1)结构构件或连接因超过材料强度而破坏,或因过度变形而不适于继续承载。

(2)整个结构或结构的一部分作为刚体失去平衡(如倾覆等)。

(3)结构转变为机动体系。

(4)结构或结构构件丧失稳定。

(5)结构因局部破坏而发生连续倒塌。

(6)地基丧失承载力而破坏。

(7)结构或结构构件的疲劳破坏。

2. 正常使用极限状态

当结构或结构构件达到正常使用或耐久性能的某项规定限值的状态,称为正常使用极限状态。当结构或结构构件出现下列状态之一时,即认为超过了正常使用极限状态:

(1)影响正常使用或外观的变形(如梁产生了超过挠度限值的过大的挠度)。

(2)影响正常使用的局部破坏(裂缝)。

(3)影响正常使用的振动。

(4)影响正常使用的其他特定状态。

7.2.4　极限状态设计方法

建筑结构设计应根据使用过程中在结构上可能同时出现的荷载,按承载力极限状态和正常使用极限状态分别进行荷载组合,并应取各自最不利的组合进行设计。

1. 承载力极限状态设计表达式

对于持久设计状况、短暂设计状况和地震设计状况,当采用内力形式表达时,结构构件应采用的承载力极限状态设计表达式如下:

$$\gamma_0 S_d \leqslant R_d \tag{7-3}$$

129

式中 γ_0——结构重要性系数;

S_d——承载力极限状态下荷载组合的效应设计值;

R_d——结构构件抗力的设计值,应按《混凝土结构设计标准(2024 年版)》(GB/T 50010—2010)(以下简称《设计标准》)的规定确定。

(1)结构构件重要性系数 γ_0。根据《统一标准》,在建筑结构设计时,根据破坏可能产生的后果(危及人的生命安全、造成经济损失、产生社会影响等)的严重性,采用不同的安全等级或设计使用年限取值。

1)对持久设计状况和短暂设计状况:

①对安全等级为一级的结构构件,不应小于 1.1。

②对安全等级为二级的结构构件,不应小于 1.0。

③对安全等级为三级的结构构件,不应小于 0.9。

2)对偶然设计状况和地震设计状况,不应该小于 1.0。

(2)荷载基本组合的效应设计值 S_d。

$$S_d = \sum_{j=1}^{m} \gamma_{G_j} S_{G_j k} + \gamma_{Q_1} \gamma_{L_1} S_{Q_1 k} + \sum_{i=2}^{n} \gamma_{Q_i} \gamma_{L_i} \varphi_{c_i} S_{Q_i k} \tag{7-4}$$

式中 γ_{G_j}——第 j 个永久荷载的分项系数;

γ_{Q_i}——第 i 个可变荷载的分项系数,其中 γ_{Q_1} 为主导可变荷载 Q_1 的分项系数;

γ_{L_i}——第 i 个可变荷载考虑设计使用年限的调整系数,其中 γ_{L_1} 为主导可变荷载 Q_1 考虑设计使用年限的调整系数;

$S_{G_j k}$——按第 j 个永久荷载标准值 G_{jk} 计算的荷载效应值;

$S_{Q_i k}$——按第 i 个可变荷载标准值 Q_{ik} 计算的荷载效应值,其中 $S_{Q_1 k}$ 为诸可变荷载效应中起控制作用者;

φ_{ci}——第 i 个可变荷载 Q_i 的组合值系数;

m——参与组合的永久荷载数;

n——参与组合的可变荷载数。

注:①S_d 按《建筑结构可靠性设计统一标准》(GB 50068—2018)分项系数设计方法确定;

②基本组合中的效应设计值仅适用于荷载与荷载效应为线性的情况。

(3)基本组合的荷载分项系数,应按下列规定采用。

1)永久荷载的分项系数应符合下列规定:

①当永久荷载效应对结构不利时,取 1.3;

②当永久荷载效应对结构有利时,不应大于 1.0。

2)可变荷载的分项系数应符合下列规定:

①当可变荷载效应对结构不利时,取 1.5;

②当可变荷载效应对结构有利时,取 0。

3)对结构的倾覆、滑移或漂浮验算,荷载的分项系数应满足有关的建筑结构设计规范的规定。

(4)楼面和屋面活荷载考虑设计使用年限的调整系数 γ_L 应按表 7-3 采用。

表 7-3 楼面和屋面活荷载考虑设计使用年限的调整系数 γ_L

结构设计使用年限/年	5	50	100
γ_L	0.9	1.0	1.1

2. 正常使用极限状态设计表达式

对于正常使用极限状态，应根据不同的设计要求，采用荷载的标准组合、频遇组合或准永久组合，并应按下列设计表达式进行设计：

$$S_d \leqslant C \tag{7-6}$$

式中 C——结构或结构构件达到正常使用要求的规定限值，如变形、裂缝、振幅、加速度、应力等的限值，应按各有关建筑结构设计规范的规定采用。

按正常使用极限状态设计，主要是验算构件的变形和抗裂度或裂缝宽度。因为其危害程度不及承载力引起的结构破坏造成的损失那么大，所以适当降低对可靠度的要求，只取荷载标准值，不需乘分项系数，也不考虑结构重要性系数。

可变荷载的最大值并非长期作用在结构上，所以，应按其在设计基准期内作用时间的长短和可变荷载超越总时间或超越次数，取相应的荷载代表值计算效应设计值。

（1）荷载标准组合的效应设计值 S_d 应按下式进行计算：

$$S_d = \sum_{j=1}^{m} S_{G_j k} + S_{Q_1 k} + \sum_{i=3}^{n} \varphi_{c_i} S_{Q_i k} \tag{7-7}$$

注：组合中的设计值仅适用于荷载与荷载效应为线性的情况。

（2）荷载频遇组合的效应设计值 S_d 应按下式进行计算：

$$S_d = \sum_{j=1}^{m} S_{G_j k} + \varphi_{f_1} S_{Q_1 k} + \sum_{i=2}^{n} \varphi_{q_i} S_{Q_i k} \tag{7-8}$$

式中 φ_q——第 i 个可变荷载的准永久值系数。

注：组合中的设计值仅适用于荷载与荷载效应为线性的情况。

（3）荷载准永久组合的效应设计值 S_d 应按下式进行计算：

$$S_d = \sum_{j=1}^{m} S_{G_j k} + \sum_{i=1}^{n} \varphi_{q_i} S_{Q_i k} \tag{7-9}$$

注：组合中的设计值仅适用于荷载与荷载效应为线性的情况。

仿真实训

课堂分组实训：利用筷子完成一座筷子桥，在往上增加荷载的过程中，观察其结构的极限状态的变化。

技能测试

一、填空题

1. 根据结构功能要求，结构的可靠度可分为_____、_____、_____。

2. 结构的极限状态可分为_____、_____。

1. 普通的临时性结构的结构设计使用年限为（　　）年。

　A. 5　　　　　　　　B. 25　　　　　　　　C. 50　　　　　　　　D. 100

2. 对安全等级为二级的结构构件，结构构件重要性系数 γ_0 不应小于（　　）。

　A. 0.8　　　　　　　B. 0.9　　　　　　　C. 1.0　　　　　　　D. 1.1

任务工单

根据所学知识，完成以下任务工单。

1. 通常情况下，结构功能要求的安全性和适用性是指什么？

2. 结构承载能力极限状态的定义是什么？

3. 某混凝土结构梁承受永久荷载产生的梁端剪力标准值为 70 kN，屋面活荷载产生的剪力标准值为 20 kN，屋面积灰荷载产生的剪力标准值为 10 kN。其中，屋面活荷载的组合值系数为 0.7，频遇值系数为 0.5，准永久值系数为 0；积灰荷载的组合值系数为 0.9，频遇值系数为 0.9，准永久值系数为 0.8。求该梁端剪力的标准组合、频遇组合和准永久组合。

任务3　混凝土结构耐久性规定

课前认知

在房屋结构中，混凝土结构耐久性是一个复杂的多因素综合问题。混凝土结构的耐久性是指结构对气候作用、化学腐蚀、物理作用或任何其他破坏过程的抵抗能力。混凝土结构耐久性问题主要表现为混凝土损伤；钢筋的锈蚀、脆化、疲劳、应力腐蚀，以及钢筋与混凝土之间黏结锚固作用的削弱等。这些问题不仅会影响结构的外观和使用功能，而且会降低结构安全度，成为发生事故的隐患，影响结构的使用寿命。

7.3.1 混凝土结构的耐久性

材料的耐久性是指材料暴露在使用环境下，抵抗各种物理和化学作用的能力。对钢筋混凝土结构而言，钢筋被浇筑在混凝土内，混凝土起保护钢筋的作用。如果能够根据使用条件对钢筋混凝土结构进行正确的设计和施工，在使用过程中又能对混凝土认真地进行定期维护，可使其使用年限达百年以上。

钢筋混凝土结构长期暴露在使用环境中，材料的耐久性会降低。混凝土结构的环境类别见表7-4。

表 7-4　混凝土结构的环境类别

环境类别	条件
一	室内干燥环境； 无侵蚀性静水浸没环境
二 a	室内潮湿环境； 非严寒和非寒冷地区的露天环境； 非严寒和非寒冷地区与无侵蚀性的水或土壤直接接触的环境； 严寒和寒冷地区的冰冻线以下与无侵蚀性的水或土壤直接接触的环境
二 b	干湿交替环境； 水位频繁变动环境； 严寒和寒冷地区的露天环境； 严寒和寒冷地区冰冻线以上与无侵蚀性的水或土壤直接接触的环境
三 a	严寒和寒冷地区冬季水位变动区环境； 受除冰盐影响环境； 海风环境
三 b	盐渍土环境； 受除冰盐作用环境； 海岸环境
四	海水环境
五	受人为或自然的侵蚀性物质影响的环境

注：1. 室内潮湿环境是指构件表面经常处于结露或湿润状态的环境；
　　2. 严寒和寒冷地区的划分应符合《民用建筑热工设计规范》(GB 50176—2016)的有关规定；
　　3. 海岸环境和海风环境宜根据当地情况，考虑主导风向及结构所处迎风、背风部位等因素的影响，由调查研究和工程经验确定；
　　4. 受除冰盐影响环境是指受到除冰盐盐雾影响的环境，受除冰盐作用环境是指被除冰盐溶液溅射的环境，以及使用除冰盐地区的洗车房、停车楼等建筑。
　　5. 暴露的环境是指混凝土结构表面所处的环境。

7.3.2 影响混凝土结构耐久性的因素

(1)材料的质量。

(2)钢筋的锈蚀。

(3)混凝土的抗渗及抗冻性。

(4)除冰盐对混凝土的破坏。

7.3.3 混凝土结构耐久性的基本要求

(1)设计使用年限为 50 年的混凝土结构,其混凝土材料的耐久性宜符合表 7-5 的规定。

表 7-5　混凝土结构材料的耐久性的基本要求

环境类别	最大水胶比	最低强度等级	水溶性氯离子最大含量/%	最大碱含量/(kg·m^{-3})
一	0.60	C20	0.30	不限制
二 a	0.55	C25	0.20	3.0
二 b	0.50(0.55)	C30(C25)	0.15	
三 a	0.45(0.50)	C35(C30)	0.15	
三 b	0.40	C40	0.10	

注:1. 氯离子含量是指其占胶凝材料用量的质量百分比,计算时辅助胶凝材料的量不应大于硅酸盐水泥的量;

　　2. 预应力构件混凝土中的水溶性氯离子最大含量为 0.06%,其最低混凝土强度等级宜按表中的规定提高不少于两个等级;

　　3. 素混凝土结构的混凝土最大水胶比及最低强度等级的要求可适当放松,但混凝土最低强度等级应符合《设计标准》的有关规定;

　　4. 有可靠工程经验时,二类环境中的最低混凝土强度等级可为 C25;

　　5. 处于严寒和寒冷地区二 b、三 a 类环境中的混凝土应使用引气剂,并可采用括号中的有关参数;

　　6. 当使用非碱活性骨料时,对混凝土中的碱含量可不作限制

(2)一类环境中,设计使用年限为 100 年的混凝土结构应符合下列规定:

1)钢筋混凝土结构的最低强度等级为 C30,预应力混凝土结构的最低强度等级为 C40;

2)混凝土中的最大氯离子含量为 0.05%;

3)宜使用非碱活性骨料,当使用碱活性骨料时,混凝土中的最大碱含量为 3.0kg/m³;

4)混凝土保护层厚度应按《设计标准》第 8.2.1 条的规定增加 40%,当采取有效的表面防护措施时,混凝土保护层厚度可适当减小;

5)在设计使用年限内,应建立定期检测、维修的制度。

(3)二、三类环境中,设计使用年限 100 年的混凝土结构应采取专门的有效措施。

(4)对下列混凝土结构及构件,还应采取加强耐久性的相应措施:

1)预应力混凝土结构中的预应力钢筋应根据具体情况采取表面防护、管道灌浆、加大混凝土保护层厚度等措施,外露的锚固端应采取封锚和混凝土表面处理等有效措施;

2)有抗渗要求的混凝土结构,混凝土的抗渗等级应符合有关标准的要求;

3)严寒及寒冷地区的潮湿环境中,结构混凝土应满足抗冻要求,混凝土抗冻等级应符合有关标准的要求;

4)处于二、三类环境中的悬臂构件,宜采用悬臂梁(板)的结构形式,或在其上表面增设防护层;

5)处于二、三环境中的结构构件，其表面的预埋件、吊钩、连接件等金属部件，应采取可靠的防锈措施；

6)处在三类环境中的混凝土结构构件，可采用阻锈剂、环氧树脂涂层钢筋或其他具有耐腐蚀性能的钢筋，采用阴极保护措施或采用可更换的构件等措施；

7)耐久性环境类别为四类和五类的混凝土结构，其耐久性要求应符合有关标准的规定。

(5)混凝土结构在设计使用年限内还应遵守下列规定：

1)建立定期检测、维修制度；

2)设计中的可更换混凝土构件应按规定定期更换；

3)构件表面的防护层，应按规定维护或更换；

4)结构出现可见的耐久性缺陷时，应及时进行处理。

仿真实训

课堂分组讨论：结合混凝土的组成成分，分组讨论影响混凝土结构耐久性的因素。

技能测试

一、填空题

1. 一类环境中，设计使用年限为 50 年的混凝土结构，混凝土的最低强度等级为_____。

2. 一类环境中，设计使用年限为 100 年的混凝土结构，混凝土中的最大氯离子含量为_____。

二、选择题

一类环境中，设计使用年限为 100 年的混凝土结构，预应力混凝土结构的最低强度等级为（   ）。

A. C30   B. C35

C. C40   D. C45

任务工单

根据所学知识，完成以下任务工单。

1. 混凝土结构的环境类别可分为哪几类？

2. 一类环境中，设计使用年限为 100 年的混凝土结构应符合哪些规定？

3. 对预应力混凝土结构，应采取哪些加强耐久性的措施？

》》任务4　建筑抗震

课前认知

地震给人类社会带来灾难，造成不同程度的人员伤亡和经济损失，主要是地震导致建筑物破坏所引起的。为了最大限度地减轻地震灾害，做好建筑结构的抗震设计是目前根本性的减灾措施，也是建筑工程技术人员在设计与施工中，必须高度重视的重要问题之一。课前可扫描二维码了解地震的危害。

视频：地震的危害

理论学习

7.4.1　抗震设防烈度

抗震设防烈度是按照国家规定的权限批准作为一个地区抗震设防依据的地震烈度，一般情况下，取基本烈度。《建筑抗震设计标准（2024 年版）》（GB/T 50011—2010）（以下简称《抗震标准》）规定，抗震设防烈度为 6 度及以上地区的建筑，必须进行抗震设计。抗震设防烈度和设计基本地震加速度取值的对应关系，应符合表 7-6 的规定。设计基本地震加速度为 $0.15g$ 和 $0.30g$ 地区内的建筑，除《抗震标准》另有规定外，应分别按抗震设防烈度 7 度和 8 度的要求进行抗震设计。

表 7-6　抗震设防烈度和设计基本地震加速度值的对应关系

抗震设防烈度	6	7	8	9
设计基本地震加速度值	$0.05g$	$0.10(0.15)g$	$0.20(0.30)g$	$0.40g$

7.4.2　建筑抗震设防分类和设防标准

1. 建筑抗震设防分类

《建筑工程抗震设防分类标准》（GB 50223—2008）将建筑物按其用途的重要性分为 4 类。

(1)特殊设防类：指使用上有特殊设施，涉及国家公共安全的重大建筑工程和地震时可能发生严重次生灾害等特别重大灾害后果，需要进行特殊设防的建筑，简称甲类。

(2)重点设防类：指地震时使用功能不能中断或需尽快恢复的生命线相关建筑，以及地震时可能导致大量人员伤亡等重大灾害后果，需要提高设防标准的建筑，简称乙类。

(3)标准设防类：指大量的除特殊设防、重点设防、适度设防外按标准要求进行设防的建筑，简称丙类。

(4)适度设防类：指使用上人员稀少且震损不致产生次生灾害，允许在一定条件下适度降低要求的建筑，简称丁类。

2. 设防标准

各抗震设防类别建筑的抗震设防标准，应符合下列要求：

(1)特殊设防类，应按高于本地区抗震设防烈度提高 1 度的要求加强其抗震措施；但抗震设防烈度为 9 度时应按比 9 度更高的要求采取抗震措施。同时，应按批准的地震安全性评价的结果且高于本地区抗震设防烈度的要求确定其地震作用。

(2)重点设防类，应按高于本地区抗震设防烈度 1 度的要求加强其抗震措施；但抗震设防烈度为 9 度时应按比 9 度更高的要求采取抗震措施；地基基础的抗震措施，应符合有关规定。同时，应按本地区抗震设防烈度确定其地震作用。

(3)标准设防类，应按本地区抗震设防烈度确定其抗震措施和地震作用，达到在遭遇高于当地抗震设防烈度的预估罕遇地震影响时不致倒塌或发生危及生命安全的严重破坏的抗震设防目标。

(4)适度设防类，允许比本地区抗震设防烈度的要求适当降低其抗震措施，但抗震设防烈度为 6 度时不应降低。一般情况下，仍应按本地区抗震设防烈度确定其地震作用。

7.4.3 抗震设防目标

抗震设防目标是对建筑结构应具有的抗震安全性能的总要求。即要求建筑物在使用期，对于不同强度的地震应具有不同的抵抗能力。当遭受多遇烈度的地震时，要求结构不受损坏，在遭受罕遇的强烈地震时，允许结构破坏但在任何情况下都不应倒塌，既做到了结构可靠又较为经济合理。因此，《抗震标准》依上述原则明确提出了三水准的抗震设防要求。

第一水准：当遭受低于本地区抗震设防烈度的多遇地震影响时，建筑物一般不损坏或不需修理仍可继续使用。

第二水准：当遭受本地区抗震设防烈度的地震影响时，建筑物可能损坏，经一般修理仍可继续使用。

第三水准：当遭受高于本地区抗震设防烈度的罕遇地震影响时，建筑物不倒塌或不发生危及生命安全的严重破坏。

概括起来，"三水准"抗震设防目标为"小震不坏、中震可修、大震不倒"。

《抗震标准》提出了二阶段设计方法来实现三水准的抗震设防目标。第一阶段设计是保证结构构件在地震荷载效应的组合情况下，第一水准的承载力与变形要求；第二阶段设计则是保证结构满足第三水准的抗震设防要求，对于大多数结构一般可只进行第一阶段的设计，对于少部分特殊结构，第一、第二阶段的设计都应进行。

为实现建筑结构抗震设防目标，必须通过抗震概念设计、抗震结构设计和抗震构造设计 3 个方面来满足。

7.4.4　建筑抗震概念设计

抗震设计主要包括3个方面：概念设计、结构设计和构造设计。

所谓概念设计是指根据地震灾害和工程经验等所形成的基本设计原则和设计思想，进行建筑和结构总体布置并确定细部构造的过程。由于地震是随机的，具有不确定性和复杂性，单靠"数值设计"很难有效地控制结构的抗震性能。结构的抗震性能取决于良好的"概念设计"。

（1）建筑及其抗侧力结构平面布置宜均匀、对称，并具有良好的整体性；建筑的立面和剖面宜规则，抗侧力结构的侧向刚度和承载力宜均匀。不规则的建筑结构（包括平面不规则和立面不规则两种），应按规范要求进行水平地震作用计算和内力调整，并对薄弱部位采取有效的抗震构造措施。建筑设计应符合抗震概念设计的要求，不应采用严重不规则的设计方案。

不规则的主要类型见表7-7和表7-8。

表 7-7　平面不规则的主要类型

不规则类型	定义和参考指标
扭转不规则	在具有偶然偏心的规定水平力作用下，楼层两侧抗侧力构件弹性水平位移（或层间位移）的最大值与平均值的比值大于1.2
凹凸不规则	平面凹进的尺寸，大于相应投影方向总尺寸的30%
楼板局部不连续	楼板的尺寸和平面刚度急剧变化，例如，有效楼板宽度小于该层楼板典型宽度的50%，或开洞面积大于该层楼面面积的30%，或较大的楼层错层

表 7-8　竖向不规则的主要类型

不规则类型	定义和参考指标
侧向刚度不规则	该层的侧向刚度小于相邻上一层的70%，或小于其上相邻3个楼层侧向刚度平均值的80%；除顶层或出屋面的小建筑外，局部收进的水平向尺寸大于相邻下一层的25%
竖向抗侧力构件不连续	竖向抗侧力构件（柱、抗震墙、抗震支撑等）的内力由水平转换构件（梁、桁架等）向下传递
楼层承载力突变	抗侧力结构的层间受剪承载力小于相邻上一楼层的80%

（2）平面不规则而竖向规则的建筑，应采用空间结构计算模型，并应符合下列要求：

1）扭转不规则时，应计入扭转影响，且在具有偶然偏心的规定水平力作用下，楼层两端抗侧力构件弹性水平位移或层间位移的最大值与平均值的比值不宜大于1.5，当最大层间位移远小于规范限值时，可适当放宽。

2）凹凸不规则或楼板局部不连续时，应采用符合楼板平面内实际刚度变化的计算模型；高烈度或不规则程度较大时，宜计入楼板局部变形的影响。

3）平面不对称且凹凸不规则或局部不连续，可根据实际情况分块计算扭转位移比，对扭转较大的部位应采用局部的内力增大系数。

（3）平面规则而竖向不规则的建筑，应采用空间结构计算模型，刚度小的楼层的地震剪力应乘以不小于1.15的增大系数，其薄弱层应按《抗震标准》有关规定进行弹塑性变形分析，并应符合下列要求：

1）竖向抗侧力构件不连续时，该构件传递给水平转换构件的地震内力应根据烈度高低和水平转换构件的类型、受力情况、几何尺寸等，乘以 1.25～2.0 的增大系数。

2)侧向刚度不规则时，相邻层的侧向刚度比应依据其结构类型符合《抗震标准》相关规定。

3)楼层承载力突变时，薄弱层抗侧力结构的受剪承载力不应小于相邻上一楼层的 65%。

(4)平面不规则且竖向不规则的建筑，应根据不规则类型的数量和程度，有针对性地采取不低于第(2)、(3)条要求的各项抗震措施。特别不规则的建筑，应经专门研究，采取更有效的加强措施或对薄弱部位采用相应的抗震性能化设计方法。

仿真实训

分组实训：结合 VR 实训基地，切实感受地震带来的体验，总结建筑抗震中建筑结构需要注意的要点。

技能测试

1. 抗震设计主要包括 _____ 、 _____ 、 _____ 。
2. 平面不规则的主要类型有 _____ 、 _____ 、 _____ 。
3. 竖向不规则的主要类型有 _____ 、 _____ 、 _____ 。

任务工单

根据所学知识，完成以下任务工单。

1. 抗震设防目标有哪些要求？

2. 建筑抗震设防分为哪几类？

3. 某中学教学楼，地下一层，地上五层，总高度为 19.5 m，总建筑面积为 3 325 m²，所处位置的抗震设防烈度为 6 度。请问该教学楼抗震设防类别应该属于哪一类？如何确定抗震措施和地震作用？（已知设计地震分组为第一组，设计基本地震加速度为 0.05 g。）（提示：根据《建筑工程抗震设防分类标准》(GB 50223—2008)第 6.0.8 条，教育建筑中，幼儿园、小学、中学的教学用房以及学生宿舍和食堂，抗震设防类别应不低于重点设防类。）

项目 8　钢筋混凝土结构基本构件

钢筋的种类、性能指标及性能要求 — 混凝土的力学性能 — 钢筋与混凝土之间的黏结作用 — 钢筋和混凝土的力学性能 — 钢筋混凝土结构基本构件 — 受压构件承载力计算 — 受压构件的构造要求 / 轴心受压构件承载力计算 / 偏心受压构件简介

受弯构件的构造要求 / 正截面承载力计算 / 斜截面承载力计算 — 受弯构件承载力计算 — 受拉构件承载力计算 — 轴心受拉构件承载力计算 / 偏心受拉构件简介

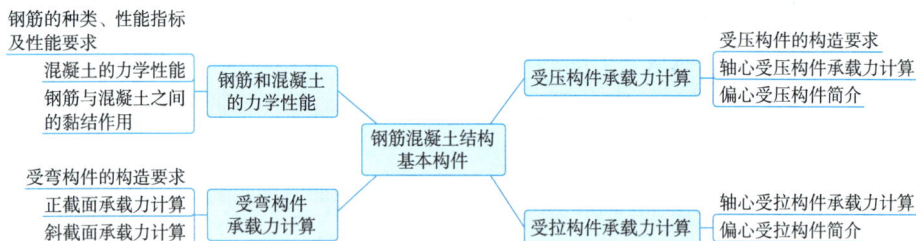

>>> 任务 1　钢筋和混凝土的力学性能

课前认知

钢筋混凝土结构是由钢筋和混凝土两种性质不同的材料组成的，了解钢筋和混凝土材料各自的力学性能及其共同工作的原理是掌握钢筋混凝土构件的受力性能，正确进行钢筋混凝土结构设计的基础。

8.1.1 钢筋的种类、性能指标及性能要求

1. 钢筋的种类

我国用于混凝土结构的钢筋，按加工工艺不同，主要有热轧钢筋、中强度预应力钢丝、预应力螺纹钢筋、消除应力钢丝、钢绞线等几类；按在结构中是否施加预应力，可分为普通钢筋和预应力钢筋。

(1)普通钢筋。普通钢筋是指用于钢筋混凝土结构中的钢筋和预应力混凝土结构中的非预应力钢筋，主要采用热轧钢筋。

热轧钢筋由低碳钢或低合金钢热轧而成。按屈服强度标准值的大小，用于钢筋混凝土结构的热轧钢筋分为 HPB300、HRB400、HRBF400、RRB400、HRB500、HRBF500 等级别，其符号和强度值范围见表 8-1。其中，HPB300 级钢筋为光圆钢筋，其余钢筋均为带肋钢筋，钢筋的外形如图 8-1 所示。《设计标准》规定，纵向受力普通钢筋可采用 HRB400、HRB500、HRBF400、HRBF500、RRB400、HPB300 钢筋；梁、柱和斜撑构件的纵向受力普通钢筋宜采用 HRB400、HRB500、HRBF400、HRBF500 钢筋；箍筋宜采用 HRB400、HRBF400、HPB300、HRB500、HRBF500 钢筋。

表 8-1　普通钢筋强度标准值　　　　　　　　　　　　　　　　　　　N/mm²

牌号	符号	公称直径 d/mm	屈服强度标准值 f_{pyk}	极限强度标准值 f_{ptk}
HPB300	ϕ	6～14	300	420
HRB400 HRBF400 RRB400	ϕ ϕ^F ϕ^R	6～50	400	540
HRB500 HRBF500	Φ Φ^F	6～50	500	630

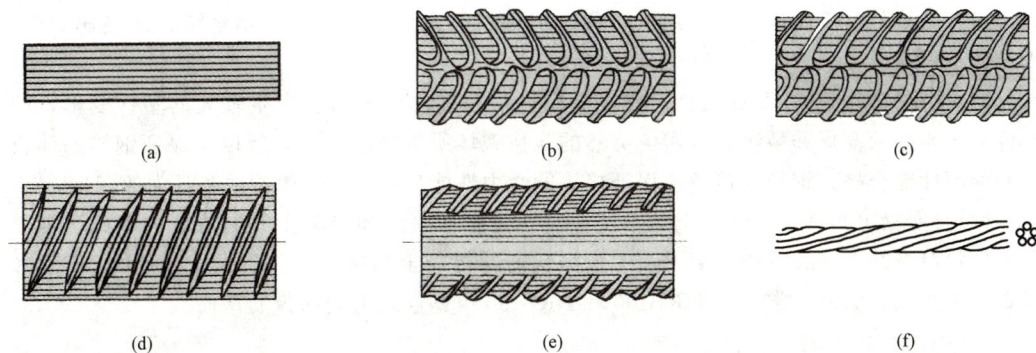

图 8-1　钢筋的外形

(a)光圆钢筋；(b)人纹钢筋；(c)螺纹钢筋
(d)月牙纹钢筋；(e)刻痕钢筋；(f)钢绞线

（2）预应力钢筋。预应力混凝土结构所用钢材一般为预应力钢丝、钢绞线和预应力螺纹钢筋。钢绞线是由多根高强度钢丝绞合在一起形成的，有 3 股和 7 股两种，多用于后张法大型构件。预应力钢丝主要是消除应力钢丝，其外形有光圆、螺旋肋、三面刻痕 3 种。

2. 钢筋的性能指标

（1）抗拉性能。钢筋抗拉性能的技术指标主要是屈服强度、抗拉强度和伸长率。钢筋的抗拉性能主要通过低碳钢的应力-应变曲线来表示，在拉伸时低碳钢的力学性能分为 4 个阶段，即弹性阶段、屈服阶段、强化阶段和颈缩阶段。

（2）冷弯性能。冷弯性能是指钢筋在常温（20 ℃±3 ℃）条件下承受弯曲变形的能力。冷弯是检验钢筋原材料质量和钢筋焊接接头质量的重要项目之一；通过冷弯试验、拉应力试验更容易暴露钢材内部存在的夹渣、气孔、裂纹等缺陷，特别是焊接接头有缺陷时，在进行冷弯试验过程中能够敏感地暴露出来。

冷弯性能指标通过冷弯试验确定，常用弯曲角度（α）和弯心直径（D）对试件的厚度或直径（d）的比值来表示。弯曲角度越大，弯心直径对试件厚度或直径的比值越小，表明钢筋的冷弯性能越好，如图 8-2 所示。

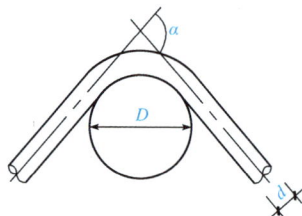

（3）冲击韧性。冲击韧性是指钢材抵抗冲击荷载的能力。其指标通过标准试件的弯曲冲击韧性试验确定。按规定，将带有 V 形缺口的试件进行冲击试验。试件在冲击荷载作用下

图 8-2　钢筋的冷弯

折断时所吸收的功，称为冲击吸收功 A_{kv}（J）。钢材的化学成分、组织状态、内在缺陷及环境温度等都是影响冲击韧性的重要因素。

（4）硬度。钢材的硬度是指表层局部体积抵抗较硬物体压入产生塑性变形的能力，通常用布氏硬度值 HB 表示。

（5）耐疲劳性。在反复荷载作用下的结构构件，钢材往往在应力远小于抗拉强度时发生断裂，这种现象称为钢材的疲劳破坏。其危险应力可用疲劳极限来表示，它是指疲劳试验中试件在交变应力作用下，在规定的周期基数内不发生断裂所能承受的最大应力。

3. 钢筋的性能要求

混凝土结构对钢筋性能的要求主要有以下几点：

（1）有较高的强度和适宜的屈强比。钢筋的屈服强度高，可减少结构的含钢量，节约钢材，提高经济效益。屈强比小，结构可靠，但钢材强度的利用率低，不经济；屈强比太大，则结构不可靠。

（2）具有较好的塑性及焊接性。钢筋的塑性好，则在破坏前会产生较大的塑性变形，即构件会有明显的变形和裂缝，可避免突然的脆性破坏所带来的危害，所以应保证钢筋的伸长率和冷弯性能合格。钢筋焊接后应保证接头的受力性能良好，不产生裂纹和过大的变形。

（3）与混凝土间具有良好的粘结力。粘结力是保证钢筋和混凝土共同工作的基础，钢筋表面形状对粘结力有着重要影响。为了加强钢筋与混凝土的粘结力，除强度较低的 HPB300 级钢筋为光圆钢筋外，常用的 HRB400 和 RRB400 级钢筋均为表面带肋钢筋。

8.1.2　混凝土的力学性能

1. 混凝土的强度

混凝土是用一定比例的水泥、砂、石子和水，经拌和、浇筑、振捣、养护，逐步凝结硬化形成的人造石材。在确定混凝土的强度指标时，必须以统一规定的标准试验方法为依据。

(1)立方体抗压强度。我国以立方体抗压强度值作为混凝土最基本的强度指标以及评价混凝土强度等级的标准，因为这种试件的强度比较稳定。《设计标准》规定，用边长为 150 mm 的标准立方体试件，在标准养护条件(温度在 20 ℃±3 ℃，相对湿度不小于 90％)下养护 28 天后在试验机上试压。试验时，全截面受力、加荷速度每秒钟为 0.3～0.8 N/mm²。试块加压至破坏时，所测得的具有 95％保证率的抗压强度作为混凝土的立方体抗压强度标准值，用符号 $f_{cu,k}$ 表示，单位为 N/mm²，如图 8-3 所示。

《设计标准》规定的混凝土强度等级，是按立方体抗压强度标准值确定的，用符号 C 表示，共有 14 个等级，即 C15、C20、C25、C30、C35、C40、C45、C50、C55、C60、C65、C70、C75、C80。字母 C 后面的数字表示以 N/mm² 为单位的立方体抗压强度标准值。

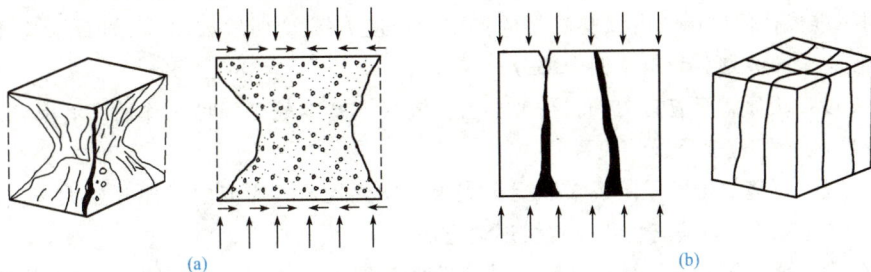

图 8-3 混凝土立方体试件的破坏情况

(2)轴心抗压强度。用标准棱柱体试件测定的混凝土抗压强度，称为混凝土的轴心抗压强度或棱柱体强度，用符号 f_c 表示。在钢筋混凝土结构中，计算受弯构件正截面承载力、偏心受拉和受压构件时，采用混凝土的轴心抗压强度作为计算指标。我国混凝土材料试验中规定以 150 mm×150 mm×300 mm 的试件作为试验混凝土轴心抗压强度的标准试件。

混凝土的轴心抗压强度与立方体抗压强度之间关系很复杂，与很多因素有关。根据试验分析，混凝土轴心抗压强度标准值 f_{ck} 与边长为 150 mm 立方体抗压强度标准值 $f_{cu,k}$ 的经验关系：

$$f_{ck} = 0.88\alpha_{c1}\alpha_{c2}f_{cu,k} \tag{8-1}$$

式中　α_{c1}——棱柱体抗压强度与立方体抗压强度之比，对 C50 及以下普通混凝土取 0.76，对高强度混凝土 C80 取 0.82，中间按线性插值；

α_{c2}——高强度混凝土脆性折减系数，对 C40 及以下普通混凝土取 1.00，对高强度混凝土 C80 取 0.87，中间按线性插值；

0.88——考虑到结构中混凝土强度与试件混凝土强度之间的差异修正系数。

(3)轴心抗拉强度。混凝土的抗拉强度远小于其抗压强度，一般只有抗压强度的 1/18～1/9。

因此，在钢筋混凝土结构中，一般不采用混凝土承受拉力。混凝土的轴心抗拉强度用符号 f_t 表示。在钢筋混凝土结构中，当计算受弯构件斜截面受剪、受扭构件及对某些构件进行开裂验算时，会用到混凝土的轴心抗拉强度。

《设计标准》采用直接测试法来测定混凝土的抗拉强度，即对棱柱体试件(100 mm×100 mm×500 mm)两端预埋钢筋(每端长度为 150 mm，直径为 16 mm 的带肋钢筋)，且使钢筋位于试件的轴线上，然后施加拉力，试件破坏时，截面的平均拉应力称为混凝土的轴心抗拉强度。

根据试验分析，并考虑到构件与试件的差别、尺寸效应及加荷速度等因素的影响，混凝

土轴心抗拉强度标准值 f_{tk} 与立方抗拉强度平均值 $f_{cu,k}$ 的经验关系为

$$f_{tk} = 0.88 \times 0.395\, f_{cu,k}^{0.55}(1 - 1.645\delta)^{0.45} \times \alpha_{c2} \qquad (8\text{-}2)$$

2. 混凝土的变形

混凝土的变形分为两类：一类为混凝土的受力变形，包括一次短期加荷的变形和荷载长期作用下的变形等；另一类称为混凝土的体积变形，包括混凝土由于收缩和温度变化产生的变形等。

(1)混凝土在一次短期加荷时的变形性能。混凝土在一次单调加载下的受压应力-应变关系是混凝土基本的力学性能之一。其可以比较全面地反映混凝土的强度和变形特点，也是确定构件截面上混凝土受压区应力分布图形的主要依据。测定混凝土受压的应力-应变曲线，通常采用标准棱柱体试件。由试验测得的典型受压应力-应变曲线如图 8-4 所示。图中以 A、B、C 三点将全曲线划分为以下四个部分。

1)OA 段：从加载至应力为$(0.3\sim0.4)f_c$。混凝土基本处于弹性工作阶段，其内部的变形尚未发展，应力-应变呈线性关系。

2)AB 段：裂缝稳定发展阶段。混凝土表现出塑性性质，应变的增加开始大于应力的增加，应力-应变关系开始偏离直线，直线逐渐弯曲。

3)BC 段：裂缝随荷载的增加迅速发展，塑性变形显著增大。C 点的应力达到峰值应力，即 $\sigma_{max} = f_c$，相应于峰值应力的应变为 ε_0，其值为 $0.0015\sim0.0025$ 波动，平均值为 0.002。

4)C 点以后：试件承载能力下降，应变继续增大，最终还会留下残余应力。OC 段为曲线的上升段，C 点以后为下降段。试验结果表明，随着混凝土强度的提高，上升段的形状和峰值应变的变化不很显著，而下降段的形状有显著差异。混凝土的强度越高，下降段的坡度越陡，即应力下降相同幅度时变形越小，延性越差。

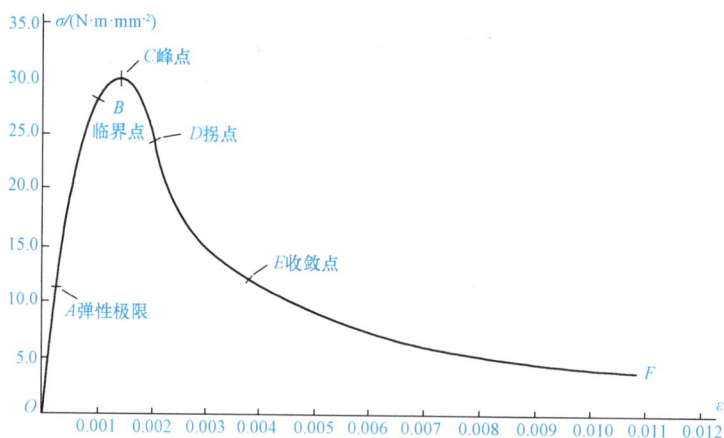

图 8-4　混凝土受压的应力-应变曲线

混凝土受拉时的应力-应变曲线与受压时相似，但其峰值的应力、应变都较受压时的小得多，对应于 f_t 时的 ε_{cu} 很小，计算时可取 0.00015。

(2)混凝土的弹性模量。混凝土的弹性模量是一次短期加载应力-应变的原点切线斜率。工程中，采用重复加载卸载，使应力-应变曲线渐趋稳定并接近直线，该直线的斜率即混凝土的弹性模量，用 E_c 表示。混凝土受拉弹性模量与受压弹性模量基本相同，计算时取相同的值，混凝土受压和受拉的弹性模量 E_c 宜按表 8-2 采用。

表 8-2　混凝土受压和受拉的弹性模量 E_c

混凝土强度等级	C20	C25	C30	C35	C40	C45	C50	C55	C60	C65	C70	C75	C80
E_c	2.55	2.80	3.00	3.15	3.25	3.35	3.45	3.55	3.60	3.65	3.70	3.75	3.80

注：1. 当有可靠试验依据时，弹性模量可根据实测数据确定；
　　2. 当混凝土中掺有大量矿物掺合料时，弹性模量可按规定龄期根据实测数据确定

（3）混凝土在多次重复加荷情况下的变形。混凝土在多次重复加荷情况下会产生"疲劳"现象，由于荷载重复作用而引起的破坏称为疲劳破坏。如工业厂房中的吊车梁，在其使用期限内要承受 200 万次以上的重复荷载作用，在多次重复荷载作用情况下，混凝土的强度和变形性能都会出现"疲劳"的现象。疲劳破坏的产生取决于加载时应力是否超过混凝土的疲劳强度 f_c^f。试验表明，混凝土的疲劳强度 f_c^f 低于轴心抗压强度 f_c，为 $(0.4 \sim 0.5)f_c$，此值的大小与荷载重复作用的次数、应力的变化幅度及混凝土的强度等级有关。

通常情况下，承受重复荷载作用并且荷载循环次数不少于 200 万次的构件必须进行疲劳验算。

（4）混凝土在长期荷载作用下的变形。在长期不变荷载作用下，混凝土的应变也会随着时间的增加而增长，这种现象称为混凝土的徐变。徐变产生的原因主要是混凝土中尚未形成水泥石结晶体的水泥石凝胶体的黏性流动，以及混凝土内部的微裂缝在长期荷载作用下不断发展和增长导致应变的增长。

影响徐变的因素很多，如内在因素、应力条件及环境因素等。

1）内在因素。内在因素指混凝土的组成成分和配合比。例如，骨料越坚硬，徐变越小；水胶比越大，水泥用量越多，徐变越大。

2）应力条件。应力条件指混凝土初始加荷应力和加载时混凝土的龄期，这是影响徐变的主要因素。初始加荷应力越大，徐变越大；加荷时混凝土的龄期越短，徐变越大。在实际工程中应加强养护，使混凝土尽早结硬，减小徐变。

3）环境因素。环境因素指养护和使用时的温湿度。受荷前养护的温度越高，湿度越大，水泥水化作用就越充分，徐变就越小；加荷期间温度越高，湿度越低，徐变就越大。

（5）混凝土的收缩。混凝土在空气中结硬时体积减小的现象称为收缩。混凝土收缩的主要原因是混凝土硬化过程中化学反应产生的凝缩和混凝土内的自由水蒸发产生的干缩。混凝土的收缩对钢筋混凝土构件是不利的。例如，混凝土构件受到约束时，混凝土的收缩将使混凝土中产生拉应力。在使用前就可能因混凝土收缩应力过大而产生裂缝；在预应力混凝土结构中，混凝土的收缩会引起预应力损失。

试验还表明，水泥用量越多、水胶比越大，则混凝土收缩越大；骨料的弹性模量大、级配好，混凝土浇捣越密实则收缩越小。同时，使用环境湿度越大，收缩越小。因此，加强混凝土的早期养护、减小水胶比、减少水泥用量，加强振捣是减小混凝土收缩的有效措施。

8.1.3　钢筋与混凝土之间的黏结作用

1. 黏结作用的组成

在钢筋混凝土结构中，钢筋和混凝土能共同工作除两者具有相近的线膨胀系数外，更主要的原因是两者在接触面上具有良好的黏结作用，该作用可承受黏结表面上的剪应力，抵抗

钢筋与混凝土之间的相对滑动。

根据黏结作用的产生原因可知，黏结作用由胶合作用、摩擦作用和咬合作用3部分组成。其中，胶合作用较小；在后两种作用中，光圆钢筋以摩擦为主，带肋钢筋（又称变形钢筋）以咬合作用为主。

2. 影响黏结强度的因素

钢筋与混凝土的黏结面上所能承受的平均剪应力的最大值称为黏结强度。影响钢筋和混凝土黏结强度的主要因素有以下几种：

(1)钢筋表面形状。

(2)混凝土的强度。

(3)侧向压应力。

(4)混凝土保护层厚度和钢筋净距。

(5)横向钢筋的设置。

(6)钢筋在混凝土中的位置。

由于影响钢筋与混凝土之间黏结强度的因素较多，故黏结强度变化较大，难以用计算方法来保证，我国设计标准采取有关构造措施（如钢筋的保护层厚度、净距、锚固长度、搭接长度等）来保证钢筋与混凝土的黏结强度，结构设计时必须遵守这些规定。

仿真实训

参观工法楼，认识钢筋种类，认识钢筋与混凝土之间的黏结作用。

技能测试

1. 我国用于混凝土结构的钢筋，按在结构中是否施加预应力，可分为_____和_____。

2. 混凝土抗压强度是用边长为_____mm的标准立方体试件，在标准养护条件（温度在 20 ℃±3 ℃，相对湿度不小于 90%）下养护_____天后在试验机上试压。

任务工单

根据所学知识，完成以下任务工单。

1. 钢筋的冷弯性能指标是如何确定的？

2. 混凝土结构对钢筋性能有哪些要求？

3. 混凝土受压时的应力-应变曲线有何特点?

4. 混凝土的弹性模量是如何确定的?

5. 影响徐变的因素有哪些?

6. 钢筋和混凝土为什么可以共同工作?

任务2　受弯构件承载力计算

课前认知

　　受弯构件的承载能力计算主要是为避免发生正截面破坏的截面抗弯能力问题和斜截面破坏的截面抗剪能力问题。而其他不利因素,如温度应力、混凝土的收缩与徐变等的影响很难在计算中完成,同时,还要兼顾使用和施工上的可能与需要。为此,在工程实践经验的基础上,工程技术人员总结出一些构造措施。因此,在钢筋混凝土结构构件设计时,除要符合计算结果外,还必须要满足相关构造要求。课前可扫描二维码,了解受弯构件的有关知识。

受弯构件

理论学习

8.2.1　受弯构件的构造要求

1. 梁构造
(1)梁的截面尺寸。

1)截面高度:可根据跨度要求按高跨比 h/l 来估计。对于一般荷载作用下的梁,梁高不小于表 8-3 规定的最小截面高度,梁高 $h \leqslant 800$ mm 时,取 50 mm 的倍数;$h > 800$ mm 时,则取 100 mm 的倍数。

表 8-3　梁的最小截面高度

项次	构件种类		简支梁	两端连续梁	悬臂梁
1	整体肋形梁	次梁	$l/15$	$l/20$	$l/8$
		主梁	$l/12$	$l/15$	$l/6$
2	独立梁		$l/12$	$l/15$	$l/6$

2)截面宽度：通常取梁宽 $b=(1/2\sim1/3)h$。常用的梁宽为 150 mm、200 mm、250 mm、300 mm，若 $b>200$ mm，一般级差取 50 mm。砖砌体中梁的梁宽和梁高，如圈梁、过梁等，按砖砌体所采用的模数来确定，如 120 mm、180 mm、240 mm、300 mm 等。

（2）梁的配筋。梁中通常配置纵向受力钢筋、箍筋、架立钢筋等，构成钢筋骨架（图 8-5），有时还配置纵向构造钢筋及相应的拉筋等。

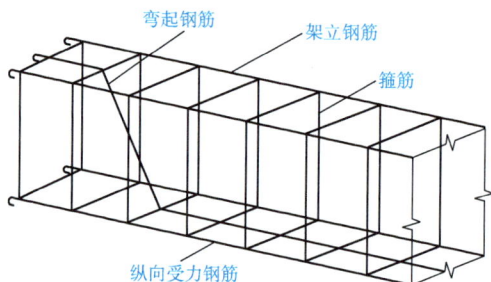

图 8-5　梁的配筋

1)纵向受力钢筋。配置在受拉区的受力钢筋主要承受由弯矩在梁内产生的拉力，配置在受压区的纵向受力钢筋用来补充混凝土受压能力的不足。通常，梁的纵向受力钢筋应符合下列规定：

①伸入梁支座范围内的钢筋不应少于两根。

②当梁高 $h<300$ mm 时，$d\geqslant8$ mm；当 $h\geqslant300$ mm 时，$d\geqslant10$ mm。

③梁上部纵向钢筋水平方向的净间距不应小于 30 mm 和 $1.5d$；下部纵向钢筋水平方向的净间距不应小于 25 mm 和 d（d 为钢筋的最大直径）；当下部钢筋多于两层时，两层以上钢筋水平方向的中距比下面两层的中距增大一倍；各层钢筋之间的净间距不应小于 25 mm 和 d。

④在梁的配筋密集区域可采用并筋的配筋形式。

2)弯起钢筋。钢筋在跨中下侧承受正弯矩产生的拉力，在靠近支座的位置利用弯起段承受弯矩和剪力共同产生的主拉应力的钢筋称为弯起钢筋，现在较少采用。当梁高 $h\leqslant800$ mm 时，弯起角度采用 45°；当梁高 $h>800$ mm 时，弯起角度采用 60°。

3)箍筋。箍筋的主要作用是承担梁中的剪力和固定纵筋的位置，和纵向钢筋一起形成钢筋骨架。梁中箍筋的配置应符合下列规定：

①按承载力计算不需要箍筋的梁，当截面高度大于 300 mm 时，应沿梁全长设置构造箍筋；当截面高度 $h=150\sim300$ mm 时，可仅在构件端部 $l_0/4$ 范围内设置构造箍筋，l_0 为跨度。当在构件中部 $l_0/2$ 范围内有集中荷载作用时，应沿梁全长设置箍筋。当截面高度小于 150 mm 时，可以不设置箍筋。

②截面高度大于 800 mm 的梁，箍筋直径不宜小于 8 mm；截面高度不大于 800 mm 的梁，不宜小于 6 mm。梁中配有计算需要的纵向受压钢筋时，箍筋直径尚不应小于 $d/4$，d 为受压钢筋最大直径。

③梁中箍筋的最大间距宜符合表 8-4 的规定；当 V 大于 $0.7f_tbh_0+0.05N_{p0}$ 时，箍筋的配筋率 $\rho_{sv}(\rho_{sv}=A_{sv}/b_s)$ 不应小于 $0.24f_t/f_{yv}$。

表 8-4　梁中箍筋的最大间距　　　　　　　　　　　　　　　　　　　　　　　mm

梁高 h	$V>0.7f_tbh_0$	$V\leqslant0.7f_tbh_0$
$150<h\leqslant300$	150	200
$300<h\leqslant500$	200	300
$500<h\leqslant800$	250	350
$h>800$	300	400

④当梁中配有按计算需要的纵向受压钢筋时，箍筋应符合以下规定：

a. 箍筋应做成封闭式，且弯钩直线段长度不应小于 $5d$，d 为箍筋直径。

b. 箍筋的间距不应大于 $15d$，并不大于 400 mm。当一层内的纵向受压钢筋多于 5 根且直径大于 18 mm 时，箍筋间距不应大于 $10d$，d 为纵向受压钢筋的最小直径。

c. 当梁的宽度大于 400 mm 且一层内的纵向受压钢筋多于 3 根时，或当梁的宽度不大于 400 mm 但一层内的纵向受压钢筋多于 4 根时，应设置复合箍筋。

4）架立钢筋。架立钢筋主要用来固定箍筋位置，与纵向钢筋形成梁的钢筋骨架，并承受因温度变化和混凝土收缩而产生的应力，防止发生裂缝。它一般设置在梁的受压区外缘两侧，并平行于纵向受力钢筋。当受压配置有纵向受压钢筋时，可兼作架立钢筋。

对于架立钢筋，当梁的跨度小于 4 m 时，直径不宜小于 8 mm；当梁的跨度为 4～6 m 时，直径不应小于 10 mm；当梁的跨度大于 6 m 时，直径不宜小于 12 mm。

5）纵向构造钢筋及拉筋。当梁的腹板高度 $h_w\geqslant450$ mm 时，应在梁的两个侧面沿高度配置纵向构造钢筋（也称腰筋），并用拉筋固定（图 8-6），且其间距不宜大于 200 mm。

（3）混凝土保护层厚度和截面有效高度。

1）混凝土保护层厚度。混凝土保护层是指钢筋外边缘至构件表面范围用于保护钢筋的混凝土。构件中普通钢筋及预应力钢筋的混凝土保护层厚度应满足下列要求：

①构件中受力钢筋的保护层厚度不应小于钢筋的直径 d。

②设计使用年限为 50 年的混凝土结构，最外层钢筋的保护层厚度应符合表 8-5 的规定；设计使用年限为 100 年的混凝土结构，最外层钢筋的保护层厚度不应小于表 8-5 中数值的 1.4 倍。

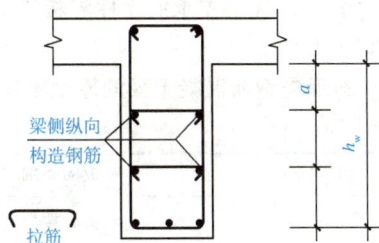

图 8-6　梁侧纵向构造钢筋及拉筋

表 8-5　混凝土保护层的最小厚度　　　　　　　　　　　　　　　　　　　　　mm

环境类别		板、墙、壳	梁、柱、杆
一		15	20
二	a	20	25
	b	25	35
三	a	30	40
	b	40	50

注：（1）钢筋混凝土基础宜设置混凝土垫层，基础中钢筋的混凝土保护层厚度应从垫层顶面算起，且不应小于 40 mm。

　　（2）混凝土强度等级不大于 C25 时，表中保护层厚度数值应增加 5 mm

2)截面有效高度。在进行受弯构件配筋计算时,要确定梁、板的有效高度 h_0。所谓有效高度,是指受拉钢筋的重心至截面受压边缘的垂直距离,它与受拉钢筋的直径和排数有关,截面的有效高度可表示为

$$h_0 = h - a_s \tag{8-3}$$

式中　h_0——截面有效高度;

　　　h——截面高度;

　　　a_s——受拉钢筋的重心至截面受拉边缘的距离[对于室内正常环境下的梁,当混凝土的强度等级≥C25 时,a_s 取 35 mm(单层钢筋)或 60 mm(双层钢筋);板的 a_s 取 20 mm]。

纵向受拉钢筋的配筋百分率是指纵向受拉钢筋总截面面积 A_s 与正截面的有效面积 bh_0 的比值,用 ρ 表示,简称配筋率,用百分数来计量,即

$$\rho = \frac{A_s}{bh_0} \tag{8-4}$$

纵向受拉钢筋的配筋百分率 ρ 在一定程度上表示了正截面上纵向受拉钢筋与混凝土之间的面积比率,它是对梁的受力性能有很大影响的一个重要指标。根据我国的经验,板的经济配筋率为 0.3%~0.8%;单筋矩形梁的经济配筋率为 0.6%~1.5%。

2. 板构造

板按受力形式不同分为单向板和双向板。四边有支撑的板,若板长边与短边长度的比≤2,为双向板;长边与短边长度的比≥3,为单向板;若比值大于 2 但小于 3,宜按双向板计算,如按单向板计算,长边方向应配加强钢筋。两对边支承的板,应按单向板计算。

(1)板的截面形式及尺寸。板的常见截面形式有实心板、槽形板、空心板等。现浇混凝土板的尺寸宜符合下列规定。

1)板的跨厚比:钢筋混凝土单向板不大于 30,双向板不大于 40;无梁支承的有柱帽板不大于 35,无梁支承的无柱帽板不大于 30。预应力板可适当增加;当板的荷载、跨度较大时宜适当减小。

2)现浇钢筋混凝土板的厚度不应小于表 8-6 规定的数值。

表 8-6　现浇钢筋混凝土板的最小厚度　　　　　　　　　　　　　　　mm

板的类别		最小厚度
实心楼板		80
实心屋面板		100
密肋楼盖	面板	50
	肋高	250
悬臂板(根部)	悬臂长度不大于 500 mm	80
	悬臂长度 500~1 000 mm	100
无梁楼板		150
现浇空心楼盖		200

(2)板的配筋。板通常配置纵向受力钢筋和分布钢筋(图 8-7)。

1)受力钢筋。板的受力钢筋的直径一般为 6~12 mm,板厚度较大时,钢筋直径可用 14~18 mm。为了正常分担内力,板中受力钢筋的间距不宜过稀,但为了绑扎方便和保证浇捣质量,板的受力钢筋间距也不宜过密。当板厚不大于 150 mm 时不宜大于 200 mm;当板厚大于

150 mm 时不宜大于板厚的 1.5 倍，且不宜大于 250 mm。

2）分布钢筋。当按单向板设计时，应在垂直于受力的方向，在受力钢筋内侧按构造要求配置分布钢筋。分布钢筋的作用：一是固定受力钢筋的位置，形成钢筋网；二是将板上荷载有效地传

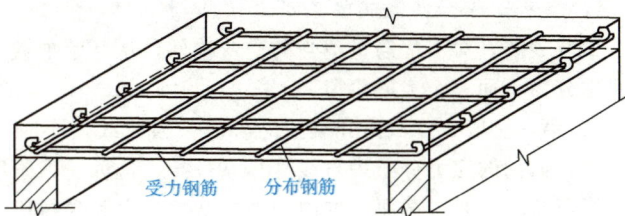

图 8-7 板的配筋

到受力钢筋上去；三是防止温度或混凝土收缩等原因沿跨度方向的裂缝。其配筋率不宜小于受力钢筋的 15%，且不宜小于 0.15%；分布钢筋直径不宜小于 6 mm，间距不宜大于 250 mm；当集中荷载较大时，分布钢筋的配筋面积还应增加，且间距不宜大于 200 mm。

8.2.2　正截面承载力计算

1. 正截面的破坏形态

根据梁的纵向受拉钢筋配筋率 ρ 的不同，受弯构件的正截面破坏有 3 种形式，即适筋破坏、超筋破坏和少筋破坏（图 8-8）。

（1）适筋破坏。当配筋率适当时，构件破坏首先是受拉区钢筋屈服，然后受压区混凝土压碎，钢筋和混凝土的强度都会得到充分利用。这种破坏称为适筋破坏，也称为拉压破坏。适筋破坏在构件破坏前有明显的塑性变形和裂缝预兆，如图 8-8(a) 所示。

（2）超筋破坏。当构件配筋太多时，受拉区钢筋尚未屈服，受压区混凝土就已经被压碎，梁的截面破坏。但受拉钢筋应力远小于屈服强度。该梁破坏前的裂缝宽度和挠度都很小，破坏很突然，没有预兆，如图 8-8(b) 所示。

（3）少筋破坏。当构件配筋较少时，承载力很低，只要梁底混凝土一开裂，裂缝就会急速向上开展，钢筋由于拉应力急剧升高而屈服，在混凝土承压能力尚未完全发挥时，钢筋已被拉断，如图 8-8(c) 所示。

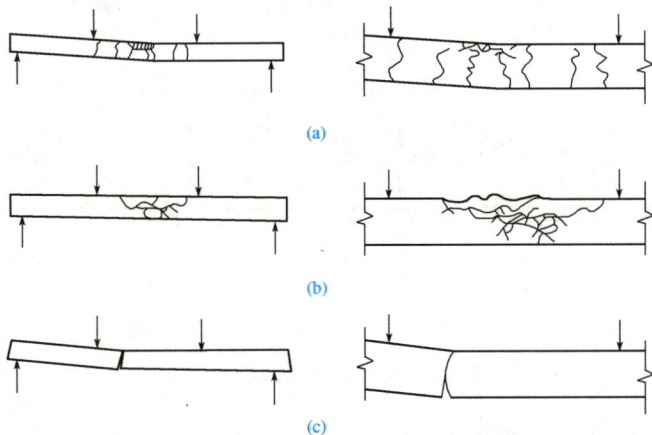

(a)

(b)

(c)

图 8-8　钢筋混凝土正截面破坏的形式
(a)适筋破坏；(b)超筋破坏；(c)少筋破坏

为了使受弯构件设计成适筋梁，则要求受弯构件中配筋率 ρ 既不太大，又不太小，满足适筋梁 $\rho_{max} \geqslant \rho \geqslant \rho_{min}$ 的条件。式中，ρ_{max} 为适筋梁的最大配筋率，ρ_{min} 为适筋梁的最小配筋率。

2. 适筋受弯构件截面受力的几个阶段

试验表明，对于配筋量适当的受弯构件，从开始加载到正截面完全破坏，截面的受力状态可以分为下面三个大的阶段。

(1)第一阶段——截面开裂前的阶段。当荷载很小时，截面上的内力很小，应力与应变成正比，截面的应力分布为直线[图 8-9(a)]，这种受力阶段称为第Ⅰ阶段。

当荷载增大时，截面上的内力随之增大，由于受拉区混凝土出现塑性变形，而使受拉区的应力图形呈曲线。当荷载增大到某一数值时，受拉区边缘的混凝土可达其实际的抗拉强度 f_t 和抗拉极限应变值 ε_t。截面处在开裂前的临界状态[图 8-9(b)]，这种受力状态称为第Ⅰ$_a$ 阶段。

(2)第二阶段——从截面开裂到受拉区纵向受力钢筋开始屈服的阶段。截面受力达到第Ⅰ$_a$ 阶段后，荷载只要稍许增加，截面立即开裂，截面上应力发生重分布，裂缝处混凝土不再承受拉应力，钢筋的拉应力突然增大，受压区混凝土出现明显的塑性变形，应力图形呈曲线[图 8-9(c)]，这种受力阶段称为第Ⅱ阶段。

荷载继续增加，裂缝进一步开展，钢筋和混凝土的应力不断增大。当荷载增加到某一数值时，受拉区纵向受力钢筋开始屈服，钢筋应力达到其屈服强度[图 8-9(d)]，这种特定的受力状态称为第Ⅱ$_a$ 阶段。

(3)第三阶段——破坏阶段。受拉区纵向受力钢筋屈服后，截面的承载力无明显的增加，但塑性变形急速发展，裂缝迅速开展，并向受压区延伸，受压区面积减小，受压区混凝土压应力迅速增大，这是截面受力的第Ⅲ阶段[图 8-9(e)]，在荷载基本保持不变的情况下，裂缝进一步急剧开展，受压区混凝土出现纵向裂缝，混凝土被完全压碎，截面发生破坏[图 8-9(f)]，这种特定的受力状态称为第Ⅲ$_a$ 阶段。

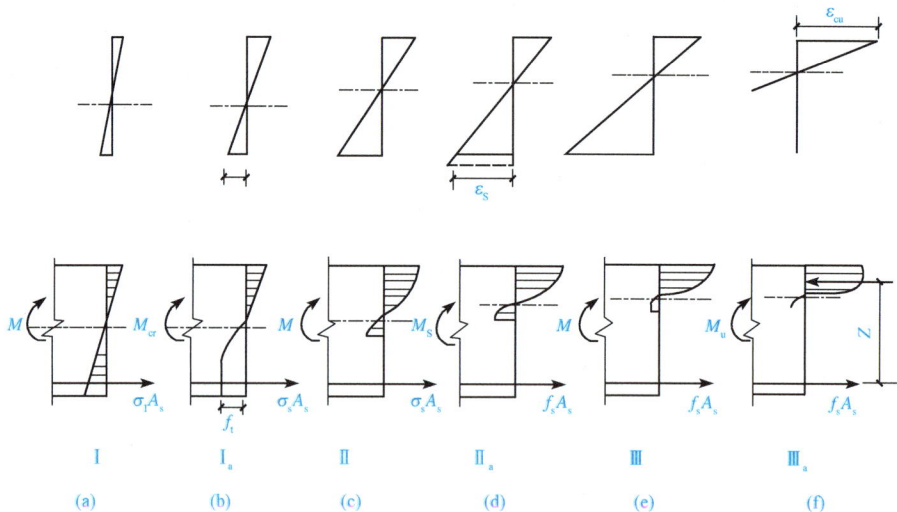

图 8-9　梁在各受力阶段的应力-应变图

试验同时表明，从开始加载到构件破坏的整个受力过程中，变形前的平面，变形后仍保持平面。

截面抗裂验算是建立在第Ⅰ$_a$ 阶段的基础之上，构件使用阶段的变形和裂缝宽度验算是建立在第Ⅱ阶段的基础之上，而截面的承载力计算则是建立在第Ⅲ$_a$ 阶段的基础之上的。

3. 单筋矩形截面承载力计算

仅在受拉区配置纵向受力钢筋的矩形截面受弯构件，称为单筋矩形截面受弯构件。它是受弯构件计算的基础。

(1)基本假设。受弯构件正截面承载力是以适筋梁第 III_a 阶段的应力状态作为依据，为了便于计算，可做如下基本假设。

1)平截面假定，即构件正截面在弯曲变形以后仍保持为平面。

2)钢筋应力 σ_s 取等于钢筋应变 ε_s 与其弹性模量 E_s 的乘积，但不得大于其强度设计值 f_y。

3)不考虑截面受拉区混凝土抗拉强度。

4)受压混凝土的应力-应变关系，采用图 8-10 所示的混凝土应力-应变曲线。

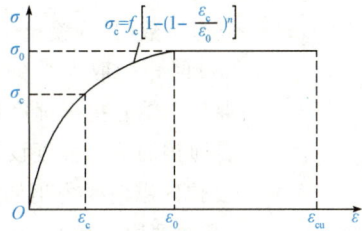

图 8-10　混凝土应力-应变曲线

①当 $\varepsilon_c \leqslant \varepsilon_0$ 时：

$$\sigma_c = f_c \left[1 - \left(1 - \frac{\varepsilon_c}{\varepsilon_0} \right)^n \right] \tag{8-5}$$

②当 $\varepsilon_0 < \varepsilon_c \leqslant \varepsilon_{cu}$ 时：

$$\sigma_c = f_c \tag{8-6}$$

$$n = 2 - \frac{1}{60}(f_{cu,k} - 50) \tag{8-7}$$

$$\varepsilon_0 = 0.002 + 0.5(f_{cu,k} - 50) \times 10^{-5} \tag{8-8}$$

$$\varepsilon_{cu} = 0.0033 - (f_{cu,k} - 50) \times 10^{-5} \tag{8-9}$$

式中　σ_c——混凝土压应变为 ε_c 时的混凝土压应力；

　　　f_c——混凝土轴心抗压强度设计值；

　　　ε_0——混凝土压应力刚达到 f_c 时的混凝土压应变，当计算的 ε_0 值小于 0.002 时，取 0.002；

　　　ε_{cu}——正截面的混凝土极限压应变[当处于非均匀受压时，按式(8-9)计算，如计算的 ε_{cu} 值大于 0.0033，取 0.0033；当处于轴心受压时取值为 ε_0]；

　　　$f_{cu,k}$——混凝土立方体抗压强度标准值；

　　　n——系数，当计算的 n 值大于 2.0 时，取 2.0。

(2)基本公式。根据上述基本假定，受弯构件正截面受压区的曲线应力图形可简化为等效矩形应力图形，如图 8-11 所示。

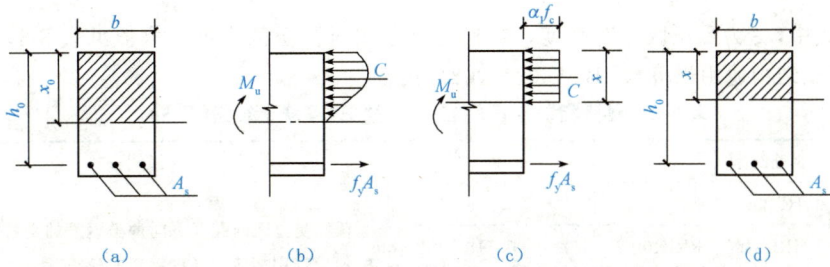

图 8-11　单筋矩形截面计算简图

(a)横截面；(b)实际应力图；(c)等效应力图；(d)计算截面

153

根据静力平衡条件，不难得出单筋矩形截面梁正截面承载力计算的基本公式：

$$\sum F_x = 0, \alpha_1 f_c bx = f_y A_s \tag{8-10}$$

$$\sum M = 0, M \leqslant M_u = \alpha_1 f_c bx \left(h_0 - \frac{x}{2}\right) \tag{8-11}$$

或

$$M \leqslant M_u = f_y A_s \left(h_0 - \frac{x}{2}\right) \tag{8-12}$$

式中　α_1——应力系数（当混凝土强度等级不超过 C50 时，α_1 取为 1.0，当混凝土强度等级为 C80 时，α_1 取为 0.94，其间按线性内插法确定）；

　　　f_c——混凝土轴心抗压强度设计值（MPa）；

　　　f_y——普通钢筋抗拉强度设计值（MPa），见表 8-7；

　　　A_s——受拉区纵向受力钢筋截面面积（mm²）；

　　　b——梁截面宽度（mm）；

　　　x——混凝土受压区高度（mm）；

　　　h_0——梁截面的有效高度；

　　　M——作用在截面的弯矩设计值（N·mm）；

　　　M_u——构件正截面受弯承载力设计值（N·mm）。

表 8-7　普通钢筋强度设计值　　　　　　　　　　　　　　　N/mm²

牌号	抗拉强度设计值 f_y	抗压强度设计值 f_y'
HPB300	270	270
HRB400、HRBF400、RRB400	360	360
HRB500、HRBF500	435	435

（3）适用条件。为保证受弯构件为适筋梁，不出现超筋破坏和少筋破坏，上述基本公式必须满足下列适用条件。

1）为防止超筋破坏，应符合的条件：

$$\rho \leqslant \rho_{max} = \xi_b \alpha_1 \frac{f_c}{f_y} \tag{8-13a}$$

或

$$\xi \leqslant \xi_b (x \leqslant x_b = \xi_b h_0) \tag{8-13b}$$

2）为防止少筋破坏，应符合的条件：

$$\rho \geqslant \rho_{min} \tag{8-14a}$$

或

$$A_s \geqslant \rho_{min} bh \ \text{且} \ A_s \leqslant 45 \frac{f_t}{f_y} bh \tag{8-14b}$$

以上式中，ξ 为受压区相对高度，ξ_b 称为界限相对受压区高度，取值见表 8-8，ρ_{min} 取值应按《混凝土结构通用规范》（GB 55008—2021）执行。

表 8-8　界限相对受压区高度 ξ_b 的值（混凝土等级≤C50）

钢筋级别	ξ_b	说明
HPB300	0.576	截面受拉区内配置不同种类钢筋的受弯构件，其 ξ_b 值应选用相应于各种钢筋的较小者
HRB400、HRBF400、RRB400	0.518	
HRB500、HRBF500	0.482	

（4）计算方法。

1）截面设计。已知弯矩设计值 M，混凝土强度等级，钢筋级别，构件截面尺寸 b、h，求所需受拉钢筋截面面积 A_s。

①确定混凝土强度 α_1、f_c、f_t、f_y、h_0。

②按式(8-15)计算混凝土受压区高度 x，并判断是否属超筋梁。

$$x = h_0 - \sqrt{h_0^2 - \frac{2M}{\alpha_1 f_c b}} \tag{8-15}$$

若 $x \leqslant \xi_b h_0$，不属于超筋梁；否则，为超筋梁，应加大截面尺寸，或提高混凝土强度等级，或改用双筋截面。

③按式(8-16)计算钢筋截面面积 A_s，并判断是否属少筋梁。

$$A_s = \alpha_1 f_c bx / f_y \tag{8-16}$$

④选配钢筋。根据计算所需的钢筋面积 A_s，确定梁中纵向受力钢筋的直径和根数。

⑤验算配筋率。若 $\rho \geqslant \rho_{min}$ 或 $A_s \geqslant \rho_{min} bh$，不会发生少筋破坏。

2)截面复核。已知构件截面尺寸 b、h，钢筋截面面积 A_s，混凝土强度等级，钢筋级别，弯矩设计值 M，验算截面是否安全。

①确定截面有效高度 h_0。

②判断梁的类型。

$$x = \frac{f_y A_s}{\alpha_1 f_c b} \tag{8-17}$$

若 $A_s \geqslant \rho_{min} bh$，且 $x \leqslant \xi_b h_0$，为适筋梁；若 $x > \xi_b h_0$，为超筋梁；若 $A_s < \rho_{min} bh$，为少筋梁。

③计算截面受弯承载力 M_u。

适筋梁：

$$M_u = A_s f_y (h_0 - x/2) \tag{8-18}$$

超筋梁：

$$M_u = M_{u,max} = \alpha_1 f_c b h_0^2 \xi_b (1 - 0.5\xi_b) \tag{8-19}$$

对少筋梁，应将其受弯承载力降低使用(已建成工程)或修改设计。

④判断截面是否安全。若 $M \leqslant M_u$，则截面安全。

【例 8-1】 某梁的截面尺寸为 $b \times h = 200\ \text{mm} \times 400\ \text{mm}$，处于二 b 类环境，承受的弯矩设计值 $M = 120\ \text{kN} \cdot \text{m}$，采用 C25 混凝土，HRB400 级钢筋，试求梁的纵向受力钢筋。

解： 查表得 $f_c = 11.9\ \text{N/mm}^2$，$f_t = 1.27\ \text{N/mm}^2$，$f_y = 360\ \text{N/mm}^2$，$\alpha_1 = 1.0$，$\xi_b = 0.518$。

(1)确定截面有效高度。

$$h_0 = 400 - 35 = 365(\text{mm})$$

(2)计算混凝土受压区高度 x，并判断是否为超筋梁。

$$x = h_0 - \sqrt{h_0^2 - \frac{2M}{\alpha_1 f_c b}} = 365 - \sqrt{365^2 - \frac{2 \times 120 \times 10^6}{1.0 \times 11.9 \times 200}}$$
$$= 185(\text{mm}) < \xi_b h_0 = 0.518 \times 365 = 189(\text{mm})$$

故不属于超筋梁。

(3)计算 A_s，并判断是否为少筋梁。

$$A_s = \frac{\alpha_1 f_c bx}{f_y} = \frac{1.0 \times 11.9 \times 200 \times 185}{360} = 1\ 223(\text{m}^2)$$

$$\rho = \frac{A_s}{bh} = \frac{1\ 223}{200 \times 400} = 1.53\% < 0.2\%$$

故不属于少筋梁。

(4)选配钢筋。选配 4⌀20($A_s = 1\ 256\ \text{mm}^2$)。

4. 双筋截面承载力计算

双筋截面是指在梁的受拉区和受压区同时按计算配置了纵向受力钢筋的截面。双筋截面适用于以下情况:

①截面承受的弯矩较大,由于使用和施工条件的限制,受弯构件截面尺寸受到限制,混凝土强度等级不能提高。若此时仍将受弯构件设计成单筋截面,将不满足适筋梁的适用条件。

②构件在不同的荷载组合下承受异号弯矩的作用,如风荷载作用下的框架横梁,由于风向的变化,在同一截面可能既出现正弯矩又出现负弯矩,此时就需要在梁的上、下方都布置受力钢筋。

③为了提高截面的延性。在梁的受压区配置一定数量的受压钢筋,有利于提高截面的延性。因此,抗震设计中要求框架梁必须配置一定比例的受压钢筋。

(1)基本公式。双筋矩形截面受弯构件正截面承载力计算简图如图8-12所示。

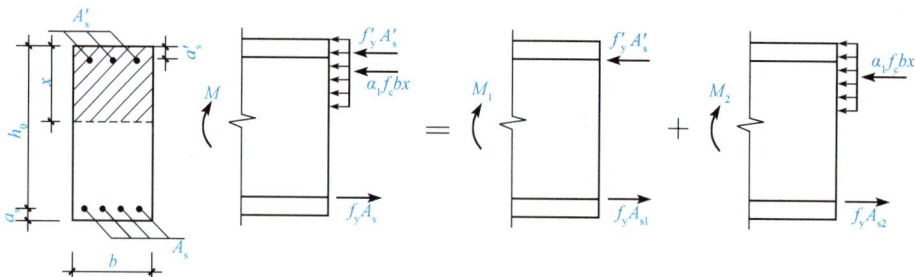

图 8-12 双筋矩形截面梁承载力计算简图

由平衡条件得

$$\sum N = 0 \quad \alpha_1 f_c b x + f_y' A_s' = f_y A_s \tag{8-20}$$

$$\sum M = 0 \quad M \leqslant \alpha_1 f_c b x (h_0 - x/2) + f_y' A_s' (h_0 - a_s') \tag{8-21}$$

式中　f_y'——钢筋的抗压强度设计值;

　　　A_s'——受压钢筋的截面面积;

　　　a_s'——受压钢筋的合力点到截面受压区外边缘的距离;

　　　A_s——受拉钢筋的截面面积,$A_s = A_{s1} + A_{s2}$,而 $A_{s1} = f_y' A_s' / f_y$;

其余符号意义同前。

(2)基本公式适用条件。

1)为了防止超筋破坏,应满足 $x \leqslant \xi_b h_0$。

2)为了保证受压钢筋能达到抗压强度设计值,应满足

$$x \geqslant 2 a_s' \tag{8-22}$$

双筋截面的配筋率往往较高,最小配筋率的要求可以自动满足,故不需再验算。

5. T 形截面梁计算

在单筋矩形截面梁正截面受弯承载力计算中,是不考虑受拉区混凝土的作用的。如果把受拉区两侧的混凝土挖掉一部分,既不会降低截面承载力,又可以节省材料、减轻自重,这就形成了 T 形截面梁(图8-13)。

T 形截面梁根据中性轴的位置不同可分为第一类 T 形截面和第二类 T 形截面。

(1)第一类 T 形截面。

1)基本公式。第一类 T 形截面的中性轴在翼缘内,即 $x \leqslant h_f'$。此类 T 形截面可按矩形截

面梁计算，矩形截面宽度取 b'_f 即可（图 8-14）。

$$\alpha_1 f_\text{c} b'_\text{f} x = f_\text{y} A_\text{s} \tag{8-23}$$

$$M \leqslant \alpha_1 f_\text{c} b'_\text{f} x \left(h_0 - \frac{x}{2} \right) = \alpha_1 f_\text{c} b'_\text{f} h_0^2 \xi (1 - 0.5\xi) \tag{8-24}$$

$$M \leqslant M_\text{u} = f_\text{y} A_\text{s} \left(h_0 - \frac{x}{2} \right) = f_\text{y} A_\text{s} h_0 (1 - 0.5\xi) \tag{8-25}$$

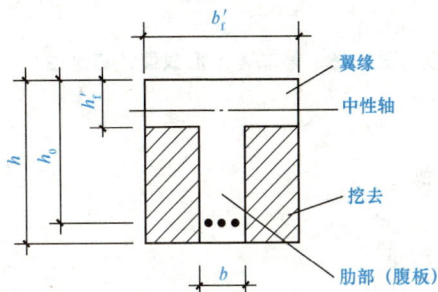

图 8-13　T 形截面梁

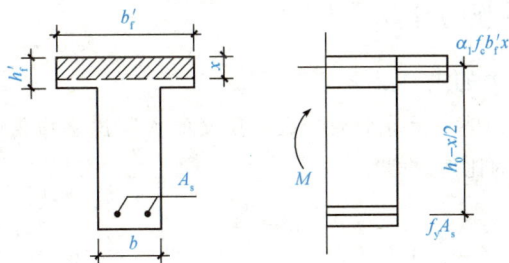

图 8-14　第一类 T 形截面梁计算简图

2）适用条件。

①为了防止超筋破坏，应满足

$$\xi \leqslant \xi_\text{b} \tag{8-26}$$

或
$$x \leqslant x_\text{b} = \xi_\text{b} h_0 \tag{8-27}$$

或
$$\rho = \rho_\text{b} = \xi_\text{b} \frac{\alpha_1 f_\text{c}}{f_\text{y}} \tag{8-28}$$

由于一般情况下 T 形梁的翼缘高度 h'_f 都小于 $\xi_\text{b} h_0$，而第一类 T 形梁的 $x \leqslant h'_\text{f}$，所以这个条件通常都能满足，可不必验收。

②为了防止少筋破坏，应满足

$$\rho \geqslant \rho_{\min} \tag{8-29}$$

（2）第二类 T 形截面。

1）基本公式。第二类 T 形截面的中性轴在梁肋内，即 $x > h'_\text{f}$。因为第二类 T 形截面的混凝土受压区是 T 形，为便于计算，将受压区面积分成两部分：一部分是腹板（$b \times x$），另一部分是挑出翼缘 [$(b'_\text{f} - b) \times h'_\text{f}$]，如图 8-15 所示。

由 $\sum X = 0$ 及 $\sum Y = 0$ 有

$$\alpha_1 f_\text{c} bx + \alpha_1 f_\text{c} (b'_\text{f} - b) h'_\text{f} = f_\text{y} A_\text{s} \tag{8-30}$$

$$M \leqslant M_\text{u} = \alpha_1 f_\text{c} bx \left(h_0 - \frac{x}{2} \right) + \alpha_1 f_\text{c} (b'_\text{f} - b) h'_\text{f} \left(h_0 - \frac{h'_\text{f}}{2} \right) \tag{8-31}$$

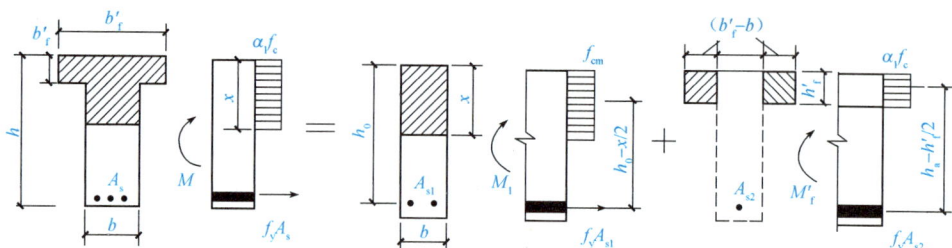

图 8-15　第二类 T 形截面计算简图

2)适合条件。

①为防止超筋破坏，应满足

$$x \leqslant x_b = \xi_b h_0 \tag{8-32}$$

②为防止少筋破坏，应满足

$$\rho \geqslant \rho_{min} \tag{8-33}$$

由于第二类 T 形截面梁的配筋率高，故此条件一般都能满足，可不必验算。

8.2.3　斜截面承载力计算

1. 影响斜截面承载力的主要因素

（1）剪跨比。剪跨比 λ 是一无量纲的参数，狭义的剪跨比是指集中荷载至支座截面的距离 a 与截面有效高度 h_0 的比值，即

$$\lambda = \frac{a}{h_0} \tag{8-34}$$

式中　a——集中荷载至支座的距离；

h_0——截面有效高度。

集中荷载作用下的受弯构件，剪跨比是影响斜截面破坏形态的主要因素。剪跨比实际上反映集中荷载作用截面上弯矩和剪力相对大小对主拉应力的大小与方向的影响。试验表明，在一定范围内，随着剪跨比的增加，斜截面的承载力随之降低，剪跨比超过 3 后，对承载力的影响不再明显。

（2）纵向配筋率。纵向配筋率 ρ 的增大可以提高梁的抗剪能力，其原因一方面是纵向钢筋能抑制斜拉裂缝的开展和延伸，增大剪压区混凝土面积；另一方面纵筋本身也有一定的抗剪能力，称为销栓力，纵筋多，销栓力当然大。

（3）箍筋率和箍筋强度。箍筋可以承担相当部分的剪力，也可以有效地抑制斜裂缝的开展和延伸，可以提高剪压区内的混凝土抗剪能力并提高纵筋的销栓力。当配箍量在适当的范围内时，配箍量增多，箍筋强度提高，可以有效地提高梁的抗剪能力；同时，密集的配箍可以约束混凝土，提高混凝土的强度和延性，这对于抗震特别有利。

配箍量一般用配箍率表示：

$$\rho_{sv} = \frac{A_{sv}}{bs} = \frac{nA_{sv1}}{bs} \tag{8-35}$$

式中　A_{sv}——配置在同一截面内箍筋各肢的全部截面面积；

n——在同一截面中箍筋的肢数；

A_{sv1}——单肢箍筋的截面面积；

b——梁的截面宽度；

s——沿梁长度方向箍筋的间距。

显然，在适量配筋的情况下，随着配箍率和箍筋强度的增加，其斜截面承载力将增加。

(4)混凝土强度。混凝土强度对梁的抗剪能力影响很大，大致呈线性变化。当斜压破坏时，抗剪取决于混凝土的抗压强度；斜拉破坏时，取决于混凝土的抗拉强度。

(5)纵筋配筋率。增大纵向钢筋截面面积可延缓斜裂缝的开展，增加受压区混凝土面积，并使骨料咬合力及纵筋的销栓力有所提高，因而间接提高了梁的抗剪能力。但纵筋配筋率对抗剪强度的影响在计算中不考虑。

(6)结构类型。试验表明，在同一剪跨比的情况下，连续梁的抗剪强度低于简支梁的抗剪强度。

此外，梁的截面形状与梁的高度等也影响受弯构件的斜截面承载力。

2. 斜截面的破坏形态

斜截面的破坏形态分为斜拉破坏、剪压破坏、斜压破坏三类，如图8-16所示。

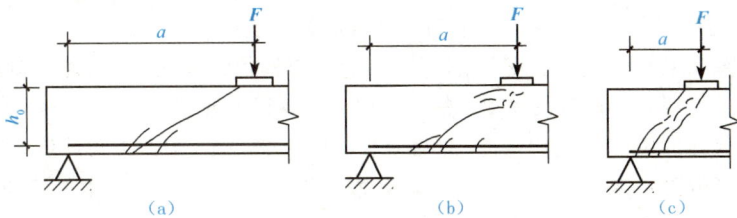

图 8-16　斜截面的破坏形态

(a)斜拉破坏；(b)剪压破坏；(c)斜压破坏

(1)斜拉破坏。承受集中荷载为主的梁，当剪跨比较大($\lambda > 3.0$)或截面尺寸合适而腹筋配置较少时，随着荷载的增加，在梁的下部出现了一条临界裂缝，由于腹筋配置较少，腹筋很快达到屈服，该裂缝迅速延伸到集中力的作用截面，由于主拉应力超过混凝土抗拉强度，将梁劈成两半而破坏，称为斜拉破坏。斜拉破坏无明显征兆，设计中也应避免，如图8-16(a)所示。

(2)剪压破坏。当剪跨比适中($1.0 \leqslant \lambda \leqslant 3.0$)且截面尺寸合适而腹筋配置适量时，在梁的下部出现了斜裂缝后，由于箍筋的存在，限制了斜裂缝的发展，随着荷载的进一步增加，梁中出现一条又宽又长的主要裂缝，与该斜裂缝相交的腹筋逐渐达到屈服，对裂缝的限制作用逐渐消失，裂缝不断加宽，向上延伸，在斜裂缝的末端，混凝土在压应力与剪应力共同作用下达到极限强度，发生破坏，称为剪压破坏，如图8-16(b)所示。

由于斜截面的各类破坏产生的变形均有限，故斜截面的各类破坏均属脆性破坏。

(3)斜压破坏。当剪跨比较小($\lambda < 1.0$)或截面尺寸很小而配有较多的腹筋时，一般的斜截面破坏是在荷载作用点至支座之间形成一斜向受压"短柱"，在箍筋应力未达到屈服强度之前，混凝土被压碎而破坏，故称为斜压破坏。破坏时腹筋未屈服，材料强度不能充分发挥，设计中应避免，如图8-16(c)所示。

3. 斜截面承载力计算

对于三种斜截面受剪破坏形态，在工程设计中都应设法避免，但采用的方式有所不同。对于斜压破坏，通常用控制截面的最小尺寸来防止；对于斜拉破坏，则用满足箍筋的最小配筋率条件及构造要求来防止；对于剪压破坏，因其承载力变化幅度较大，必须通过计算。因此，钢筋混凝土受弯构件斜截面受剪承载力计算是以剪压破坏形态为依据的。为了便于理解，现将受弯构件斜截面受剪承载力表示为混凝土、箍筋、弯起钢筋三部分受剪承载力相加的形式，即

$$V_u = V_c + V_s + V_{sb} = V_{cs} + V_{sb} \tag{8-36}$$

式中　V_u——斜截面受剪承载力设计值；

V_c——混凝土受剪承载力设计值；

V_s——箍筋受剪承载力设计值；

V_{cs}——混凝土和箍筋的受剪承载力设计值，$V_{cs} = V_c + V_s$；

V_{sb}——弯起钢筋受剪承载力设计值。

（1）基本计算公式。

1）仅配箍筋的受弯构件。仅配箍筋时，矩形、T 形及 I 形截面的简支梁，受剪承载力计算基本公式为

$$V_{cs} = \alpha_{cv} f_t b h_0 + f_{yv} \frac{A_{sv}}{s} h_0 \tag{8-37}$$

式中　V_{cs}——构件斜截面上混凝土和箍筋的受剪承载力设计值；

α_{cv}——截面混凝土受剪承载力系数［对一般受弯构件，取 0.7；对集中荷载作用下（包括作用有多种荷载，其中集中荷载对支座截面或结点边缘所产生的剪力值占总剪力的 75% 以上的情况）的独立梁，取 $1.75/(\lambda+1)$，λ 为计算截面的剪跨比，可取 $\lambda = a/h_0$，当 λ 小于 1.5 时，取 1.5，当 λ 大于 3 时，取 3，a 取集中荷载作用点至支座截面或结点边缘的距离］；

f_t——混凝土轴心抗拉强度设计值；

A_{sv}——配置在同一截面内箍筋各肢的全部截面面积（$A_{sv} = nA_{sv1}$，其中 n 为箍筋肢数，A_{sv1} 为单肢箍筋的截面面积）；

s——箍筋间距；

f_{yv}——箍筋抗拉强度设计值；

b——矩形截面的宽度，T 形、I 形截面的腹板宽度；

h_0——构件截面的有效高度。

2）同时配置箍筋和弯起钢筋的受弯构件。当配置箍筋和弯起钢筋时，矩形、T 形和 I 形截面受弯构件的受剪承载力计算基本公式为

$$V \leqslant V_u = V_{cs} + 0.8 f_y A_{sb} \sin\alpha_s \tag{8-38}$$

式中　f_y——弯起钢筋的抗拉强度设计值；

A_{sb}——同一弯起平面内的弯起钢筋的截面面积；

α_s——弯起钢筋与梁纵轴线的夹角。

（2）适用条件。

1）防止斜压破坏的条件。为防止发生斜压破坏和避免构件在使用阶段过早地出现斜裂缝及斜裂缝开展过大，矩形、T 形和 I 形截面受弯构件的受剪截面应符合下列要求。

①当 $h_w/b \leqslant 4$ 时，对一般梁：

$$V \leqslant 0.25\beta_c f_c b h_0 \tag{8-39}$$

对 T 形或 I 形截面简支梁，当有实践经验时：

$$V \leqslant 0.3\beta_c f_c b h_0 \tag{8-40}$$

②当 $h_w/b \geqslant 6$（薄腹梁）时：

$$V \leqslant 0.2\beta_c f_c b h_0 \tag{8-41}$$

③当 $4<h_w/b<6$ 时，按线性内插法取用。

式中　V——构件斜截面上的最大剪力设计值；

　　　β_c——混凝土强度影响系数（当混凝土强度等级不超过 C50 时，取 $\beta_c=1.0$；当混凝土强度等级为 C80 时，取 $\beta_c=0.8$，其间按线性内插法取用）；

　　　f_c——混凝土轴心抗压强度设计值；

　　　b——矩形截面的宽度，T 形或 I 形截面的腹板宽度；

　　　h_0——截面的腹板高度。

2）防止斜拉破坏的条件。如果箍筋配置过少，一旦斜裂缝出现，由于箍筋的抗剪作用不足以替代斜裂缝发生前混凝土原有的作用，就会发生斜拉破坏，当 $V>0.7f_tbh_0$ 时，应满足

$$\rho_{sv}\geqslant\rho_{sv,min}=0.24f_t/f_{sv} \tag{8-42}$$

式中　$\rho_{sv,min}$——箍筋的最小配筋率。

仿真实训

通过 VR 观测受弯构件破坏的全过程试验。

技能测试

1. 板按受力形式不同，分为_____和_____。

2. 板通常配置_____钢筋和_____钢筋。

3. 斜截面的破坏形态分为_____、_____、_____三类。

任务工单

根据所学知识，完成以下任务工单。

1. 在钢筋混凝土结构中，钢筋混凝土梁中有哪几种钢筋？各起什么作用？

2. 受弯构件的正截面破坏形式有哪些？

3. 影响斜截面承载力的主要因素有哪些？

4. 某建筑中一钢筋混凝土矩形截面梁，截面尺寸为 $b=200$ mm，$h=450$ mm，混凝土强度等级为 C30，钢筋为 HRB400，$\xi_b=0.518$，弯矩设计值 $M=70$ kN·m，环境类别为一类。试计算受拉钢筋截面面积 A_s。

5. 某 T 形截面简支梁尺寸如下：$b\times h=200$ mm$\times500$ mm（取 $a_s=35$ mm），$b_f'=400$ mm，$h_f'=100$ mm；采用 C25 混凝土，箍筋为 HPB300 级钢筋；由集中荷载产生的支座边剪力设计值 $Q=120$ kN（包括自重），剪跨比 $\lambda=3$，环境类别为一类。试选择该梁箍筋。

任务3　受压构件承载力计算

课前认知

工程中以承受轴向压力为主，并同时承受弯矩、剪力的构件，如多层框架房屋和单层厂房中的柱是典型的受压构件。柱把屋盖和楼层荷载传递至基础，是建筑结构中的主要承重构件。另外，桥梁结构中的桥墩、桩，桁架中的受压弦杆、腹杆，以及刚架、拱等均属于受压构件。受压构件在结构中起重要作用，一旦产生破坏，将导致整个结构的破坏，甚至倒塌。

理论学习

8.3.1　受压构件的构造要求

1. 受压构件分类

受压构件是钢筋混凝土结构中常见的构件之一，如框架柱、墙、桁架压杆等。受压构件按照纵向压力作用位置的不同分为轴心受压构件和偏心受压构件。当作用轴力且轴向力作用线与构件截面形心重合时，称为轴心受压构件，如图 8-17(a)所示；当作用有轴力和弯矩或轴向力作用线与构件截面形心不重合时，称为偏心受压构件。其中，偏心受压构件又进一步分为单向偏心受压构件和双向偏心受压构件。当纵向压力只在一个方向有偏心时，称为单向偏心受压构件，如图 8-17(b)所示；当在两个方向都有偏心时，称为双向偏心受压构件，如图 8-17(c)所示。此时，构件截面上的内力除了轴力还有弯矩。

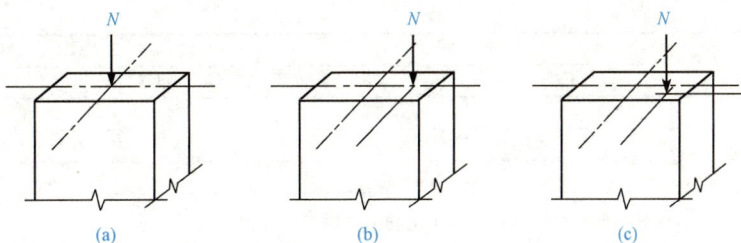

图 8-17　受压构件

(a)轴心受压构件；(b)单向偏心受压构件；(c)双向偏心受压构件

2. 材料强度要求

受压构件的承载力主要取决于混凝土强度，采用较高强度等级的混凝土可以减小构件截面尺寸，节省钢材，因而柱中混凝土一般宜采用较高强度等级，但不宜选用高强度钢筋。其原因是受压钢筋要与混凝土共同工作，钢筋应变受到混凝土极限压应变的限制，而混凝土极限压应变很小，所以高强度钢筋的受压强度不能充分利用。《设计标准》规定，受压钢筋的最大抗压强度为 400 N/mm²。一般柱中采用 C25 及以上等级的混凝土，高层建筑的底层柱可采用更高强度等级的混凝土；纵向钢筋宜采用 HRB400、HRB500、HRBF400、HRBF500 钢筋；箍筋宜采用 HRB400、HRBF400、HPB300、HRB500、HRBF500 钢筋。

3. 截面形式及尺寸

受压构件截面形式的选择要综合考虑受力合理和模板制作方便。轴心受压构件的截面形式一般为正方形或边长接近的矩形；当建筑上有特殊要求时，可选择圆形或多边形。一般矩形截面柱应符合 $l_0/h \leqslant 30$，$l_0/b \leqslant 25$，l_0 为柱的计算长度，b 和 h 分别为柱的短边和长边；圆形截面柱应符合 $l_0/d \leqslant 25$，d 为圆形柱的直径。对于方形和矩形独立柱的截面尺寸，不应小于 250 mm×250 mm，框架柱不应小于 300 mm×400 mm。

4. 纵向受力钢筋

轴心受压构件的荷载主要由混凝土承担，设置纵向受力钢筋的目的：协助混凝土承受压力，减少构件截面尺寸；承受可能存在的不大的弯矩，以及混凝土收缩和温度变形引起的拉应力；防止构件的突然脆性破坏。

纵向受力钢筋应根据计算确定，同时应符合下列构造要求：

(1)轴心受压柱的纵向受力钢筋应沿截面四周均匀对称布置，偏心受压柱的纵向受力钢筋放置在弯矩作用方向的两对边。矩形截面钢筋根数不得少于 4 根，以保证与箍筋形成的骨架有足够的刚度；圆形截面钢筋根数不宜少于 8 根，应沿截面四周均匀配置。

(2)纵向受力钢筋直径 d 不宜小于 12 mm，一般在 12～32 mm 范围内选用。

(3)柱内纵向钢筋的净距不应小于 50 mm，水平浇筑的预制柱不应小于 30 mm 和 1.5d(d 为钢筋的最大直径)。纵向受力钢筋彼此间的中心距离不宜大于 300 mm，抗震且截面尺寸大于 400 mm 的柱，其中心距不宜大于 200 mm。纵向钢筋的混凝土保护层厚度至少为 30 mm，详见表 8-9。

表 8-9　纵向受力钢筋混凝土最小保护层厚度　　　　　　　　mm

环境类别	板、墙		梁、柱	
	≤C25	≥C30	≤C25	≥C30
一	20	15	25	20
二 a	25	20	30	25

环境类别	板、墙		梁、柱	
	≤C25	≥C30	≤C25	≥C30
二 b	30	25	40	35
三 a		30		40
三 b		40		50

注：1. 构件中受力钢筋的保护层厚度不应小于钢筋的公称直径。
2. 设计使用年限为 100 年的混凝土结构，一类环境中，最外层钢筋的保护层厚度不应小于表中数值的 1.4 倍；二、三类环境中，应采取专门的有效措施。
3. 基础底面钢筋的保护层厚度，有混凝土垫层时应从垫层顶面算起，且不应小于 40 mm

5. 箍筋

受压构件中箍筋的作用是保证纵向钢筋的位置正确，防止纵向钢筋局部压屈，并与纵向钢筋形成钢筋骨架，从而提高柱的承载力。应满足以下要求：

（1）箍筋直径不应小于 $d/4$，且不应小于 6 mm，d 为纵向钢筋的最大直径。

（2）箍筋间距不应大于 400 mm 及构件截面的短边尺寸，且不应大于 $15d$，d 为纵向钢筋的最小直径。

（3）柱及其他受压构件中的周边箍筋应做成封闭式，箍筋末端应做成 135°弯钩，弯钩末端平直段长度不应小于 $5d$，d 为箍筋直径。

（4）当柱截面短边尺寸大于 400 mm 且各边纵向钢筋多于 3 根时，或当柱截面短边尺寸不大于 40 mm，但各边纵向钢筋多于 4 根时，应设置复合箍筋。

（5）柱中全部纵向受力钢筋的配筋率大于 3％时，箍筋直径不应小于 8 mm，间距不应大于 $10d$，且不应大于 200 mm。箍筋末端应做成 135°弯钩，且弯钩末端平直段长度不应小于 $10d$，d 为纵向受力钢筋的最小直径。

（6）在配有螺旋式或焊接环式箍筋的柱中，如在正截面受压承载力计算中考虑间接钢筋的作用，箍筋间距不应大于 80 mm 及 $d_{cor}/5$，且不宜小于 40 mm，d_{cor} 为按箍筋内表面确定的核心截面直径。

8.3.2 轴心受压构件承载力计算

按照箍筋配置方式不同，钢筋混凝土轴心受压柱可分为两种：一种是配置纵向钢筋和普通箍筋的柱，称为普通箍筋柱；另一种是配置纵向钢筋和螺旋筋或焊接环筋的柱，称为螺旋箍筋柱或间接箍筋柱。

1. 轴心受压柱的破坏特征

按照长细比 l_0/b 的大小，轴心受压柱可分为短柱和长柱两类。对方形和矩形柱，当 $l_0/b≤$ 8 时为短柱，否则为长柱。其中 b 为柱的计算长度，为矩形截面的短边尺寸。一般多层房屋中梁柱为刚接的框架结构，各层柱的计算长度 l_0 可按表 8-10 取用。

表 8-10 柱的计算长度

楼盖类型	柱的类别	l_0
现浇楼盖	底层柱	$1.0H$
	其余各层柱	$1.25H$
装配式楼盖	底层柱	$1.25H$
	其余各层柱	$1.5H$

表 8-10 中有起重机房屋排架柱的计算长度，当计算中不考虑起重机荷载时，可按无起重机房屋柱的计算长度采用，但上柱的计算长度仍可按有起重机房屋采用；表中有起重机房屋排架柱的上柱在排架方向的计算长度，仅适用于 H_u/H_l 不小于 0.3 的情况；当 H_u/H_l 小于 0.3 时，计算长度宜采用 $2.5H_u$。其中，H_l 为从基础顶面至装配式吊车梁底面或现浇式吊车梁顶面的柱子下部高度；H_u 为从装配式吊车梁底面或从现浇式吊车梁底面算起的柱子上部高度。

（1）轴心受压短柱的破坏特征。配有普通箍筋的矩形截面短柱，在轴向压力 N 作用下，整个截面的应变基本上呈均匀分布。N 较小时，构件的压缩变形主要为弹性变形。随着荷载的增大，构件变形迅速增大。与此同时，混凝土塑性变形增加，变形模量降低，应力增长逐渐变慢，而钢筋应力的增加越来越快。对配置热轧钢筋的构件，钢筋将先达到其屈服强度，此后增加的荷载全部由混凝土承受。在临近破坏时，柱子表面出现纵向裂缝，混凝土保护层开始剥落；最后，箍筋之间的纵向钢筋压屈而向外凸出，混凝土被压碎、崩裂而破坏（图 8-18）。

（2）轴心受压长柱的破坏特征。对于长细比较大的长柱，由于各种偶然因素造成的初始偏心距的影响不可忽略，在轴心压力 N 作用下，初始偏心距将产生附加弯矩，而这个附加弯矩产生的水平挠度又加大了原来的初始偏心距，这样相互影响的结果，促使构件截面材料破坏较早到来，导致承载能力的降低。破坏时首先在凹边出现纵向裂缝，接着混凝土被压碎，纵向钢筋被压弯向外凸出，侧向挠度急速发展，最终柱子失去平衡并将凸边混凝土拉裂而破坏（图 8-19）。试验表明，柱的长细比越大，其承载力越低，对于长细比很大的长柱，还有可能发生"失稳破坏"。

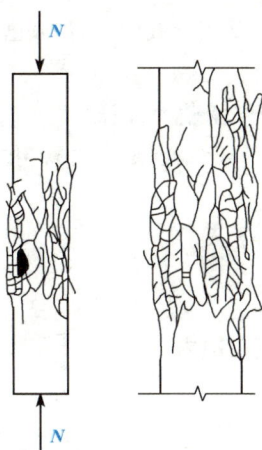

图 8-18　短柱的破坏

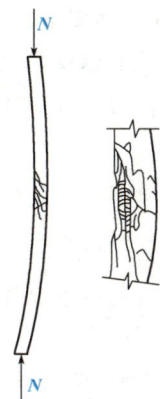

图 8-19　长柱的破坏

2. 配置普通箍筋的轴心受压构件承载力计算

（1）截面设计。配置普通箍筋轴心受压构件如图 8-20 所示，其正截面承载力计算公式为

$$N \leqslant 0.9\varphi(f_c A + f'_y A'_s) \qquad (8\text{-}43)$$

式中　N——轴心压力设计值；

　　　φ——钢筋混凝土构件的稳定系数，见表 8-11；

　　　A——构件截面面积，当纵向钢筋配筋率大于 3% 时，A 应改用 $(A - A'_s)$ 代替；

　　　A'_s——全部纵向钢筋的截面面积。

1）确定稳定系数。稳定系数 φ 的值主要与构件长细比

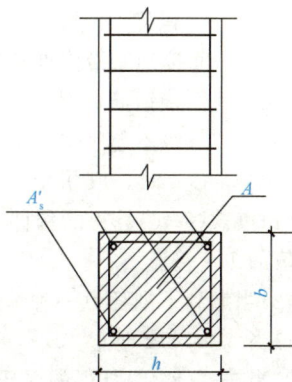

图 8-20　普通箍筋轴心受压构件

有关，长细比 l_0/b 越大，φ 值越小（表 8-11），当 $l_0/b \leqslant 8$ 时，$\varphi = 1$，说明承载力的降低可忽略。

表 8-11 钢筋混凝土轴心受压构件的稳定系数 φ

l_0/b	≤8	10	12	14	16	18	20	22	24	26	28
l_0/d	≤7	8.5	10.5	12	14	15.5	17	19	21	22.5	24
l_0/i	≤28	35	42	48	55	62	69	76	83	90	97
φ	1.00	0.98	0.95	0.92	0.87	0.81	0.75	0.70	0.65	0.60	0.56
l_0/b	30	32	34	36	38	40	42	44	46	48	50
l_0/d	26	28	29.5	31	33	34.5	36.5	38	40	41.5	43
l_0/i	104	111	118	125	132	139	146	153	160	167	174
φ	0.52	0.48	0.44	0.40	0.36	0.32	0.29	0.26	0.23	0.21	0.19

2）求纵向钢筋截面面积 A_s'。

$$A_s' = \frac{\dfrac{N}{0.9\varphi} - f_c A}{f_y'} \qquad (8\text{-}44)$$

3）查钢筋截面面积表配筋。

4）验算配筋率。

$$\rho' = \frac{A_s'}{b \times h} > \rho_{min}' \ (\rho_{min}' = 5\%) \qquad (8\text{-}45)$$

（2）截面承载力复核。已配好纵向受压钢筋，求柱的受压承载力 N_u；或已知轴向压力设计值 N，判断截面是否安全。

3. 配置螺旋式或焊接环式间接钢筋的轴心受压构件承载力计算

一般采用有螺旋筋或焊接环式筋的构件以提高柱子的承载力（图 8-21），其承载能力极限状态设计表达式为

$$N \leqslant 0.9(f_c A_{cor} + f_y' A_s' + 2\alpha f_y A_{ss0}) \qquad (8\text{-}46)$$

$$A_{ss0} = \frac{\pi d_{cor} A_{ss1}}{s} \qquad (8\text{-}47)$$

式中　A_{cor}——构件的核心截面面积，即间接钢筋内表面范围内的混凝土面积；

A_{ss0}——螺旋式或焊接环式间接钢筋的换算截面面积；

d_{cor}——构件的核心截面直径，即间接钢筋内表面之间的距离；

A_{ss1}——螺旋式或焊接环式单根间接钢筋的截面面积；

s——间接钢筋沿构件轴线方向的间距；

α——间接钢筋对混凝土约束的折减系数（当混凝土强度等级不超过 C50 时，取 1.0；当混凝土强度等级为 C80 时，取 0.85；中间按线性内插法确定）。

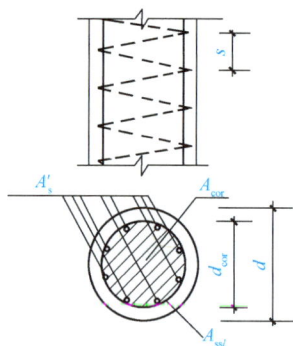

图 8-21 螺旋筋构件

（1）按式（8-46）算得的构件受压承载力设计值不应大于按式（8-43）算得的构件受压承载力设计值的 1.5 倍。

（2）当遇到下列任意一种情况时，不应计入间接钢筋的影响，而应按式（8-43）进行计算：

1）当 $l_0/d > 12$ 时；

2）当按式（8-46）算得的受压承载力小于按式（8-43）算得的受压承载力时；

3）当间接钢筋的换算截面面积 A_{ss0} 小于纵向钢筋的全部截面面积的 25% 时。

8.3.3 偏心受压构件简介

偏心受压构件破坏形态按其破坏特征分为受拉破坏和受压破坏。

（1）受拉破坏（大偏心受压破坏）。当 M 较大、N 较小时，截面部分上存在较大的受拉区或者当偏心距 e_0 较大时，会出现受拉破坏。其破坏特征：截面受拉侧混凝土较早出现裂缝，A_s 的应力随荷载增加发展较快，首先达到屈服强度。此后，裂缝迅速开展，受压区高度减小。最后受压侧钢筋 A_s' 受压屈服，受压区混凝土压碎而达到破坏。这种破坏具有明显预兆，变形能力较大，破坏特征与配有受压钢筋的适筋梁相似，承载力主要取决于受拉侧钢筋。形成这种破坏的条件：偏心距 e_0 较大，且受拉侧纵向钢筋配筋率合适，通常称为大偏心受压。

（2）受压破坏（小偏心受压破坏）。当相对偏心距 e_0/h_0 较小时，截面全部受压或大部分受压或者虽然相对偏心距 e_0/h_0 较大，但受拉侧纵向钢筋配置较多时会出现受压破坏。其破坏特征：截面受压侧混凝土和钢筋的受力较大，而受拉侧钢筋应力较小。当相对偏心距 e_0/h_0 很小时，"受拉侧"还可能出现"反向破坏"情况。截面最后是由于受压区混凝土首先压碎而达到破坏。承载力主要取决于受压区混凝土和受压侧钢筋，破坏时受压区高度较大，远侧钢筋可能受拉也可能受压，破坏具有脆性性质。第二种情况在设计中应予避免，因此受压破坏一般为偏心距较小的情况，故常称为小偏心受压。

🔲 仿真实训

参观工法楼，认识不同的受压构件，掌握轴心受压和偏心受压的区别。

🔲 技能测试

1. 对于方形和矩形独立柱的截面尺寸，不应小于 _____，框架柱不应小于 _____。

2. 偏心受压构件破坏形态按其破坏特征分为 _____ 和 _____。

🔲 任务工单

根据所学知识，完成以下任务工单。

1. 试述配有普通箍筋的轴心受压构件的构造有什么要求。

2. 配有螺旋箍筋的轴心受压构件，其构造要求应符合哪些规定？

3. 大偏心受压与小偏心受压之间的根本区别是什么？

4. 已知轴心受压的框架中柱，截面尺寸 $b \times h = 300$ mm $\times 300$ mm，计算长度 $l_0 = 5$ m，承受轴向压力设计值 $N = 1\,500$ kN，采用混凝土强度等级为 C30（$f_c = 14.3$ N/mm²），HRB400 级钢筋（$f'_y = 360$ N/mm²），设计使用年限为 50 年，环境类别为一类，求该柱纵筋及箍筋。

5. 3 号教学楼的混凝土轴心受压柱，截面尺寸 $b \times h = 350$ mm $\times 350$ mm，计算长度 $l_0 = 3.6$ m，柱内配筋 4Φ20 的 HRB400 级钢筋（$A'_s = 1\,256$ mm²、$f'_y = 360$ N/mm²），采用混凝土强度等级为（$f_c = 9.6$ N/mm²），柱承受轴向压力设计值 $N = 1\,400$ kN，求验算截面是否安全。

》》 任务4 受拉构件承载力计算

🔖 课前认知

在钢筋混凝土结构中，承受轴向拉力或承受轴向拉力及弯矩共同作用的构件称为受拉构件。其中，轴向拉力作用点通过截面质量中心连线且不受弯矩作用的构件称为轴心受拉构件，轴向拉力作用点偏离构件截面质量中心连线或构件承受轴向拉力及弯矩共同作用的构件称为偏心受拉构件。由于混凝土是一种非匀质材料，加之施工上的误差，无法做到纵向拉力能通过构件任意横截面的质量中心连线，因此，严格地说实际工程中没有真正的轴心受拉构件。但当构件上弯矩很小（或偏心距很小）时，为方便计算，可将此类构件简化为轴心受拉构件进行设计。如圆形水池的池壁、钢筋混凝土屋架的下弦杆等就是轴心受拉构件；矩形水池的池壁、承受节间荷载的桁架下弦杆则是偏心受拉构件。

8.4.1 轴心受拉构件承载力计算

钢筋混凝土轴心受拉构件，开裂以前混凝土与钢筋共同负担拉力；开裂以后，开裂截面混凝土退出工作，全部拉力由钢筋承受。当钢筋应力达到其抗拉强度时，截面达到受拉承载力极限状态。根据承载力极限状态设计法的基本原则及力的平衡条件，轴心受拉构件正截面承载力计算公式为

$$N \leqslant N_u = f_y A_s + f_{py} A_p \tag{8-48}$$

式中　N——轴向拉力设计值；

$\quad\quad N_u$——轴心受拉构件正截面承载力设计值；

$\quad\quad f_y$——钢筋抗拉强度设计值，f_y 大于 300 N/mm² 时，按 300 N/mm² 取值；

$\quad\quad f_{py}$——预应力钢筋的抗拉强度设计值；

$\quad\quad A_s$——截面上全部纵向受拉钢筋的截面面积；

$\quad\quad A_p$——截面上预应力钢筋的全部截面面积。

由式(8-48)可知，轴心受拉构件正截面承载力只与纵向受拉钢筋有关，与构件的截面尺寸及混凝土的强度等级等无关。

8.4.2 偏心受拉构件简介

矩形水池的池壁、工业厂房双肢柱的受拉肢杆、矩形剖面料仓的仓壁或煤斗的壁板、受地震作用的框架边柱、承受节间竖向荷载的悬臂式桁架拉杆及一般屋架承担节间荷载的下弦拉杆等，可按偏心受拉计算。

1. 偏心受拉构件的构造要求

(1)偏心受拉构件常用矩形截面形式，且矩形截面的长边宜和弯矩作用平面平行，也可采用 T 形或 I 形截面。小偏心受拉构件破坏时拉力全部由钢筋承受，在满足构造要求的前提下，以采用较小的截面尺寸为宜。大偏心受拉构件的受力特点类似受弯构件，宜采用较大的截面尺寸，以利于抗弯和抗剪。

(2)矩形截面偏心受拉构件的纵向钢筋应沿短边布置。

(3)小偏心受拉构件的受力钢筋不得采用绑扎搭接接头。

(4)矩形截面偏心受拉构件纵向钢筋配筋率应满足其最小配筋率的要求：

受拉一侧纵向钢筋的配筋率应满足 $\rho = \dfrac{A_s}{bh} \geqslant \rho_{min} = \max\left(0.45\dfrac{f_t}{f_y}, 0.2\%\right)$；

受压一侧纵向钢筋的配筋率应满足 $\rho' = \dfrac{A_s'}{bh} \geqslant \rho_{min}' = 0.2\%$。

受拉构件的受力钢筋接头必须采用焊接，在构件端部，受力钢筋必须有可靠的锚固。

(5)偏心受拉构件要进行抗剪承载力计算，根据抗剪承载力计算确定配置的箍筋，箍筋一般宜满足有关受弯构件箍筋的各项构造要求。

2. 偏心受拉构件的分类

当构件在拉力和弯矩的共同作用下，可以用偏心距 $e_0 = M/N$ 和轴向拉力 N 来表示其受力状态。受拉构件根据其偏心距 e_0 的大小，并以轴向拉力 N 的作用点在截面两侧纵向钢筋之间或在纵向钢筋之外作为区分界限，可分为两类。

第一类：当轴向拉力 N 作用在纵向钢筋 A_s 合力点及 A'_s 合力点范围以外时，称为大偏心受拉构件，即当 $e_0 = M/N > h/2 - a_s$ 时，为大偏心受拉。

第二类：当轴向拉力 N 作用在纵向钢筋 A_s 合力点及 A'_s 合力点范围以内时，称为小偏心受拉构件，即当 $e_0 = M/N \leqslant h/2 - a_s$ 时，为小偏心受拉。当偏心距 $e_0 = 0$ 时，为轴心受拉构件，这是小偏心受拉构件的一个特例。

仿真实训

参观工法楼，认识不同的受拉构件，掌握轴心受拉和偏心受拉的区别。

技能测试

1. 轴心受拉构件正截面承载力只与＿＿＿＿＿有关，与构件的截面尺寸及混凝土的强度等级等无关。

2. 矩形截面偏心受拉构件的纵向钢筋应沿＿＿＿＿＿布置。

3. 小偏心受拉构件的受力钢筋不得采用＿＿＿＿＿＿接头。

任务工单

根据所学知识，完成以下任务工单。

1. 钢筋混凝土受拉构件按纵向拉力作用位置的不同，分为哪两种类型？

2. 轴心受拉构件纵向受力钢筋构造要求有哪些？

3. 如何区分大、小偏心受拉构件？

4. 某钢筋混凝土屋架下弦，截面尺寸 $b \times h = 200 \text{ mm} \times 150 \text{ mm}$，其所受的轴心拉力设计值为 240 kN，采用强度等级为 C30 的混凝土和 HRB400 级钢筋。试确定其截面配筋。

项目 9　钢筋混凝土梁板结构

知识目标 >>>

1. 了解梁板结构的构造要求。
2. 掌握单向板肋梁楼盖计算及相关配筋。
3. 掌握双向板肋梁楼盖计算及相关配筋。
4. 熟悉楼梯计算与构造。

能力目标 >>>

具备单向板肋梁楼盖、双向板肋梁楼盖、楼梯的设计能力。

素质目标 >>>

培养学生查阅及整理资料，分析、解决问题的能力。

思维导图 >>>

```
钢筋混凝土楼盖
钢筋混凝土板 ── 钢筋混凝土梁板结构概述 ──┐          ┌── 受力特征
                                          │          │── 破坏形态
                                          │  现浇双向板肋梁楼盖设计 ──┤── 双向板的内力计算
                                          │          └── 双向板截面设计与构造要求
               钢筋混凝土梁板结构 ─────────┤
结构平面布置                               │
确定梁板计算简图                           │          ┌── 楼梯的分类与构造
结构内力计算 ── 单向板肋梁楼盖设计 ────────┘   楼梯 ──┤── 现浇梁式楼梯
截面配筋计算                                          └── 现浇板式楼梯
单向板构造要求
```

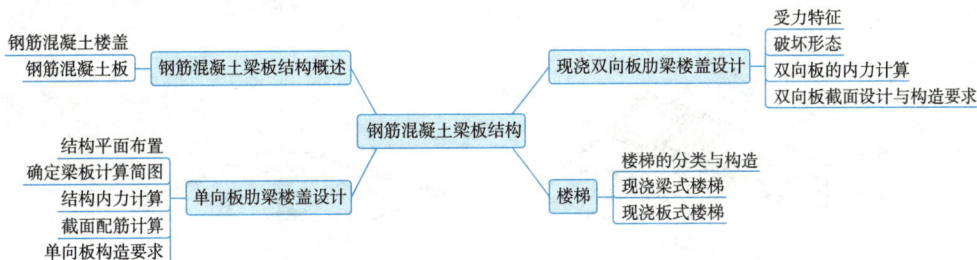

>>> 任务 1　钢筋混凝土梁板结构概述

📖 课前认知

梁板结构是工业与民用建筑和构筑物中常用的结构，如楼（屋）盖、筏形基础、挡土墙、储液池的底板和顶盖，以及楼梯、阳台和雨篷等。楼盖和屋盖是最典型的梁板结构。

📖 理论学习

9.1.1　钢筋混凝土楼盖

钢筋混凝土楼盖按施工方法划分，可分为现浇式、装配式和装配整体式楼盖。

1. 现浇式楼盖

现浇式楼盖整体性好、刚度大、防水性好和抗震性强，并能适应房间的平面形状、设备管道、荷载或施工条件比较特殊的情况。其缺点是费工、费模板、工期长、施工受季节的限制，故现浇式楼盖通常用于建筑平面布置不规则的局部楼面或运输吊装设备不足的情况。

2. 装配式楼盖

装配式楼盖的屋盖由预制构件在现场安装连接而成，有节约劳动力、加快施工进度、工业化生产和机械化施工等优点，但结构的整体性和刚度较差。结构形式按照其梁系布置方式的不同，主要有单向板(或双向板)肋梁楼盖、井式楼盖和无梁楼盖等，如图9-1所示。

(1)肋梁楼盖一般由板、次梁和主梁组成。肋梁楼盖是用梁将楼板分成多个区格，从而形成整浇的连续板和连续梁，因板厚也是梁高的一部分，故梁的截面形状为T形。这种由梁板组成的现浇楼盖，通常称为肋梁楼盖。随着板区格平面尺寸比的不同，肋梁楼盖又可分为单向板肋梁楼盖和双向板肋梁楼盖。

(2)井式楼盖是将楼板划分成若干个正方形或接近正方形的小区格，两个方向的梁截面相同，不分主梁和次梁，都是直接承受板传来的荷载，这种楼盖称为井式楼盖，用于跨度较大且柱网呈方形的结构。

(3)无梁楼盖不设梁，而将板直接支承在柱上的楼盖。无梁楼盖与柱构成板柱结构，在柱的上端通常还设置柱帽，常用于仓库、商店等柱网布置接近方向的建筑。

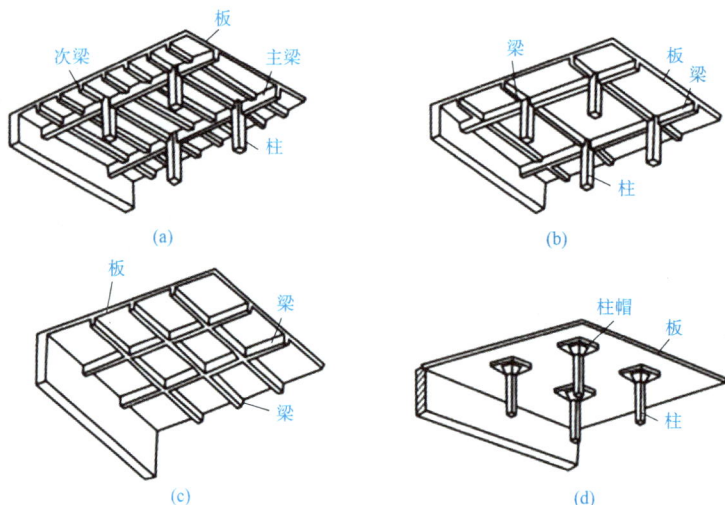

图 9-1　装配式楼盖的主要结构形式

(a)单向板肋形楼盖；(b)双向板肋形楼盖；(c)井式楼盖；(d)无梁楼盖

装配式楼盖的楼板采用混凝土预制构件，便于工业化生产，在多层民用建筑和多层工业厂房中得到广泛应用。但是，这种楼面由于整体性、防水性和抗震性较差，不便于开设孔洞，故对于高层建筑、有抗震设防要求的建筑及使用上要求有防水和开设孔洞的楼面，均不宜采用。

3. 装配整体式楼盖

装配整体式楼盖较装配式整体性更好，又较现浇式节省模板和支撑。但这种楼盖需要进行混凝土的二次浇筑，有时还须增加焊接工作量，故对施工进度和造价都带来一些不利影响。装配整体式楼盖的屋盖是将各预制梁或板(包括叠合梁、叠合板中的预制部分)，在现场吊装就位后，通过连接措施和现浇混凝土构成整体。因此，这种楼盖仅适用荷载较大的多层工业厂房、高层民用建筑及有抗震设防要求的建筑。采用装配式楼盖可以克服现浇式楼盖的缺点；而装配整体式楼盖兼具现浇式楼盖和装配式楼盖的优点。

9.1.2　钢筋混凝土板

钢筋混凝土板按其受弯情况分类，可分为单向板和双向板。主要沿短跨受弯的板称为单向板，又称梁式板。单向板的受力钢筋应沿短向配置，沿长向仅按构造配筋。在两个方向受弯的板称双向板。板的受弯双向板的受力钢筋应沿两个方向配置，且弯曲程度相差不大板。板的受弯可分为以下几种情况考虑：

（1）当板单向支承时，仅在一个方向受弯，是单向板。

（2）当板四边支承时，且其长短跨之比大于 2 时，它主要在短跨方向受弯，而长跨方向的弯矩很小，可忽略不计，故这种板按单向板考虑。

（3）当板四边支承时，且其长短跨之比不大于 2 时，两个方向受弯且程度相差不大，这种板按双向板考虑。

双向板的受力特点：$l_{02}/l_{01} \leqslant 2$（弹性理论）或 $l_{02}/l_{01} \leqslant 3$（塑性理论）时，按双向板设计。双向板的计算思路：相邻板带之间存在相互作用。可将双向板的弯矩计算简化为按独立板带计算的弯矩乘以小于 1 的修正系数来考虑相邻板带的影响。

视频：梁板构造

仿真实训

教师通过结合相关工程案例，带学生了解及区分现浇式、装配式和装配整体式楼盖。

技能测试

1. 钢筋混凝土楼盖按施工方法划分，可分为 _____ 、_____ 和 _____ 楼盖。

2. 钢筋混凝土板按其受弯情况划分，可分为 _____ 、_____ 。

任务工单

根据所学知识，完成以下任务工单。

1. 钢筋混凝土楼盖按施工方法可分为哪几类？

2. 装配整体式楼盖具有哪些特点？

3. 如何区分单向板和双向板？

任务2 单向板肋梁楼盖设计

课前认知

楼盖是建筑结构中的重要组成部分。楼盖结构选型和布置的合理性及结构计算和构造的正确性，对于建筑结构的安全使用和经济合理有着非常重要的意义。混凝土楼盖在整个房屋的材料用量和造价方面所占的比例是相当大的，因此合理选择楼盖的形式，正确地进行设计及计算，将对整个房屋的使用和技术经济指标具有一定的影响。

理论学习

单向板肋梁楼盖一般由板、次梁和主梁组成。当房屋的进深不大时，也可直接将次梁支承在砌体上而不设置主梁。

按弹性理论计算时，当板的长短边之比 $l_2/l_1 > 2$ 时，板的荷载主要由板的长边支撑承担，此时可视为单向板；板的受力钢筋为短筋，而长筋可为分布钢筋，板在长度方向上有一定的弯曲变形和内力，分布钢筋也起一定的受力作用。板的荷载传递路径为：板→次梁→主梁→柱或墙。

单向板肋梁楼盖的设计步骤一般可归纳为：结构平面布置→确定梁板计算简图→结构内力计算→截面配筋计算→绘制施工图。

9.2.1 结构平面布置

单向板肋梁楼盖的结构布置主要是主梁和次梁的布置，如图 9-2 所示。一般在建筑设计中已经确定了建筑物的柱网尺寸或承重墙的布置，柱网和承重墙的间距决定了主梁的跨度，主梁的间距决定了次梁的跨度，次梁的间距决定了板跨度。因此，进行结构平面布置时，应综合考虑建筑功能、造价及施工条件等因素，合理进行主、次梁的布置。

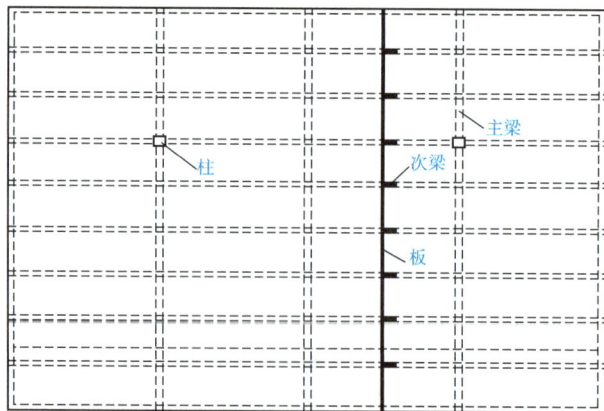

图 9-2 单向板肋梁楼盖平面布置

对单向板肋梁楼盖，主梁的布置方案有以下几种情况：

（1）主梁沿横向布置，次梁沿纵向布置时，如图 9-3（a）所示，主梁与柱形成横向框架受力体系。各横向框架通过纵向次梁连系，形成整体。房屋的横向刚度较大。由于主梁与外纵墙垂直，外纵墙的窗洞高度可较大，有利于室内采光。

（2）当横向柱距大于纵向柱距较多或房屋有集中通风的要求时，显然沿纵向布置主梁比较有利，如图 9-3（b）所示，主梁截面高度减小可使房屋层高得以降低。房屋横向刚度较差，而且由于次梁支承在窗过梁上，限制了窗洞高度。

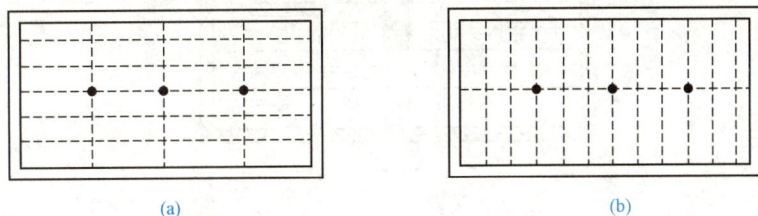

图 9-3　主梁的布置方式

（a）主梁沿房屋横向布置；（b）主梁沿房屋纵向布置

（3）对于中间为走道，两侧为房间的建筑物，可利用内外纵墙承重，仅布置次梁，不设主梁，如招待所、集体宿舍等建筑物楼盖可采用此种方案布置。

结构平面布置时，一般情况下应注意以下几个问题：

（1）柱网尺寸的确定首先应满足使用要求，同时应考虑到梁、板构件受力的合理性。通常情况下，主梁的跨度取 5～8 m，次梁的跨度取 4～6 m，板的跨度取 1.7～2.7 m。

（2）梁的布置方向应考虑生产工艺、使用要求及支承结构的合理性，一般以主梁沿房屋的横向布置居多，这样采光好，可以提高房屋的侧向刚度，增加房屋抵抗水平荷载的能力。

（3）梁格的布置应尽量规整、统一，减少梁、板跨度的变化。

9.2.2　确定梁板计算简图

1. 简化假定

在现浇单向板肋梁楼盖中，板、次梁、主梁的计算模型为连续板或连续梁，其中，次梁是板的支座，主梁是次梁的支座，柱或墙是主梁的支座。为了简化计算，通常做如下简化假定：

（1）支座可以自由转动，但没有竖向位移。

（2）不考虑薄膜效应对板内力的影响。

（3）在确定板传给次梁的荷载及次梁传给主梁的荷载时，分别忽略板、次梁的连续性，按简支构件计算支座竖向反力。

（4）跨数超过五跨的连续梁、板，当各跨荷载相同，且跨度相差不超过 10％时，可按五跨的等跨连续梁、板计算。

2. 计算单元及从属面积

为减少计算工作量，进行结构内力分析时，常常不对整个结构进行分析，而是从实际结构中选取有代表性的某一部分作为计算的对象，称为计算单元。

（1）对于单向板，可取 1 m 宽度的板带作为其计算单元，在此范围内的楼面均布荷载便是该板带承受的荷载，这一负荷范围称为从属面积，即计算构件负荷的楼面面积，如图 9-4 中阴影线表示的部分。

（2）楼盖中部主、次梁截面形状都是两侧带翼缘（板）的 T 形截面，每侧翼缘板的计算宽度取与相邻梁中心距的一半。次梁承受板传来的均布荷载，主梁承受次梁传来的集中荷载，由"简化假定（3）"可知，一根次梁的负荷范围及次梁传给主梁的集中荷载范围如图 9-4 所示。

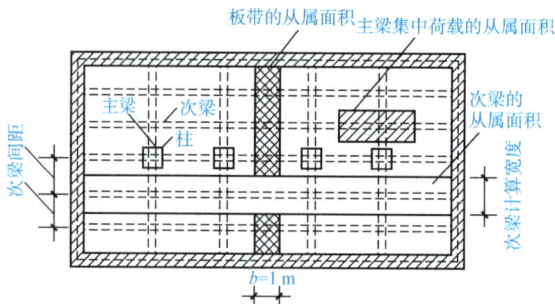

图 9-4　板、梁的荷载计算范围

3. 计算跨度

由图 9-4 可知，次梁的间距就是板的跨长，主梁的间距就是次梁的跨长，但不一定就等于计算跨度。梁、板的计算跨度 l_0 是指内力计算时所采用的跨间长度。从理论上讲，某一跨的计算跨度应取该跨两端支座处转动点之间的距离。因此，当按弹性理论计算时，中间各跨取支承中心线之间的距离；边跨由于端支座情况有差别，与中间跨的取值方法不同。梁板计算跨度是指单跨梁、板支座反力的合力作用线间的距离。支座反力的合力作用线的位置与结构刚度、支承长度及支承结构材料等因素有关，精确地计算支座反力的合力作用线的位置是非常困难的，因此梁、板的计算跨度只能取近似值。如果端部搁置在支承构件上，支承长度为 a，则对于梁，伸进边支座的计算长度可在 $0.025l_{n1}$ 和 $a/2$ 两者中取小值，即边跨计算长度在 $(1.025l_{n1} + b/2)$ 与 $\left(l_{n1} + \dfrac{a+b}{2}\right)$ 两者中取小值，如图 9-5 所示；对于板，边跨计算长度在 $(1.025l_{n1} + b/2)$ 与 $\left(l_{n1} + \dfrac{h+b}{2}\right)$ 两者中取小值。梁、板在边支座与支承构件整浇时，边跨也取支承中心线之间的距离。这里，l_{n1} 为梁、板边跨的净跨长，b 为第一内支座的支承宽度，h 为板厚。

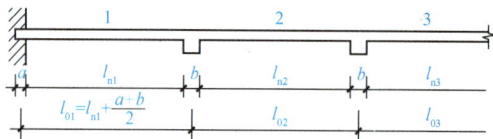

图 9-5　按弹性理论计算时的计算跨度

4. 荷载取值

作用在板和梁上的荷载一般有两种，即恒荷载和活荷载。

（1）恒荷载的标准值通常包括建筑物自重、设备、人员、家具等多个方面的荷载。可按其几何尺寸和材料的重力密度计算。

（2）活荷载分布通常是不规则的，一般均折合成等效均布荷载计算。其标准值可由《荷载规范》查得。

在设计民用房屋楼盖梁时，应注意楼面均布荷载折减问题，因为当梁的负荷面积较大时，全部满载的可能性较小，所以适当降低其荷载值更符合实际，具体计算按《荷载规范》的规定；板、梁等构件，计算时其截面尺寸可参考有关规范预先估算确定。后经相应的计算，当计算结果所得的截面尺寸与估算的尺寸相差很大时，需重新估算确定其截面尺寸。

当楼面荷载标准值 $q \leq 4$ kN/m² 时，板、次梁和主梁的截面参考尺寸见表9-1。

表9-1　板、次梁和主梁的截面参考尺寸($q \leq 4$ kN/m²)

构件种类		高跨比(h/l)	附注
单向板	简支	$\dfrac{1}{35}$	最小板厚h： 屋面板，$h \geqslant 60$ mm 民用建筑楼板，$h \geqslant 60$ mm 工业建筑楼板，$h \geqslant 70$ mm
	两端连续	$\dfrac{1}{40}$	
双向板	四边简支	$\dfrac{1}{45}$	最小板厚h：$h = 80$ mm(l为短向计算跨度)
	四边连续	$\dfrac{1}{50}$	
多跨连续次梁		$\dfrac{1}{18} \sim \dfrac{1}{12}$	最小梁高h： 次梁，$h = \dfrac{l}{25}$(l为梁的计算跨度)
多跨连续主梁		$\dfrac{1}{14} \sim \dfrac{1}{8}$	主梁，$h = \dfrac{l}{15}$(l为梁的计算跨度)
单跨简支梁		$\dfrac{1}{14} \sim \dfrac{1}{8}$	宽高比(b/h)：$\dfrac{1}{3} \sim \dfrac{1}{2}$，且50 mm为模数

9.2.3　结构内力计算

现浇肋形楼盖中板、次梁、主梁一般为多跨连续梁。设计连续梁时，内力计算是主要内容，而截面配筋计算与简支梁、伸臂梁基本相同。钢筋混凝土连续梁内力计算有以下两种方法。

1. 弹性理论计算法

弹性理论计算法适用于所有情况下的连续梁(板)。其基本方法是采用结构力学方法计算内力。

(1)荷载的最不利组合。连续梁(板)所受荷载包括恒荷载和活荷载。其中恒荷载是保持不变且布满各跨的，活荷载在各跨的分布则是随机的。为保证结构在各种荷载下作用都安全可靠，就需要研究活荷载如何布置将使梁截面产生最大内力的问题，即活荷载的最不利组合问题。

图9-6所示为五跨连续梁在不同跨间时梁的弯矩图和剪力图。由图9-6可见，当求1、3、5跨跨中最大正弯矩时，活荷载应布置在1、3、5跨；当求2、4跨跨中最大正弯矩或1、3、5跨跨中最小弯矩时，活荷载应布置在2、4跨；当求B支座最大负弯矩及支座最大剪力时，活荷载应布置在1、2、4跨。

研究图9-6的弯矩和剪力分布规律及不同组合后的效果，不难发现活荷载最不利组合的规律：

1)求某跨跨内最大正弯矩时，应在本跨布置活荷载，然后隔跨布置。

2)求某跨跨内最大负弯矩时，本跨不布置活荷载，而在其左右邻跨布置，然后隔跨布置。

3)求某支座绝对值最大的负弯矩或求支座左、右截面最大剪力时，应在该支座左右两跨布置活荷载，然后隔跨布置。

图9-7所示为五跨连续梁最不利荷载组合。

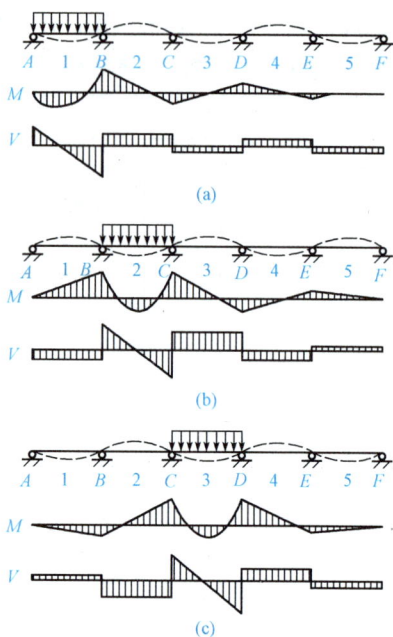

图 9-6 五跨连续梁在不同跨间荷载作用下的内力

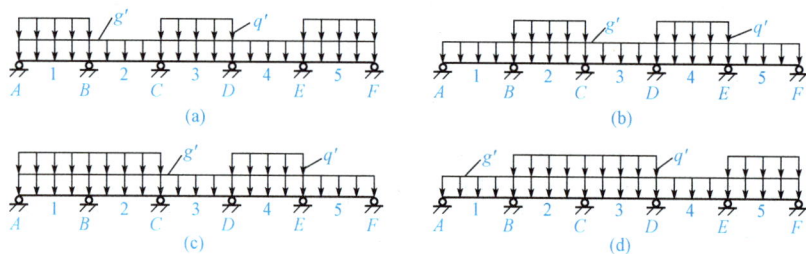

图 9-7 五跨连续梁最不利荷载组合(其中支座 D、支座 E 最不利组合布置从略)

(a)恒＋活 1＋活 3＋活 5(产生 $M_{1,\max}$、$M_{3,\max}$、$M_{5,\max}$、$M_{2,\min}$、$M_{4,\min}$、$M_{A右,\max}$、$M_{F左,\max}$);

(b)恒＋活 2＋活 4(产生 $M_{2,\max}$、$M_{4,\max}$、$M_{1,\min}$、$M_{3,\min}$、$M_{5,\min}$);

(c)恒＋活 1＋活 2＋活 4(产生 $M_{B,\max}$、$M_{B左,\max}$、$M_{B右,\max}$);

(d)恒＋活 2＋活 3＋活 5(产生 $M_{C,\max}$、$M_{C左,\max}$、$M_{C右,\max}$)

(2)等跨连续梁(板)的内力计算。根据上述原则确定活荷载的最不利组合后,便可按照结构力学的方法进行连续梁(板)的内力计算。

均布及三角荷载作用下

$$\left.\begin{array}{l} M = k_1 g l_0^2 + k_2 q l_0^2 \\ Q = k_3 g l_0 + k_4 q l_0 \end{array}\right\} \tag{9-1}$$

集中荷载作用下

$$\left.\begin{array}{l} M = k_5 G l_0 + k_6 P l_0 \\ Q = k_7 G + k_8 P \end{array}\right\} \tag{9-2}$$

式中　g、q——单位长度上的均布恒荷载设计值、均布活荷载设计值;

　　　　G、P——集中恒荷载设计值、集中活荷载设计值;

　　　　l_0——计算跨度;

k_1、k_2、k_5、k_6——弯矩系数；

k_3、k_4、k_7、k_8——剪力系数。

为计算方便，已将 2～5 跨等跨连续梁（板）在不同荷载组合下的弯矩及剪力系数绘制成表，具体可查阅相关资料。

当连续梁（板）的跨数超过五跨时，可简化为五跨计算，即所有中间跨的内力均与第三跨一样。当连续梁（板）跨度不等但相差不超过 10% 时，仍可按等跨连续梁（板）进行计算；当求跨中弯矩时，计算跨度取该跨的计算跨度；当求支座弯矩时，计算跨度取相邻两跨计算跨度的平均值。

（3）内力包络图。分别将恒荷载作用下的内力与各种活荷载不利布置情况下的内力进行组合，求得各组合的内力，并将各组合的内力图画在同一图上，以同一条基线绘出，得出"内力叠合图"，其外包线称为"内力包络图"。

内力包络图包括弯矩包络图和剪力包络图。现以承受均布线荷载的五跨连续梁的弯矩包络图来说明。根据活荷载的不同布置情况，每一跨都可以画出 4 个弯矩图形，分别对应于跨内最大正弯矩、跨内最小正弯矩（或负弯矩）和左、右支座截面的最大负弯矩。当端支座是简支时，边跨只能画出 3 个弯矩图形。把这些弯矩图形全部叠画在一起，就是弯矩叠合图形。弯矩叠合图形的外包线所对应的弯矩值代表了各截面可能出现的弯矩上、下限，如图 9-8（a）所示。由弯矩叠合图形外包线所构成的弯矩图称为弯矩包络图。

同理可画出剪力包络图，如图 9-8（b）所示。剪力叠合图形可只画两个，即左支座最大剪力和右支座最大剪力。

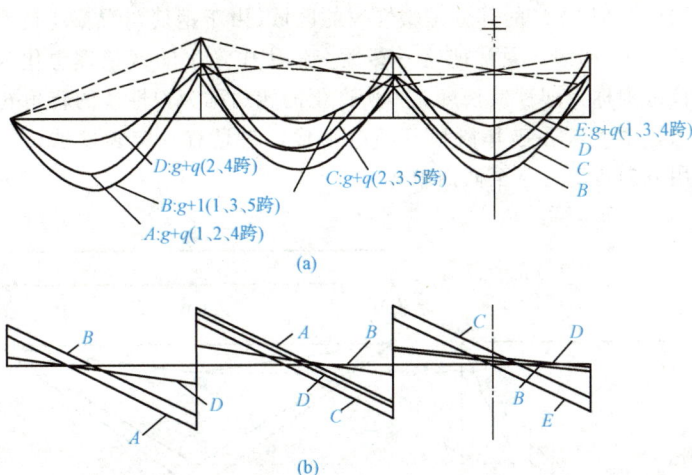

图 9-8　五跨连续梁均布荷载内力包络图

（a）弯矩包络图；（b）剪力包络图

（4）支座弯矩和剪力设计值。按弹性理论计算连续梁内力时，中间跨的计算跨度取为支座中心线间的距离，故所求得的支座弯矩和支座剪力都是指支座中心线的。实际上，正截面受弯承载力和斜截面承载力的控制截面应在支座边缘，内力设计值应以支座边缘截面为准，故取：

弯矩设计值

$$M = M_c - V_0 \cdot \frac{b}{2} \tag{9-3}$$

剪力设计值

均布荷载

$$V = V_c - (g + q) \cdot \frac{b}{2} \tag{9-4}$$

集中荷载

$$V = V_c \tag{9-5}$$

式中　M_c，V_c——支撑中心处的弯矩、剪力设计值；

　　　V_0——按简支梁计算的支座剪力设计值（取绝对值）；

　　　b——支座宽度。

2. 塑性内力重分布

根据钢筋混凝土弹塑性材料的性质，必须考虑其塑性变形内力重分布对连续梁内力计算的影响。

（1）混凝土受弯构件的塑性铰。为了简便，以简支梁[图 9-9(a)]来说明，简支梁跨中受集中荷载。图 9-9(b)所示为混凝土受弯构件截面的 M-φ 曲线，图中，M_y 是受拉钢筋刚屈服时的截面弯矩，M_u 是极限弯矩，即截面受弯承载力；φ_y、φ_u 是对应的截面曲率。在破坏阶段，由于受拉钢筋已屈服，塑性应变增大而钢筋应力维持不变。随着截面受压区高度的减小，内力臂略有增大，截面的弯矩也有所增加，但弯矩的增量 ΔM 不大，而截面曲率的增值 $\Delta\varphi$ 很大，在 M-φ 图上大致是一条水平线。这样，在弯矩基本维持不变的情况下，截面曲率激增，形成了一个能转动的"铰"，这种铰称为塑性铰。

跨中截面弯矩从 M_y 发展到 M_u 的过程中，与它相邻的一些截面也进入"屈服"产生塑性转动。在图 9-9(b)中，$M \geqslant M_y$ 的部分是塑性铰的区域（由于钢筋与混凝土间粘结力的局部破坏，实际的塑性铰区域更大）。通常把这一塑性变形集中产生的区域理想化为集中于一个截面上的塑性铰，该范围称为塑性铰长度 l_p，所产生的转角称为塑性铰的转角 θ_p。

由此可以得出，塑性铰在破坏阶段开始时形成，它是有一定长度的，能承受一定的弯矩，并在弯矩作用方向转动，直至截面破坏。

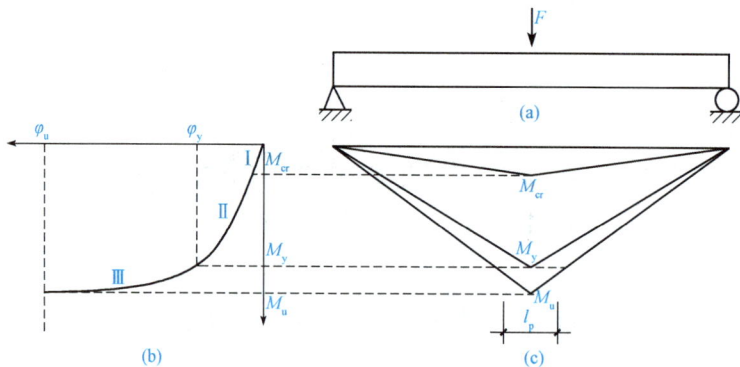

图 9-9　塑性铰的形成

(a)跨中有集中荷载作用的简支梁；(b)跨中正截面的 M-φ 曲线；(c)弯矩图

（2）内力重分布的过程。图 9-10(a)所示为跨中受集中荷载的两跨连续梁，假定支座截面和跨内截面的截面尺寸和配筋相同。梁的受力全过程大致可以分为以下 3 个阶段。

1）第 I 阶段：构件混凝土开裂前的未裂阶段。当集中力 F_1 很小时，混凝土尚未开裂，梁各部分的截面弯曲刚度的比值未改变，结构接近弹性体系，弯矩分布由弹性理论确定，如图 9-10(b)所示。

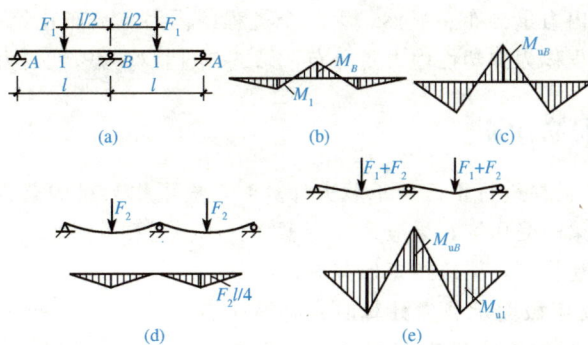

图 9-10　梁上弯矩分布及破坏机构形成

2)第Ⅱ阶段：构件混凝土开裂后至钢筋屈服前的裂缝阶段。由于支座截面的弯矩最大，随着荷载增大，中间支座(截面 B)受拉区混凝土先开裂，截面弯曲刚度降低，但跨内截面1尚未开裂。由于支座与跨内截面弯曲刚度的比值降低，致使支座截面弯矩 M_B 的增长率低于跨内弯矩 M_1 的增长率。继续加载，当截面1也出现裂缝时，截面抗弯刚度的比值有所回升，M_B 的增长率也有所加快。两者的弯矩比值不断发生变化。支座和跨内截面在混凝土开裂前后弯矩 M_B 和 M_1 的变化情况如图 9-11 所示。

3)第Ⅲ阶段：钢筋开始屈服至构件截面破坏的破坏阶段。当荷载增加到支座截面 B 的受拉钢筋屈服，支座塑性铰形成，塑性铰能承受的弯矩为 M_{uB}(此处忽略 M_u 与 M_y 的差别)，相应的荷载值为 F_1。再继续增加荷载，梁从一次超静定的连续梁转变成了两根简支梁。由于跨内截面承载力尚未耗尽，因此还可以继续增加荷载，直至跨内截面1也出现塑性铰，梁成为几何可变体系而破坏。设后加的那部分荷载为 F_2，则梁承受的总荷载 $F=F_1+F_2$。

在 F_2 作用下，应按简支梁来计算跨内弯矩，此时支座弯矩不增加，维持在 M_{uB}，故在图 9-11中 M_{uB} 出现了竖直段。若按弹性理论计算，M_B 和 M_1 的大小始终与外荷载呈线性关系，在 M-F 图上应为两条虚直线，但梁的实际弯矩分布如图 9-11 中实线所示，即出现了内力重分布。

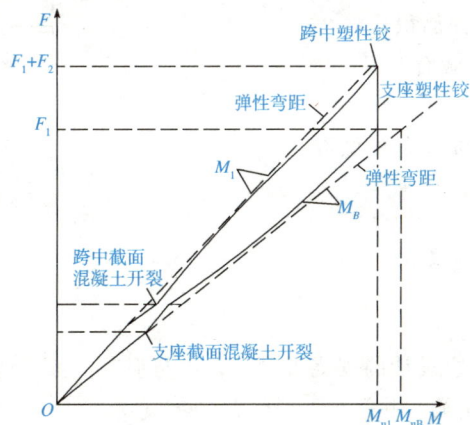

图 9-11　支座与跨中截面的弯矩变化过程

由上述分析可知，超静定钢筋混凝土结构的内力重分布可概括为两个过程：第一个过程发生在受拉混凝土开裂到第一个塑性铰形成之前，主要是由结构各部分弯曲刚度比值的改变而引起的内力重分布；第二个过程发生于第一个塑性铰形成以后直到结构破坏，由结构计算简图的改变而引起的内力重分布。显然，第二个过程的内力重分布比第一个过程显著得多。严格地说，第一个过程称为弹塑性内力重分布，第二个过程称为塑性内力重分布。

9.2.4 截面配筋计算

(1)连续次梁、主梁在进行正截面承载力计算时，板可作为梁的翼缘，因此在跨中正弯矩作用区段，板处在梁的受压区，梁应按 T 形截面计算。而在支座附近(或跨中)的负弯矩作用区段，板处在梁的受拉区，梁应按矩形截面计算。

(2)在进行主梁支座截面承载力计算时，应根据主梁负弯矩纵筋的实际位置来确定截面的有效高度 h_0，如图 9-12 所示。

由于在主梁支座处，次梁与主梁负弯矩钢筋相互交叉重叠，而主梁钢筋一般均在次梁钢筋下面，主梁支座截面 h_0 应较一般次梁取值为低，具体取值如下(对 I 类环境)：

当为单排钢筋时，$h_0 = h - (50 \sim 60)\,\text{mm}$；

当为双排钢筋时，$h_0 = h - (70 \sim 80)\,\text{mm}$。

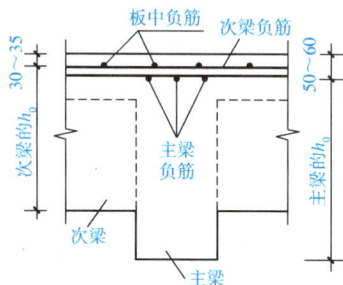

图 9-12　板、次梁、主梁负筋相对位置

(3)次梁内力可按塑性理论方法计算，而主梁内力应按弹性理论方法计算。

(4)附加横向钢筋应布置在长度 $s = 2h_1 + 3b$ 的范围内，如图 9-13 所示，以便能充分发挥作用。附加横向钢筋可采用附加箍筋和吊筋，宜优先采用附加箍筋。附加箍筋和吊筋的总截面面积按下式计算：

$$F_1 \leqslant 2f_y A_{sb} \sin\alpha + mn f_{yv} A_{sv1} \qquad (9\text{-}6)$$

式中　F_1——由次梁传递的集中力设计值；

f_y——吊筋的抗拉强度设计值；

f_{yv}——附加箍筋的抗拉强度设计值；

A_{sb}——根吊筋的截面面积；

A_{sv1}——单肢箍筋的截面面积；

m——附加箍筋的截面面积；

n——同一截面内附加箍筋的肢数；

α——吊筋与梁轴线间的夹角。

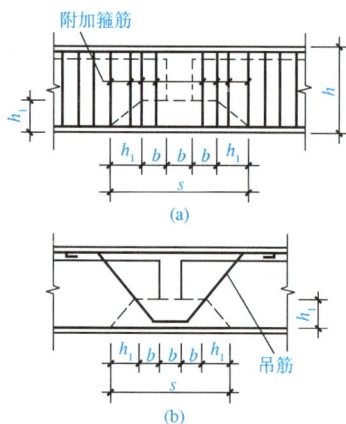

图 9-13　附加横向钢筋布置

(a)附加箍筋；(b)吊筋

9.2.5 单向板构造要求

1. 板的构造要求

(1)按简支边或非受力边设计的现浇混凝土，当与混凝土梁、墙整体浇筑或嵌固在砌体墙内时，应设置板面构造钢筋，并符合下列要求：

1)钢筋直径不宜小于 8 mm，间距不宜大于 200 mm，且单位宽度内的配筋面积不宜小于跨中相应方向板底钢筋截面面积的 1/3。与混凝土梁、混凝土墙整体浇筑单向板的非受力方向，钢筋截面面积还不宜小于受力方向跨中板底钢筋截面面积的 1/3。

2)钢筋从混凝土梁边、柱边、墙边伸入板内的长度不宜小于 $l_0/4$，砌体墙支座处钢筋伸入板边的长度不宜小于 $l_0/7$，其中计算跨度 l_0 对单向板按受力方向考虑、对双向板按短边方向考虑。

3）在楼板角部，宜沿两个方向正交、斜向平行或放射状布置附加钢筋。

4）钢筋应在梁内、墙内或柱内可靠锚固。

（2）当按单向板设计时，应在垂直于受力的方向布置分布钢筋，单位宽度上的配筋不宜小于单位宽度上的受力钢筋的 15%，且配筋率不宜小于 0.15%；分布钢筋直径不宜小于 6 mm，间距不宜大于 250 mm；当集中荷载较大时，分布钢筋的配筋面积应增加，且间距不宜大于 200 mm。

（3）连续板受力钢筋的配筋方式有弯起式和分离式两种。前者是将跨中正弯矩钢筋在支座附近弯起一部分以承受支座负弯矩，如图 9-14（a）所示。这种配筋方式锚固好，并可节省钢筋，但施工复杂；后者是将跨中正弯矩钢筋和支座负弯矩钢筋分别设置，如图 9-14（b）所示。这种方式配筋施工方便，但钢筋用量较大且锚固较差，故不宜用于承受动荷载的板中。当板厚 $h \leqslant 120$ mm 且所受动荷载不大时，也可采用分离式配筋。跨中正弯矩钢筋采用分离式配筋时，宜全部伸入支座，支座负弯矩钢筋向跨内的延伸长度应满足覆盖负弯矩图和钢筋锚固的要求；当采用弯起式配筋时，可先按跨中正弯矩确定其钢筋直径和间距；然后，在支座附近将跨中钢筋按需要弯起 1/2（隔一弯一）以承受负弯矩，但最多不超过 2/3（隔一弯二）。如弯起钢筋的截面面积不够，可另加直钢筋。弯起钢筋弯起的角度一般采用 30°；当板厚 $h >$ 120 mm 时，宜采用 45°。

注：当 $q \leqslant 3g$ 时，$a = l_n/4$；当 $q > 3g$ 时，$a = l_n/3$。其中，q 为均布活荷载设计值；g 为均布恒荷载设计值；l_n 为板的计算跨度。

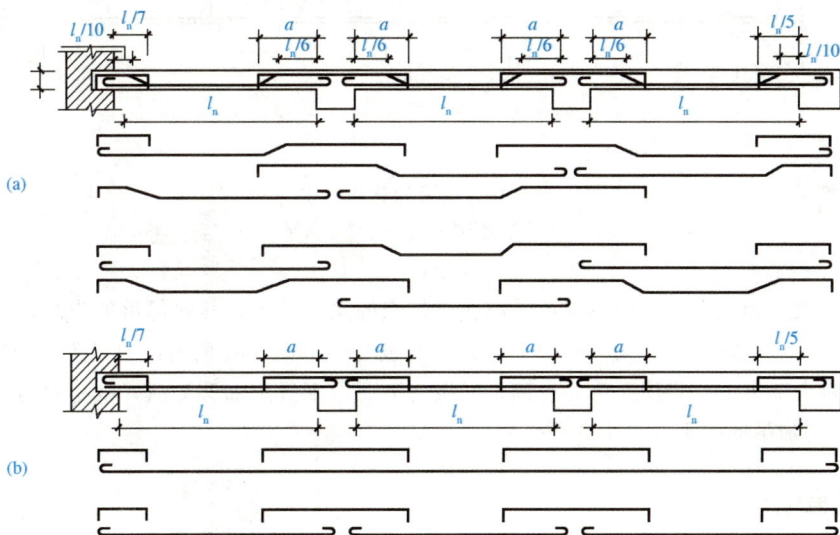

图 9-14　单向板的配筋方式

（a）弯曲式钢筋；（b）分离式钢筋

2. 次梁的构造要求

次梁的一般构造要求与受弯构件的配筋构造相同。次梁的配筋方式有弯起式和连续式，沿梁长纵向钢筋的弯起和截断，原则上应按弯矩及剪力包络图确定。对于相邻跨度相差不超过 20%，活荷载和恒荷载的比值 $q/g \leqslant 3$ 的连续次梁，可参考图 9-15 进行构造。

3. 主梁的构造要求

主梁伸入墙内的长度一般不小于 370 mm，主梁纵向受力筋的弯起和截断，原则上应通过弯矩包络图作抵抗弯矩图确定，并应满足有关的构造要求。

由于支座处板、次梁、主梁中的上部钢筋相互交叉重叠，主梁的纵筋必须位于次梁、板的纵筋下面，如图 9-12 所示。故截面有效高度在支座处有所减小。此时主梁截面的有效高度应取：当主梁受力筋为一排时，$h_0 = h - (50 \sim 60)$mm；当主梁受力筋为两排时，$h_0 = h - (80 \sim 90)$mm。

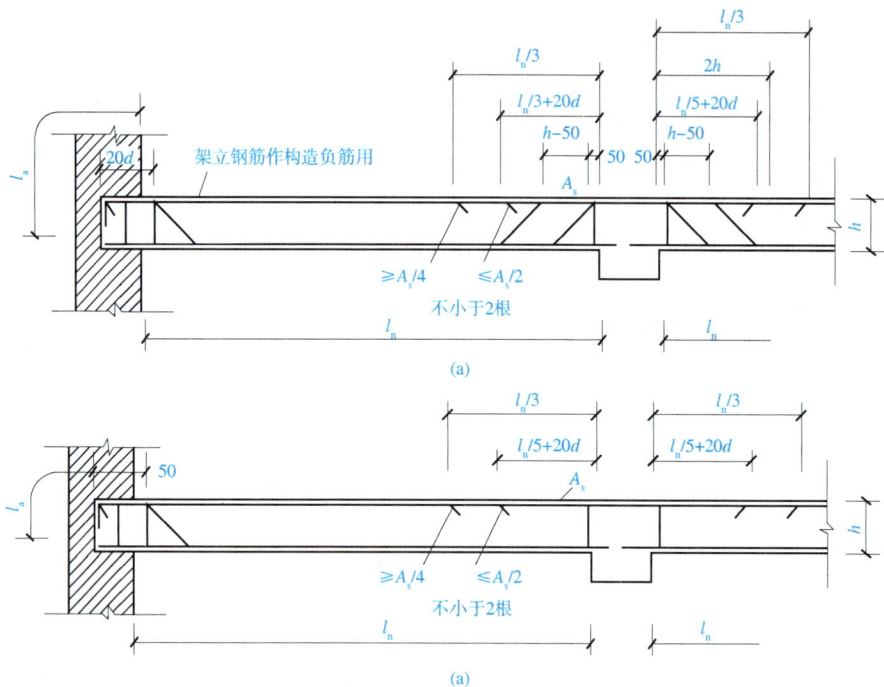

图 9-15　次梁的钢筋布置

(a)有弯起钢筋；(b)无弯起钢筋

在主、次梁相交处，由于主梁承受由次梁传来的集中荷载，其腹部可能出现斜裂缝，并引起局部破坏。因此，应在集中荷载 F 附近，长度为 $s = 3b + 2h_1$ 的范围内设置附加箍筋或吊筋，以便将全部集中荷载传至梁的上部。当按构造要求配置附加箍筋时，次梁每侧不得少于 $2\phi6$；如设附加吊筋，不得少于 $2\phi12$。

仿真实训

请同学们参观工法楼，观察和发现生活中单向板肋梁楼盖结构，观察分析其荷载是如何在板、次梁和主梁中传递的。

技能测试

一、填空题

单向板的经济跨度一般为_____；次梁的经济跨度一般为_____；主梁的经济跨度一般为_____。

二、简答题

1. 单向板肋梁楼盖的设计步骤一般是怎样的？

2. 如何定义结构计算跨度？对于实际跨数多于五跨或小于五跨时，如何计算实际跨度？

3. 简述塑性铰的形成与特点。

4. 何为内力包络图？与结构内力图有何异同？

任务工单

根据所学知识，完成以下任务工单。

1. 对单向板肋梁楼盖，主梁的布置方案有哪几种情况？

2. 简述按弹性理论计算单向板肋梁楼盖的内力时，活荷载最不利布置的规律。

3. 某多层工业建筑楼盖平面如图 9-16 所示（楼梯间在此平面之外，暂不考虑），采用钢筋混凝土现浇整体式楼盖，外墙厚度为 370 mm，柱截面尺寸为 350 mm×350 mm。楼面面层为水磨石，梁、板底面及侧面为 15 mm 厚混合砂浆抹灰，楼面均布活荷载标准值 $q_k = 5.0$ kN/m²，活荷载组合值系数为 0.7，环境类别为一类。试设计该楼盖。

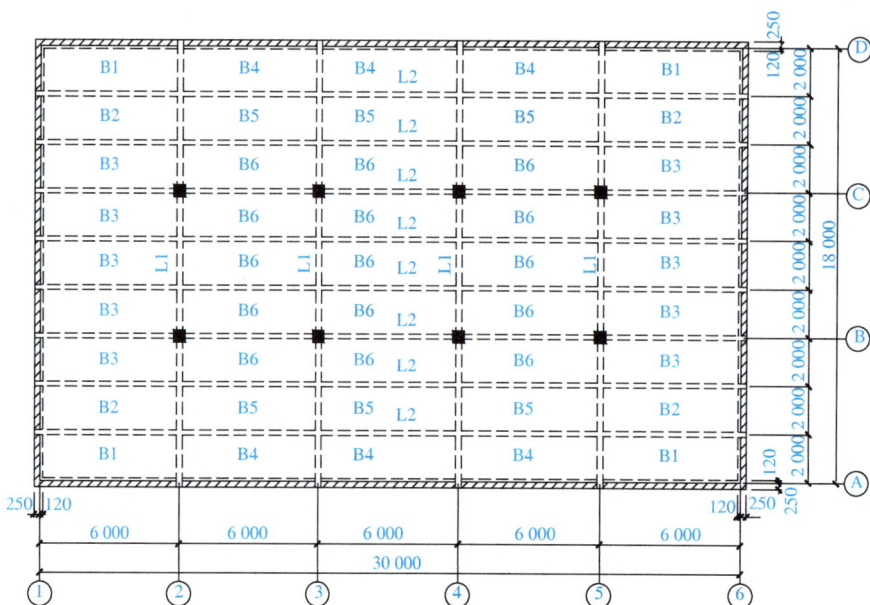

图 9-16　多层工业建筑楼盖平面图

任务 3　现浇双向板肋梁楼盖设计

课前认知

当四边支承板的两向跨度之比小于或等于2(按塑性计算小于或等于3)时,即为双向板。双向板肋梁楼盖受力性能较好,可以跨越较大跨度,梁格布置美观,常用于民用房屋跨度较大的房间及门厅等处。此外由于双向板肋梁楼盖具有一定的经济性,也常用于工业房屋楼盖。

理论学习

9.3.1　受力特征

双向板的受力特征不同于单向板,它在两个方向的横截面上都作用有弯矩、剪力及扭矩。而单向板只是一个方向上作用有弯矩和剪力,另一方向基本不传递荷载。双向板中因有扭矩的存在,受力后板的四周有上翘的趋势。受到墙的约束后,板的跨中弯矩减小,而显得刚度较大,因此,双向板的受力性能比单向板优越。双向板的受力情况较为复杂,其内力的分布取决于双向板四边的支承条件(简支、嵌固、自由等)、几何条件(板边长的比值)以及作用于板上荷载的性质(集中力、均布荷载)等因素。

9.3.2　破坏形态

四边简支双向板在均布荷载作用下的试验结果表明,随着荷载的增加,第一批裂缝出现在板底中间且平行于长边方向,随后沿45°方向伸向板的四角。当接近破坏时,板的四角受到墙体向下的约束不能自由上翘，因而板面角区产生环状裂缝，最终受力钢筋屈服而达到破坏，如图 9-17 所示。

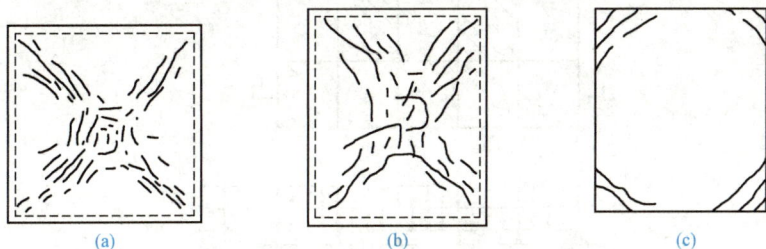

图 9-17　均布荷载作用下四边简支双向板的破坏形态
(a)正方形板的板底裂缝；(b)矩形板的板底裂缝；(c)板面裂缝

9.3.3　双向板的内力计算

1. 弹性理论计算法

(1)单区格双向板的内力计算。双向板按弹性理论计算属于弹性薄板理论问题，由于内力分析很复杂，故在实际设计工作中，为简化计算，直接应用弹性薄板理论编制的计算用表进行内力计算。内力系数可查阅相关设计手册，其中双向板中间板带每米宽度内弯矩的计算系数为

$$m = 内力系数 \times q \, l_{01}^2 \tag{9-7}$$

式中　m——跨中或支座单位板宽内的弯矩设计值（kN·m/m）；

　　　　q——均布荷载设计值（kN/m²）；

　　　　l_{01}——短跨方向的计算跨度（m），计算方法与单向板相同。

当泊松比不为零时，可按下式进行修正：

$$m_1^v = m_1 + \nu m_2 \tag{9-8}$$

$$m_2^v = m_2 + \nu m_1 \tag{9-9}$$

对于钢筋混凝土，可取 $\upsilon = 1/6$。

(2)多区格双向板的内力计算。多区格双向板的内力的精准计算更为复杂，在设计中一般采用实用计算方法通过对双向板上活荷载的最不利布置及支承情况等合理的简化，将多区格连续板转化为单区格板进行计算。该法假定其支承梁抗弯刚度很大，梁的竖向变形忽略不计，抗扭刚度很小，可以转动；当在同一方向的相邻最大与最小跨度之差小于 20% 时，可按下述方法计算：

1)各区格板跨中最大弯矩的计算。可变荷载的最不利布置如图 9-18(a)所示，即为棋盘式布置。

此时在活荷载作用的区格内，将产生跨中最大弯矩。

在图 9-18(b)所示的荷载作用下，为了能利用单区格双向板的内力计算系数表计算连续双向板，可以采用下列近似方法：把棋盘式布置的荷载分解为各跨满布的对称荷载和各跨向上向下相间作用的反对称荷载，如图 9-18(c)、(d)所示。

对称荷载

$$g' = g + \frac{q}{2} \tag{9-10}$$

反对称荷载

$$g' = \pm \frac{q}{2} \tag{9-11}$$

187

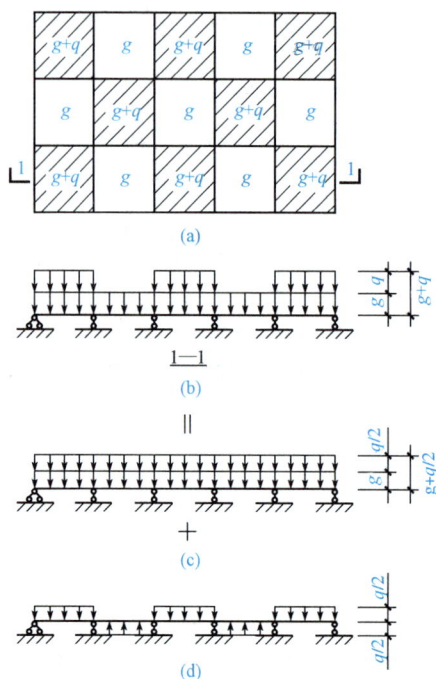

图 9-18　双向板活荷载的最不利布置

在对称荷载 $g' = g + \dfrac{q}{2}$ 作用下，可将所有中间区格板均视为四边固定双向板；边、角区格板的外边界条件如楼盖周边视为简支，则其边区格可视为三边固定、一边简支双向板；角区格板可视为两邻边固定、两邻边简支双向板。这样，根据各区格板的四边支承情况，即可分别求出在 $g' = g + \dfrac{q}{2}$ 作用下的跨中弯矩。

在反对称荷载 $g' = \pm \dfrac{q}{2}$ 作用下，忽略梁的扭转作用，将所有中间支座均可视为简支支座，如楼盖周边视为简支，则所有各区格板均可视为四边简支板。于是，可以求出在 $g' = \pm \dfrac{q}{2}$ 作用下的跨中弯矩。

最后将各区格板在上述两种荷载作用下的跨中弯矩相叠加，即得到各区格板的跨中最大弯矩。

2）区格支座的最大负弯矩。为简化计算，不考虑活荷载的不利布置，可近似认为恒荷载和活荷载皆满布在连续双向板所有区格时支座产生最大弯矩。此时，可视各中间支座均为固定，各周边支座为简支，求得各区格板中各固定边的支座弯矩。对某些中间支座，由相邻两个区格板求出的支座弯矩常常并不相等，则可近似取其平均值作为该支座弯矩值。

2. 双向板支承梁的计算

如果假定塑性铰线上没有剪力，则由塑性铰线划分的板块范围就是双向板支承梁的负荷范围，如图 9-19 所示。近似认为斜向塑性铰线是 45° 倾角。沿短跨方向的支承梁承受板面传来的三角形分布荷载；沿长跨方向的支承梁承受板面传来的梯形分布荷载。

按弹性理论设计计算梁的支座弯矩时，可按支座弯矩等效的原则，按下式将三角形荷载和梯形荷载等效为均布荷载 p_e。

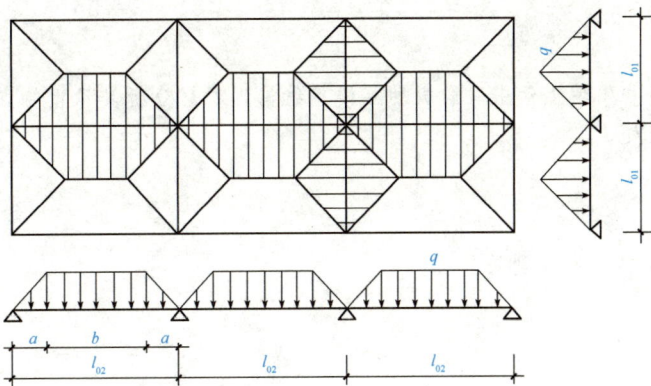

图 9-19 双向板支承梁所承受的荷载

三角形荷载作用时

$$p_e = \frac{5}{8} p'$$
(9-12)

梯形荷载作用时

$$p_e = (1 - 2\alpha_1^2 + \alpha_1^3)p$$

$$\alpha_1 = \frac{a}{l_{02}}$$

$$p' = p\frac{l_{01}}{2} = (g + q)\frac{l_{01}}{2}$$
(9-13)

式中　g、q——板面的均布恒荷载和均布活荷载。

9.3.4 双向板截面设计与构造要求

1. 双向板截面设计

(1)双向板的板厚一般为 80~160 mm。为满足板的刚度要求,简支板厚应不小于 $l_0/45$,连续板厚不小于 $l_0/50$,l_0 为短边的计算跨度。

(2)双向板跨中的受力钢筋应根据相应方向跨内最大弯矩计算,沿短跨方向的跨中钢筋放在外侧,沿长跨方向的跨中钢筋放在内侧。

(3)由于板的内拱作用,弯矩设计值在下述情况下可予以折减:

1)中间区格的跨中截面及中间支座截面上可减少 20%。

2)边区格的跨中截面及从楼板边缘算起的第二支座截面上:当 $l_b/l < 1.5$ 时,计算弯矩可减少 20%;当 $1.5 \leqslant l_b/l \leqslant 2.0$ 时,计算弯矩可减少 10%;当 $l_b/l > 2.0$ 时,弯矩不折减。其中 l_b 为沿板边缘方向的计算跨度,l 为垂直于板边缘方向的计算跨度。

3)对角区格,计算弯矩不应减小。

2. 双向板构造要求

(1)双向板的配筋形式有分离式和弯起式两种,分离式,就是在板的底部配受力筋,在支座处配支座负筋。受力筋和支座负筋是不同的钢筋。弯起式则是指受力筋到了支座处就弯起。通常采用分离式配筋。双向板的其他配筋要求同单向板。

(2)双向板的角区格板,如两边嵌固在承重墙内,为防止产生垂直于对角线方向的裂缝,应在板角上部配置附加的双向钢筋网,每一方向的钢筋不少于 Φ8@200,伸出长度不小于 $l_1/4$(l_1 为板的短跨)。

仿真实训

请同学们观察和发现生活中双向板肋梁楼盖结构，观察分析其承重特点与单向板肋梁楼盖结构的区别在何处。

技能测试

1. 理想铰与塑性铰的区别是什么？

2. 进行双向板按弹性计算法内力计算时基本假定是什么？

3. 计算双向板控制截面的最危险内力时活荷载如何布置？

任务工单

根据所学知识，完成以下任务工单。
1. 简述现浇双向板肋梁楼盖的设计特征。

2. 双向板截面设计有哪些要求？

3. 双向板构造有哪些要求？

4. 某厂房双向板肋梁楼盖结构平面布置如图 9-20 所示，板四周均与梁整体连接，板厚为 120 mm，梁截面尺寸为 250 mm×500 mm。楼面均布活荷载的标准值 $q_k = 5$ kN/m²，楼面面层为水磨石，板底和梁底采用 15 mm 厚石灰砂浆抹灰。采用强度等级为 C25 的混凝土（$f_c = 11.9$ N/mm²）、HPB300 级钢筋（$f_y = 270$ N/mm²）。试按弹性理论法设计此楼盖，并绘出配筋图。

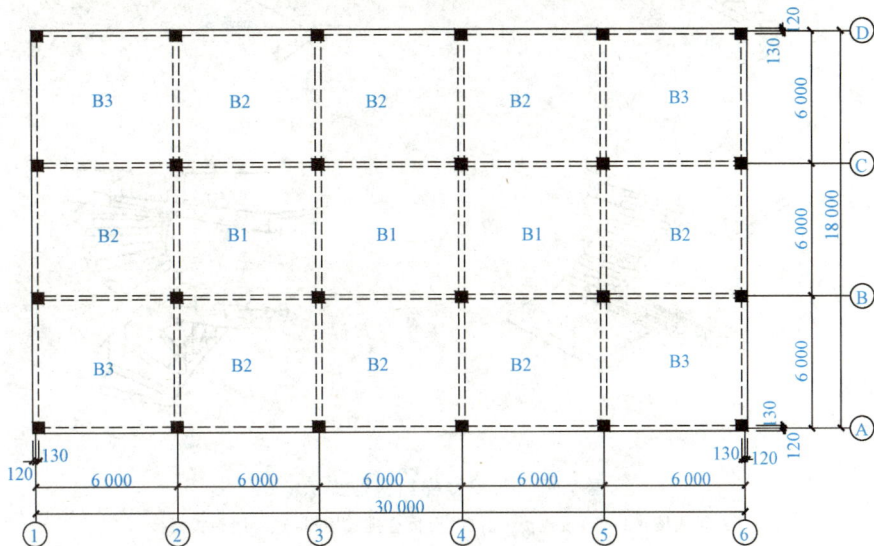

图 9-20 厂房双向板肋梁楼盖结构平面布置图

任务 4 楼梯

课前认知

楼梯是多层及高层房屋的竖向通道，是房屋的重要组成部分。钢筋混凝土楼梯由于经济耐用、耐火性能好，因而被广泛采用。

理论学习

9.4.1 楼梯的分类与构造

按施工方法不同，楼梯可分为现浇整体式楼梯和预制装配式楼梯；按结构形式不同，楼梯可分为板式楼梯、梁式楼梯、折板悬挑式楼梯和螺旋式楼梯等，如图 9-21 所示。

梁式楼梯由踏步板、梯段梁、平台板和平台梁组成。踏步板支撑在两边斜梁（双梁式）或中间一根斜梁（单梁式）上；斜梁再支撑在平台梁和楼盖上；平台板一端支撑在平台梁上，另一端支撑在过梁或墙上；在砌体结构房屋中，平台梁可支撑在楼梯间两侧的墙上。

板式楼梯由梯段板、平台板和平台梁组成。梯段板是一块带有踏步的斜板，两端支承在上、下平台梁上。其优点是下表面平整，支模施工方便，外观也较轻巧；其缺点是梯段跨度较大时，斜板较厚，材料用量较多。因此，其一般用于跨度较小的情况。

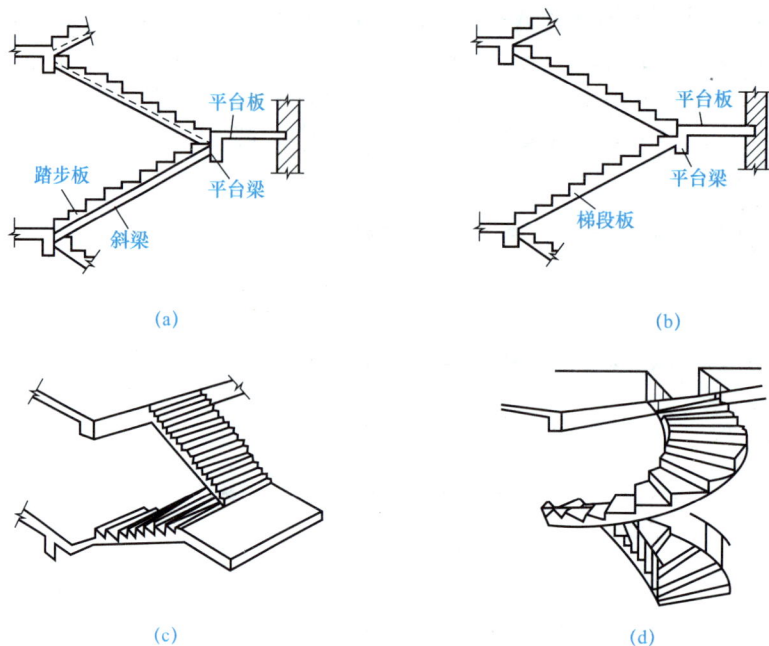

图 9-21 常见楼梯结构形式示意

(a)梁式楼梯；(b)板式楼梯；(c)折板悬挑式楼梯；(d)螺旋式楼梯

9.4.2 现浇梁式楼梯

1. 踏步板

梁式楼梯的踏步板为两端支撑在梯段梁上的单向板[图 9-22(a)]，为了方便，可在竖向切出一个踏步作为计算单元[图 9-22(b)]，其截面为梯形，可按截面面积相等的原则简化为同宽度的矩形截面的简支梁计算，计算简图如图 9-22(c)所示。

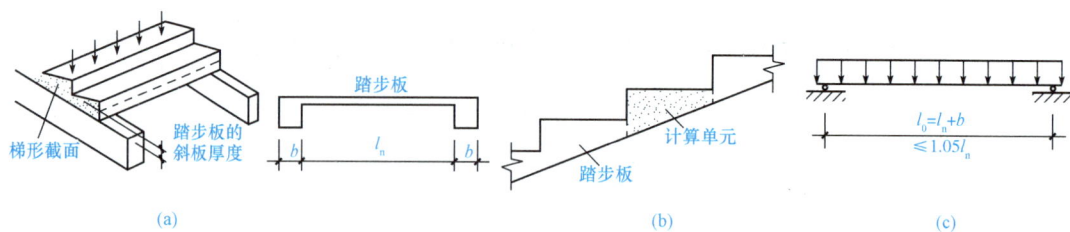

图 9-22 梁式楼梯的踏步板

（a）、（b）构造简图；（c）计算简图

斜板部分厚度一般取 $30\sim50$ mm。踏步板配筋除按计算确定外，要求每个踏步一般不宜少于 $2\phi6$ 受力钢筋，布置在踏步下面斜板中，并沿梯段布置间距不大于 300 mm 的分布钢筋，如图 9-23 所示。

2. 梯段梁

梯段梁两端支撑在平台梁上，承受踏步板传来的荷载和自

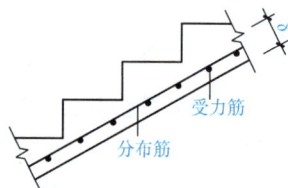

图 9-23 梁式楼梯的梯段梁

重。图 9-24(a)所示为其纵剖面。计算内力,与板式楼梯中梯段板的计算原理相同,可简化为简支斜梁,再将其化做水平梁计算,计算简图如图 9-24(b)所示,其最大弯矩和最大剪力按下式计算(轴向力通常可不予考虑):

$$M_{max} = \frac{1}{8}(g+q)\,l_0^2 \tag{9-14}$$

$$Q_{max} = \frac{1}{2}(g+q)l_n\cos\alpha \tag{9-15}$$

式中　g、q——作用于梯段梁上沿水平投影方向的恒荷载及活荷载设计值;

l_0、l_n——梯段梁的计算跨度及净跨的水平投影长度;

α——梯段梁与水平线的倾角。

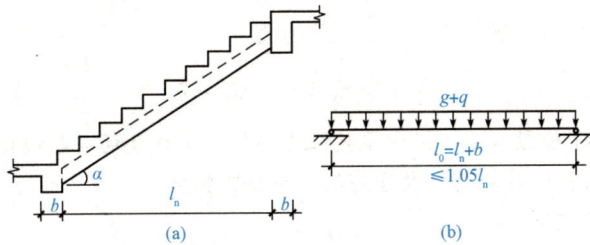

图 9-24　梁式楼梯踏步板横截面

(a)构造简图;(b)计算简图

梯段梁按倒 L 形截面计算,踏步板下斜板为其受压翼缘。梯段梁的截面高度一般取 $h \geqslant l_0/20$。梯段梁的配筋与一般梁相同。配筋如图 9-25 所示。

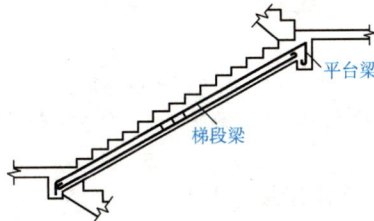

图 9-25　梯段梁配筋

3. 平台梁与平台板

梁式楼梯的平台梁、平台板按简支梁计算,承受平台板传来的均布荷载和其自重梯段梁传来的集中荷载。平台梁的计算简图如图 9-26 所示。

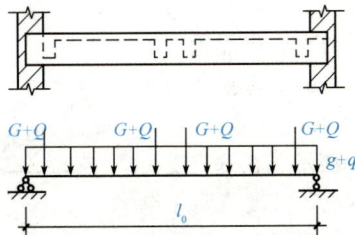

图 9-26　平台梁的计算简图

9.4.3 现浇板式楼梯

1. 梯段板

计算梯段板时，可取出 1 m 宽板带或以整个梯段板作为计算单元。

梯段板为两端支撑在平台梁上的斜板，图 9-27(a)所示为其纵剖面。内力计算时，可以简化为简支斜板，计算简图如图 9-27(b)所示。斜坡又可分作水平板计算[图 9-27(c)]，计算跨度按斜板的水平投影长度取值，但荷载也同时化作沿斜板水平投影长度上的均布荷载。

由结构力学可知，简支斜板在竖向均布荷载作用下的最大弯矩为

$$M_{max} = \frac{1}{8}(g+q) l_0^2 \qquad (9\text{-}16)$$

简支斜板在竖向均布荷载作用下的最大剪力为

$$V_{max} = \frac{1}{2}(g+q) l_n \cos\alpha \qquad (9\text{-}17)$$

式中　g、q——作用于梯段板上，沿水平投影方向的恒荷载及活荷载设计值；

l_0、l_n——梯段板的计算跨度及净跨的水平投影长度；

α——梯段板的倾角(°)。

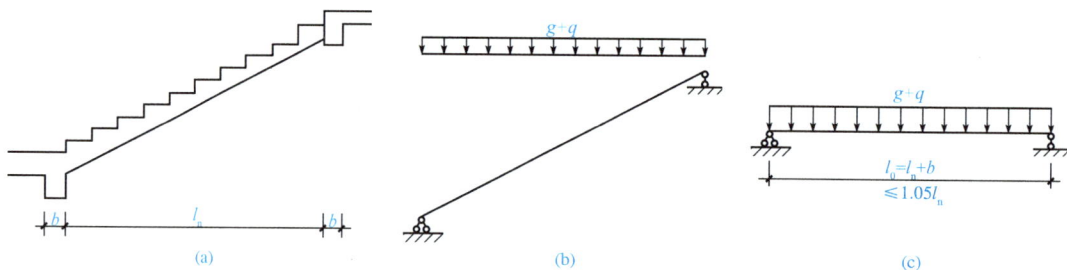

图 9-27　板式楼梯的梯段板

(a)构造简图；(b)计算简图；(c)分作水平板计算

考虑到梯段板与平台梁为整体连接，平台梁对梯段板有弹性约束作用这一有利因素，故可以减小梯段板的跨中弯矩，计算时最大弯矩取

$$M_{max} = \frac{1}{10}(g+q) l_0^2 \qquad (9\text{-}18)$$

梯段板中受力钢筋按跨中弯矩计算求得，配筋可采用弯起式或分离式。采用弯起式时，一半钢筋伸入支座，一半靠近支座处弯起。如考虑到平台梁对梯段板的弹性约束作用，在板的支座应配置一定数量的构造负筋，以承受实际存在的负弯矩和防止产生过宽的裂缝，一般可取 $\phi8@200$，长度为 $l_0/4$。受力钢筋的弯起点位置如图 9-28 所示。在垂直受力钢筋方向仍应按构造配置分布钢筋，并要求每个踏步板内至少放置一根分布钢筋。梯段板和一般板的计算相同，可不必进行斜截面受剪承载力验算。梯段板厚度不应小于$(1/30 \sim 1/25)l_0$。

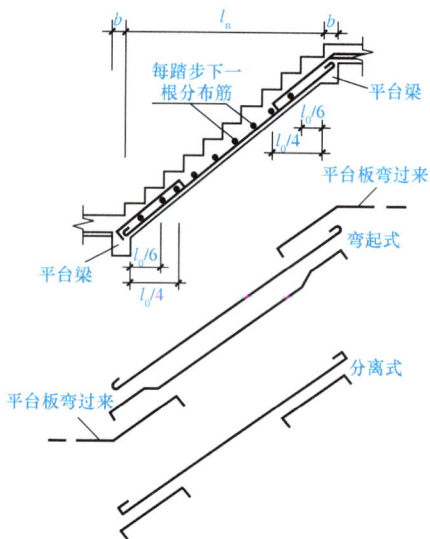

图 9-28　板式楼梯梯段板的配筋示意

2. 平台板

平台板一般均属单向板(有时也可能是双向板),当板的两边均与梁整体连接时,考虑梁对板的弹性约束,板的跨中弯矩也可按 $M=(g+q)\,l_0^2\,/10$(l_0 为平台板的计算跨度)计算。当板的一边与梁整体连接而另一边支撑在墙上时,板的跨中弯矩则应按 $M=(g+q)\,l_0^2\,/8$ 计算。

3. 平台梁

平台梁两端一般支撑在楼梯间构造柱或承重墙上,承受梯段板、平台板传来的均布荷载和自重,可按简支的倒 L 形梁计算。平台梁截面高度,一般取 $h\geqslant l_0/20$(l_0 为平台梁的计算跨度)。其他构造要求与一般梁相同。

仿真实训

参观教学楼,结合工程实际,请同学们收集学校及生活中各种楼梯,分小组讨论楼梯所属种类。

技能测试

1. 楼梯按结构形式不同,可分为_____、_____、_____和_____。
2. 梁式楼梯由_____、_____、_____和_____组成。
3. 板式楼梯由_____、_____和_____组成。

任务工单

根据所学知识,完成以下任务工单。

1. 板式楼梯的构造组成是怎样的?具有哪些特点?

2. 现浇梁式楼梯踏步板配筋有哪些要求?

3. 现浇板式楼梯平台板如何计算?

4. 某教学楼现浇板式楼梯，楼梯结构平面布置如图 9-29 所示，楼梯踏步详图如图 9-30 所示。层高为 3.6 m，踏步尺寸为 150 mm×300 mm。采用混凝土强度等级为 C25，钢筋等级为 HPB300 级。楼梯上均布活荷载标准值 $q_k=3.5$ kN/m，试设计此板式楼梯。

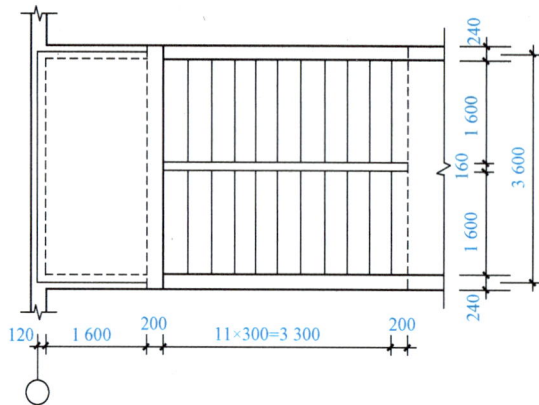

图 9-29 楼梯结构平面布置

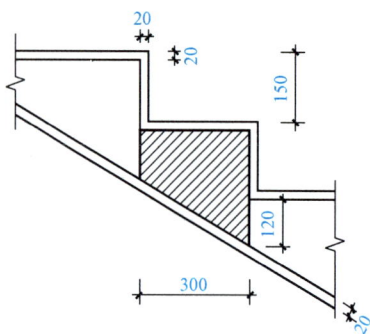

图 9-30 楼梯踏步详图

项目 10　预应力混凝土结构构件

1. 了解预应力混凝土的特点，对材料的要求及施加预应力的方法；掌握张拉控制应力、预应力损失及其组合。

2. 掌握先张法和后张法预应力混凝土构件构造要求。

能描述预应力损失的种类、估算方法；能描述预应力混凝土先张法、后张法施工对混凝土构造的要求。

培养学生具有积极的工作态度、饱满的工作热情，良好的人际关系，善于与他人合作。

```
                                                      预应力混凝土的特点
                                                      预应力混凝土材料要求
                                                      锚具和夹具
                              预应力混凝土构件的认知与计算 ── 施加预应力的方法
                                                      张拉控制应力
                                                      预应力损失
预应力混凝土结构构件 ──                                  预应力损失的组合

                                                      先张法预应力混凝土构件要求
                              预应力混凝土构件构造要求 ──
                                                      后张法预应力混凝土构件要求
```

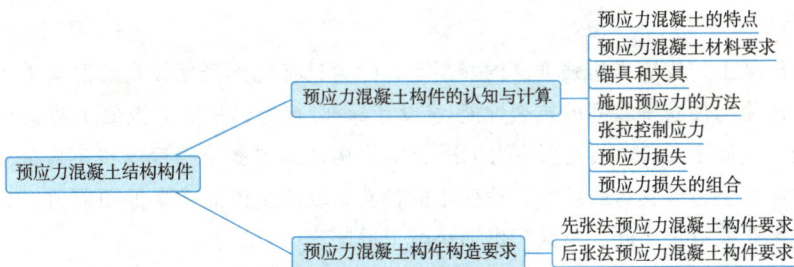

>>> 任务 1　预应力混凝土构件的认知与计算

课前认知

预应力混凝土结构是指在结构构件受外荷载作用之前，通过张拉钢筋，利用钢筋的回弹，人为地对受拉区的混凝土施加压力，由此产生的预压应力用以减小或抵消由外荷载作用下所产生的混凝土拉应力，使结构构件的拉应力减小，甚至处于受压状态，从而延缓或预防混凝土构件开裂。实际上，预应力混凝土是借助于其较高的抗压强度来弥补其抗拉强度的不足，通过调整压应力的大小而达到推迟或预防混凝土开裂、减小裂缝宽度的目的。

10.1.1 预应力混凝土的特点

与普通钢筋混凝土结构相比，预应力混凝土结构具有如下特点：

（1）提高了构件的抗裂度和刚度。预应力混凝土构件的抗裂度远高于普通钢筋混凝土构件，能延迟裂缝的出现、开展，可减少构件的变形，增加结构的耐久性，扩大混凝土结构的适用范围。

（2）增加了结构及构件的耐久性。由于在使用荷载作用下不开裂或裂缝处于闭合状态，且混凝土强度高，密实性好，避免钢筋受外界有害因素的侵蚀，大大提高了结构的耐久性。

（3）结构自重轻，能用于大跨度结构。合理采用高强度钢筋和高强度等级的混凝土，可有效减轻结构自重。

（4）可提高构件的抗剪能力。试验表明，预应力构件的抗剪承载力比钢筋混凝土构件高，主要反映在预应力纵向钢筋对混凝土的锚栓和约束作用，阻碍构件中斜裂缝的出现与开展。另外在剪力较大的受弯构件中，曲线形预应力钢筋在端部的预应力合力的竖向分力也将部分抵消竖向剪力，从而提高构件的抗剪能力。

（5）能节约材料。与钢结构相比，能节约大量钢材，降低成本，增加耐火性能。与钢筋混凝土相比，同跨度构件能节约钢筋和混凝土，而相对经济。

预应力混凝土构件的缺点是工艺复杂，构造、施工和计算均较复杂，需要专用的张拉设备和锚具，造价较高等。

10.1.2 预应力混凝土材料要求

1. 混凝土

预应力混凝土结构应采用强度高的混凝土，因为只有抗压强度较高的混凝土才能承担预压应力，从而使构件获得较高的抗裂性能，《设计标准》规定，预应力混凝土楼板结构的混凝土强度等级不应低于C30，其他预应力混凝土结构构件的混凝土强度等级不应低于C40；同时，预应力混凝土还应具有收缩小、徐变小的特性，以减少因此带来的预应力损失；从施工工艺上，还需要混凝土快硬、早强，以加快施工进度。

2. 预应力钢筋

预应力钢筋首先应具有很高的强度，才能承担较高的张拉应力（混凝土预压应力的大小取决于预应力钢筋张拉应力的大小）；其次，预应力钢筋应有较好的塑性，即要求钢筋在拉断前具有一定的伸长率；最后，施工工艺要求预应力钢筋应有良好的加工性能（如可焊形和墩头）及较好的黏结性能，还应具有较低的应力松弛。

预应力钢筋宜采用预应力钢丝、钢绞线和预应力螺纹钢筋。

10.1.3 锚具和夹具

为了阻止被张拉的钢筋发生回缩，必须将钢筋端部进行锚固。锚固预应力钢筋和钢丝的工具有锚具和夹具两种类型。永久锚固在构件端部，与构件一起承受荷载，不能重复使用的，称为锚具；在构件制作完成后能重复使用的，称为夹具。

锚、夹具的种类很多，图 10-1 所示为几种常用的锚、夹具。其中，图 10-1(a) 所示为锚固钢丝用的套筒式夹具；图 10-1(b) 所示为锚固粗钢筋用的螺栓端杆锚具；图 10-1(c) 所示为锚固直径为 12 mm 的钢筋或钢绞线束的 JM12 夹片式锚具。

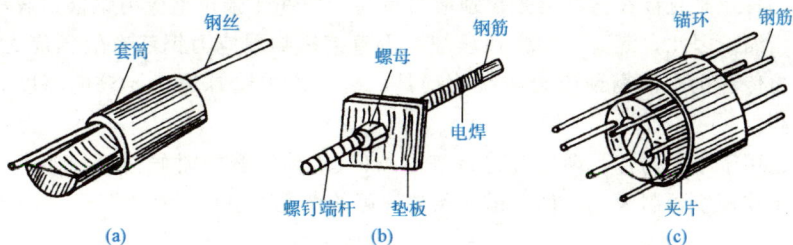

图 10-1　几种常用的锚、夹具

(a)套筒式夹具；(b)螺栓端杆锚具；(c)JM12 夹片式锚具

10.1.4　施加预应力的方法

1. 先张法

在浇筑混凝土之前张拉预应力钢筋的方法称为先张法，其生产流程如图 10-2 所示。先张法的主要优点是构件配筋简单，不需锚具，省去预留孔道、拼接、焊接、灌浆等工序，一次可制成多个构件，生产效率高，可实现工厂化、机械化，便于流水作业。

先张法的主要缺点是占地面积大、投资高、生产操作较复杂、大型构件运输不便、灵活性也较差。

先张法适用于预制厂或现场集中成批生产各种中小型预应力混凝土构件，如吊车梁、屋架、过梁、基础梁、檩条、屋面板、槽形板、多孔板等，特别适用于生产冷拔低碳钢丝混凝土构件。

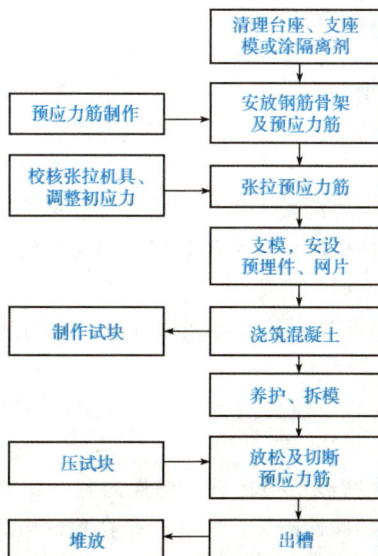

图 10-2　先张法生产流程

2. 后张法

先浇混凝土，待混凝土达到设计强度 75％以上再张拉钢筋（钢筋束），在钢筋两端加上锚固，彻底凝固后，再完工的方法称为后张法，其生产流程如图 10-3 所示。

后张法的特点是直接在构件上张拉预应力钢筋，构件在张拉预应力钢筋过程中，完成混凝土的弹性压缩。因此，混凝土的弹性压缩，不直接影响预应力钢筋有效预应力值的建立。后张法预应力传递主要依靠预应力两端的锚具，后张法中锚具加工要求的精度高、耗钢量大、成本较高。

先张法适用于小型构件，现场有建台座的条件（拉伸钢筋的时候需要台座），较为方便；后张法适用于在现场预制大型构件，运输条件许可的情况下也可以在工厂预制。

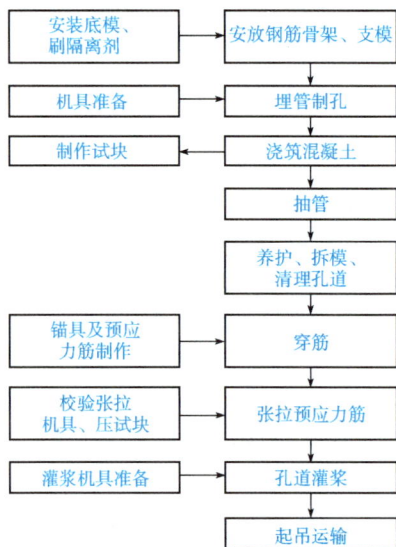

图 10-3 后张法生产流程

10.1.5 张拉控制应力

张拉控制应力是指预应力钢筋在张拉时，所控制达到的最大应力值。其值为张拉设备（如千斤顶上的油压表）所指示的总张拉力除以预应力钢筋截面面积而得出的应力值，以 σ_{con} 表示。

张拉控制应力的取值对预应力混凝土构件的受力性能影响很大。张拉控制应力越高，混凝土所受到的预压应力越大，构件的抗裂性能越好，同时节约预应力钢筋，因此张拉控制应力不能过低。张拉控制应力过高时，可能产生以下问题：

（1）可能使个别预应力钢筋超过它的实际屈服强度，使钢筋产生塑性变形，甚至部分预应力钢筋可能被拉断；

（2）构件在施工阶段的预拉区拉应力过大，甚至开裂，还可能造成后张法构件端部混凝土产生局部受压破坏；

（3）构件开裂荷载值与极限荷载值很接近，构件的延性较差，构件一旦开裂，很快就临近破坏，表现为没有明显预兆的脆性破坏。因此，张拉控制应力不宜取得过高，《设计标准》规定的预应力钢筋的张拉控制应力范围如下：

1）消除应力钢丝、钢绞线：

$$0.4f_{ptk} \leqslant \sigma_{con} \leqslant 0.75f_{ptk} \qquad (10\text{-}1)$$

2)中强度预应力钢丝：

$$0.4f_{ptk} \leqslant \sigma_{con} \leqslant 0.7f_{ptk} \qquad (10\text{-}2)$$

3)预应力螺纹钢筋：

$$0.5f_{pyk} \leqslant \sigma_{con} \leqslant 0.85f_{pyk} \qquad (10\text{-}3)$$

式中　f_{ptk}——预应力钢筋极限强度标准值；

f_{pyk}——预应力螺纹钢筋屈服强度标准值。

当符合下列情况之一时，上述张拉控制应力限值可相应提高 $0.05f_{ptk}$ 或 $0.05f_{pyk}$。

(1)要求提高构件在施工阶段的抗裂性能而在使用阶段受压区内设置预应力钢筋。

(2)要求部分抵消由于应力松弛、摩擦、钢筋分批张拉，以及预应力钢筋与张拉台座之间的温差等因素产生的预应力损失。

10.1.6　预应力损失

在预应力混凝土构件施工及使用过程中，预应力钢筋的张拉应力值由于张拉工艺和材料特性等原因逐渐降低。这种现象称为预应力损失，用 σ_l 表示。预应力损失会降低预应力的效果，因此，尽可能减小预应力损失并对其进行正确估算，对预应力混凝土结构的设计非常重要。预应力损失值的大小是影响构件抗裂性能和刚度的关键，预应力损失过大，不仅会减小混凝土的预压应力，降低构件的抗裂能力，降低构件的刚度，而且可能导致预应力构件的制作失败。因此，正确了解和掌握各项预应力损失值的计算，对于设计和制作预应力混凝土构件是非常重要的。引起预应力损失的因素有很多，在预应力混凝土结构设计中，需要考虑的预应力损失主要有以下几项。

1. 张拉端锚具变形和钢筋内缩引起的预应力损失

直线形预应力钢筋 σ_{l1} 可按下式计算：

$$\sigma_{l1} = \frac{a}{l}E_s \qquad (10\text{-}4)$$

式中　a——张拉端锚具变形和钢筋内缩值(mm)，按表10-1取用；

l——张拉端至锚固端之间的距离(mm)；

E_s——预应力钢筋弹性模量(N/mm^2)。

表 10-1　锚具变形和钢筋内缩值 a　　　　　　　　　　　mm

锚具类别		a
支承式锚具(钢丝束镦头锚具等)	螺母缝隙	1
	每块后加垫板的缝隙	1
夹片式锚具	有预压时	5
	无预压时	6~8
注：1. 表中的锚具变形和预应力钢筋内缩值也可根据实测数据确定； 　　　2. 其他类型的锚具变形和预应力钢筋内缩值根据实测数据确定		

对于块体拼成的结构，其预应力损失还应计入块体间填缝的预压变形。当采用混凝土或砂浆为填缝材料时，每条填缝的预压变形值可取 1 mm。

2. 预应力钢筋与孔道之间的摩擦引起的预应力损失值

后张法构件在张拉预应力钢筋时，由于施工中预留孔道的偏差、孔道壁表面的粗糙和不平整等，钢筋与孔道壁之间某些部位接触引起摩擦阻力（当孔道为曲线时，摩擦阻力将更大），预应力钢筋的应力从张拉端开始沿孔道逐渐减小（图10-4），这种应力差额称为预应力损失值。

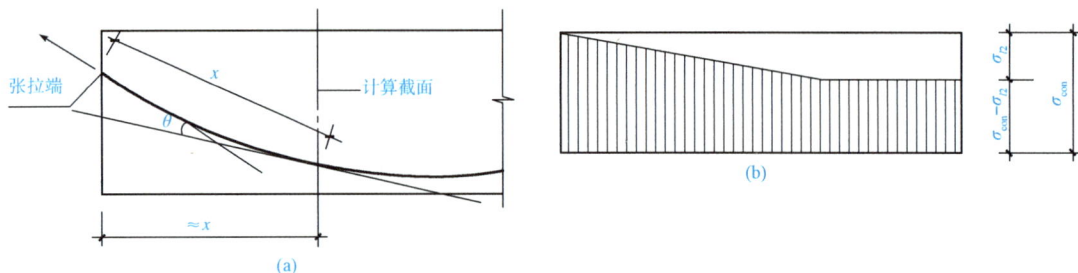

图10-4 摩擦引起的预应力损失

(a)曲线预应力钢筋示意；(b)σ_{l2}分布

后张法构件预应力筋与孔道壁之间的摩擦引起的预应力损失值 σ_{l2}，宜按下式计算：

$$\sigma_{l2} = \sigma_{con}\left(1 - \frac{1}{e^{kx+\mu\theta}}\right) \qquad (10\text{-}5)$$

式中　x——从张拉端至计算截面的孔道长度，可近似取该段孔道在纵轴上的投影长度(m)；

　　　θ——从张拉端至计算截面曲线孔道各部分切线的夹角之和(rad)；

　　　k——考虑孔道每米长度局部偏差的摩擦系数，按表10-2采用；

　　　μ——预应力钢筋与孔道壁之间的摩擦系数，按表10-2采用。

当 $kx + \mu\theta \leqslant 0.3$ 时，σ_{l2} 可按下列公式近似计算：

$$\sigma_{l2} \approx (kx + \mu\theta)\sigma_{con} \qquad (10\text{-}6)$$

表10-2　摩擦系数

孔道成型方式	κ	μ	
		钢绞线、钢丝束	预应力螺纹钢筋
预埋金属波纹管	0.001 5	0.25	0.50
预埋塑料波纹管	0.001 5	0.15	—
预埋钢管	0.001 0	0.30	—
抽芯成型	0.001 4	0.55	0.60
无黏结预应力钢筋	0.004 0	0.09	—
注：摩擦系数也可根据实测数据测定			

由式(10-6)可知，计算截面到张拉端的距离 x 越大，σ_{l2} 值就越大，当一端张拉时，固定端的 σ_{l2} 最大，预应力钢筋的应力最低，因而构件的抗裂能力也将相应降低。

3. 预应力钢筋与台座之间温差引起的预应力损失

为了缩短生产周期，先张法构件在浇筑混凝土后采用蒸汽养护。在养护的升温阶段钢筋受热伸长，台座长度不变，故钢筋应力值降低，而此时混凝土尚未硬化。降温时，混凝土已经硬化并与钢筋产生了黏结，能够一起回缩，由于这两种材料的线膨胀系数相近，原来建立的应力关系不再发生变化。

预应力钢筋与台座之间的温差为 Δt，钢筋的线膨胀系数 $\alpha = 0.000\ 01/℃$，则预应力钢筋

与台座之间的温差引起的预应力损失为

$$\sigma_{l3} = \varepsilon_s E_s = \frac{\Delta l}{l}E_s = \frac{\alpha l \Delta t}{l}E_s = \alpha E_s \Delta t = 0.000\,01 \times 2.0 \times 10^5 \times \Delta t = 2\Delta t \ (\text{N/mm}^2)$$

(10-7)

为了减小温差引起的预应力损失 σ_{l3}，可采取以下措施：

(1)采用二次升温养护方法。先在常温或略高于常温下养护，待混凝土达到一定强度后，再逐渐升温至养护温度，这时因为混凝土已硬化与钢筋黏结成整体，能够一起伸缩而不会引起应力变化。

(2)采用整体式钢模板。预应力钢筋锚固在钢模上，因钢模与构件一起加热养护，不会引起此项预应力损失。

4. 预应力钢筋应力松弛引起的预应力损失

在高应力作用下，预应力钢筋应力保持不变，变形具有随时间增长而逐渐增大的性质，该现象称为钢筋的徐变。若钢筋长度保持不变，钢筋的应力会随时间的增长而逐渐降低，这种现象称为钢筋的应力松弛。不论是先张法还是后张法，钢筋的徐变和松弛都将引起预应力损失。

实际上，钢筋的徐变和松弛很难明确划分，故在计算中统称为钢筋应力松弛损失。

钢筋的应力松弛引起的预应力损失 σ_{l4}（N/mm^2）的计算方法如下。

(1)对于普通松弛预应力钢丝、钢绞线：

$$\sigma_{l4} = 0.4\,\varphi\left(\frac{\sigma_{con}}{f_{ptk}} - 0.5\right)\sigma_{con}$$

(10-8)

式中，对于一次张拉，$\varphi=1$；对于超张拉，$\varphi=0.9$。

(2)对于低松弛的预应力钢丝、钢绞线，当 $\sigma_{con} \leqslant 0.7f_{ptk}$ 时：

$$\sigma_{l4} = 0.125\left(\frac{\sigma_{con}}{f_{ptk}} - 0.5\right)\sigma_{con}$$

(10-9)

当 $0.7f_{ptk} < \sigma_{con} \leqslant 0.8f_{ptk}$ 时

$$\sigma_{l4} = 0.2\left(\frac{\sigma_{con}}{f_{ptk}} - 0.575\right)\sigma_{con}$$

(10-10)

(3)对于中强度预应力钢丝：

$$\sigma_{l4} = 0.08\sigma_{con}$$

(10-11)

(4)对于预应力螺纹钢筋：

$$\sigma_{l4} = 0.03\sigma_{con}$$

(10-12)

当 $\frac{\sigma_{con}}{f_{ptk}} \leqslant 0.5$ 时，预应力钢筋的应力松弛损失值 $\sigma_{l4}=0$。

5. 混凝土收缩和徐变引起的预应力损失

混凝土在硬化时具有体积收缩的特性，在压应力作用下，混凝土也会产生徐变。混凝土收缩和徐变都使构件长度缩短，预应力钢筋也随之回缩，造成预应力损失。混凝土收缩和徐变虽是两种性质不同的现象，但它们的影响是相似的，为了简化计算，将此两项预应力损失一起考虑。

混凝土收缩、徐变引起受拉区和受压区预应力钢筋的预应力损失 σ_{l5}、σ'_{l5}，可按下列公式计算：

先张法构件

$$\sigma_{l5} = \frac{60 + 340\dfrac{\sigma_{pc}}{f'_{cu}}}{1 + 15\rho}$$

(10-13)

$$\sigma'_{l5} = \frac{60 + 340 \dfrac{\sigma'_{pc}}{f'_{cu}}}{1 + 15\rho'} \tag{10-14}$$

后张法构件

$$\sigma_{l5} = \frac{55 + 300 \dfrac{\sigma_{pc}}{f'_{cu}}}{1 + 15\rho} \tag{10-15}$$

$$\sigma'_{l5} = \frac{55 + 300 \dfrac{\sigma'_{pc}}{f'_{cu}}}{1 + 15\rho'} \tag{10-16}$$

式中　σ_{pc}、σ'_{pc}——受拉区、受压区预应力筋合力点处的混凝土法向压应力；

f'_{cu}——施加预应力时的混凝土立方体抗压强度；

ρ、ρ'——受拉区、受压区预应力筋和普通钢筋的配筋率，对于先张法构件，$\rho = \dfrac{A_p + A_s}{A_0}$，$\rho' = \dfrac{A'_p + A'_s}{A_0}$；对后张法构件，$\rho = \dfrac{A_p + A_s}{A_n}$，$\rho' = \dfrac{A'_p + A'_s}{A_n}$（$A_0$ 为构件的换算截面面积，A_n 为构件的净截面面积）；对于对称配置预应力筋和普通钢筋的构件，配筋率 ρ、ρ' 应按钢筋总截面面积的一半进行计算。

对于重要的结构构件，当需要考虑与时间相关的混凝土收缩、徐变及预应力钢筋应力松弛预应力损失值时，需按相关规定进行计算。

10.1.7　预应力损失的组合

上述 5 项预应力损失对每一构件并不同时产生，而与施工方法有关。实际上，应力损失是按不同的张拉方法分两批产生的，对于先张法，以放松预应力钢筋的前后来划分；对于后张法，以刚锚固好预应力钢筋的瞬间前后来划分，其组合项目见表 10-3。

表 10-3　各阶段预应力损失值的组合

预应力损失值的组合	先张法构件	后张法构件
混凝土预压前（第一批）的损失	$\sigma_{l1} + \sigma_{l2} + \sigma_{l3} + \sigma_{l4}$	$\sigma_{l1} + \sigma_{l2}$
混凝土预压前（第二批）的损失	σ_{l5}	$\sigma_{l4} + \sigma_{l5} + \sigma_{l6}$
注：先张法构件由于预应力钢筋应力松弛引起的损失值 σ_{l4} 在第一批和第二批中所占的比例（如需区分），可根据实际情况确定		

考虑到预应力损失计算值与实际损失值尚有误差，为了保证预应力构件的抗裂性能，《设计标准》规定，当计算求得的预应力总损失值小于下列数值时，按下列数值采用：先张法构件，100 N/mm²；后张法构件，80 N/mm²。

仿真实训

参观工法楼，工程实例中预应力混凝土构件在哪些地方较为常见？分组讨论预应力混凝土构件在各种情况下的各自优势。

技能测试

1. 预应力混凝土结构具有哪些缺点？

2. 什么叫预应力损失值？

任务工单

根据所学知识，完成以下任务工单。

1. 与普通钢筋混凝土结构相比，预应力混凝土结构具有哪些特点？

2. 预应力混凝土结构构件所用的混凝土需满足哪些要求？

3. 什么是张拉控制应力？张拉控制应力过高时可能产生哪些问题？

4. 预应力混凝土结构设计中需要考虑的预应力损失主要有哪几项？

5. 一预应力混凝土轴心受拉构件，长度为 24 m，截面尺寸为 250 mm×160 mm，混凝土强度等级为 C60，螺旋肋钢丝为 $10\phi^H9$，先张法施工，在 100 m 台座上张拉，端头采用镦头锚具固定预应力钢筋，超张拉，并考虑蒸养时台座与预应力筋之间的温差 $\Delta t = 20$ ℃，混凝土达到强度设计值的 80% 时放松预应力筋(图 10-5)。试计算各项预应力损失值。

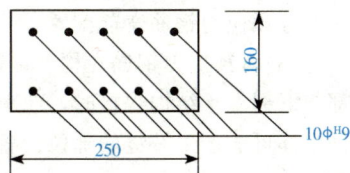

图 10-5　构件配筋

任务2　预应力混凝土构件构造要求

课前认知

　　预应力混凝土构件除了满足承载力、变形和抗裂要求之外，还应根据预应力张拉工艺、锚固措施及预应力钢筋种类的不同，满足相应构造要求。

理论学习

10.2.1　先张法预应力混凝土构件要求

1. 预应力钢筋的净间距

　　预应力钢筋的净间距应根据便于浇灌混凝土、保证钢筋与混凝土的黏结锚固及施加预应力(夹具及张拉设备的尺寸要求)等要求来确定。预应力钢筋之间的净间距不应小于其公称直径(公称直径，又称平均外径，是指容器、管道及其附件的标准化直径)的 2.5 倍和混凝土骨料最大粒径的 1.25 倍，且应符合下列规定：预应力钢丝，不应小于 15 mm；三股钢绞线，不应小于 20 mm；七股钢绞线，不应小于 25 mm，当混凝土振捣密实性具有可靠保证时，净间距可放宽为最大骨料粒径的 1.0 倍。

2. 混凝土构件的端部构造

　　为防止构件端部出现纵向裂缝，确保端部锚固性能，宜采取下列构造措施：

　　(1)单根配置的预应力钢筋，其端部宜设置螺旋筋；

　　(2)分散布置的多根预应力钢筋，在构件端部 10d 且不小于 100 mm 长度范围内，宜设置 3~5 片与预应力钢筋垂直的钢筋网片，此处 d 为预应力钢筋的公称直径；

　　(3)采用预应力钢丝配筋的薄板，在板端 100 mm 长度范围内宜适当加密横向钢筋；

　　(4)槽形板类构件，应在构件端部 100 mm 长度范围内沿构件板面设置附加横向钢筋，其数量不应少于 2 根。

3. 其他

　　(1)预制肋形板，宜设置加强其整体性和横向刚度的横肋。端横肋的受力钢筋应弯入纵肋内。当采用先张法生产有端横肋的预应力混凝土肋形板时，应在设计和制作上采取防止放张预应力时端横肋产生裂缝的有效措施。

　　(2)在预应力混凝土屋面梁、起重机梁等构件靠近支座的斜向主拉应力较大部位，宜将一部分预应力钢筋弯起配置。

　　(3)对预应力钢筋在构件端部全部弯起的受弯构件或直线配筋的先张法构件，当构件端部与下部支承结构焊接时，应考虑混凝土收缩、徐变及温度变化所产生的不利影响，宜在构件端部可能产生裂缝的部位设置足够的非预应力纵向构造钢筋。

10.2.2　后张法预应力混凝土构件要求

1. 预留孔道的构造要求

　　后张法构件要在预留孔道中穿入预应力钢筋。截面中孔道的布置应考虑到张拉设备的尺寸、锚具尺寸及构件端部混凝土局部受压的强度要求等因素。

（1）预制构件孔道之间的水平净间距不宜小于 50 mm，且不宜小于粗骨料粒径的 1.25 倍；孔道至构件边缘的净间距不宜小于 30 mm，且不宜小于孔道直径的 50%。

（2）现浇混凝土梁中，预留孔道在竖直方向的净间距不应小于孔道外径，水平方向的净间距不宜小于 1.5 倍孔道外径，且不应小于粗骨料粒径的 1.25 倍；从孔道外壁至构件边缘的净间距，梁底不宜小于 50 mm，梁侧不宜小于 40 mm；裂缝控制等级为三级的梁，上述净间距分别不宜小于 60 mm 和 50 mm。

（3）预留孔道的内径宜比预应力束外径及需穿过孔道的连接器外径大 6~15 mm，且孔道的截面面积宜为穿入预应力束截面面积的 3~4 倍。

（4）当有可靠经验并能保证混凝土浇筑质量时，预应力钢筋孔道可水平并列贴紧布置，但并排的数量不应超过 2 束。

（5）在构件两端及曲线孔道的高点应设置灌浆孔或排气兼泌水孔，宜大于 20 m。

（6）凡制作时需要预先起拱的构件，预留孔道宜随构件同时起拱。

（7）在现浇楼板中采用扁形锚固体系时，穿过每个预留孔道的预应力钢筋数量宜为 3~5 根；在常用荷载情况下，孔道在水平方向的净间距不应超过 8 倍板厚及 1.5 m 中的较大值。

2. 锚具要求

在后张法预应力混凝土构件中，预应力钢筋的锚固并发挥作用是依靠锚具实现的。因此，后张法预应力钢筋所用锚具、夹具和连接器等的形式和质量应符合国家现行有关标准的规定。

后张法预应力混凝土构件的端部锚固区，除应满足局部承压计算中有关的构造要求外，还应满足下述要求：

（1）当采用整体铸造垫板时，其局部受压区的设计应符合相关标准的规定。

（2）在局部受压间接钢筋配置区以外，在构件端部长度不小于截面重心线上部或下部预应力钢筋的合力点至邻近边缘的距离 e 的 3 倍，但不大于构件端部截面高度 h 的 1.2 倍，高度为 $2e$ 的附加配筋区范围内，应均匀配置附加防劈裂箍筋或网片(图 10-6)。

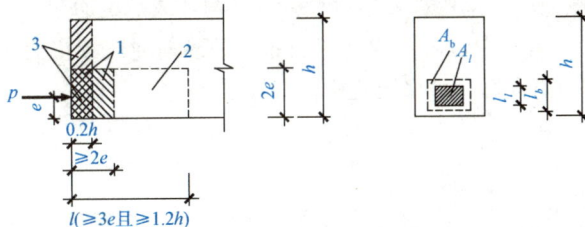

图 10-6　防止端部裂缝的配筋范围
1—局部受压间接钢筋配置区；2—附加防劈裂配筋区；3—附加防端面裂缝配筋区

配筋面积可按式(10-17)计算：

$$A_{sb} \geq 0.18\left(1 - \frac{l_l}{l_b}\right)\frac{P}{f_{yv}} \tag{10-17}$$

式中　P——作用在构件端部截面重心线上部或下部预应力钢筋的合力设计值；

l_l、l_b——沿构件高度方向 A_l、A_b 的边长或直径；

f_{yv}——附加防劈裂钢筋的抗拉强度设计值。

（3）当构件端部预应力钢筋需集中布置在截面下部或集中布置在上部和下部时，应在构件端部 $0.2h$ 范围内设置附加竖向防端面裂缝构造钢筋，其截面面积应符合式(10-18)、式(10-19)的要求。

$$A_{sv} \geqslant \frac{T_s}{f_{yv}} \qquad (10-18)$$

$$T_s = \left(0.25 - \frac{e}{h}\right)P \qquad (10-19)$$

式中　T_s——锚固端端面拉力；

　　　P——作用在构件端部截面重心线上部或下部预应力钢筋的合力设计值；

　　　e——截面重心线上部或下部预应力钢筋的合力点至截面近边缘的距离；

　　　h——构件端部截面高度。

　　当 e 大于 $0.2h$ 时，可根据实际情况适当配置构造钢筋。竖向防端面裂缝钢筋宜靠近端面配置，可采用焊接钢筋网、封闭式箍筋或其他形式，且宜采用带肋钢筋。

　　当端部截面上部和下部均有预应力钢筋时，附加竖向钢筋的总截面面积应按上部和下部的预应力合力分别计算的数值叠加后采用。

　　在构件横向也应按上述方法计算抗端面裂缝钢筋，并与上述竖向钢筋形成网片筋配置。

　　(4)当构件在端部有局部凹进时，应增设折线构造钢筋或其他有效的构造钢筋。

　　(5)后张法预应力混凝土构件中，当采用曲线预应力束时，其曲率半径 r_p 宜按式(10-20)确定，但不宜小于 4 m。

$$r_p = \frac{P}{0.35 f_c d_p} \qquad (10-20)$$

式中　P——预应力钢筋的合力设计值；

　　　r_p——预应力束的曲率半径(m)；

　　　d_p——预应力束孔道的外径；

　　　f_c——混凝土轴心抗压强度设计值，当验算张拉阶段曲率半径时，可取与施工阶段混凝土立方体抗压强度 f'_{cu} 对应的抗压强度设计值 f'_c。

　　对于折线配筋的构件，在预应力束弯折处的曲率半径可适当减小。当曲率半径 r_p 不满足上述要求时，可在曲线预应力束弯折处内侧设置钢筋网片或螺旋筋。

　　(6)在预应力混凝土结构中，对沿构件凹面布置的纵向曲线预应力束，当预应力束的合力设计值满足式(10-21)要求时，可仅配置构造 U 形插筋(图 10-7)。

$$P \leqslant f_t(0.5 d_p + c_p) r_p \qquad (10-21)$$

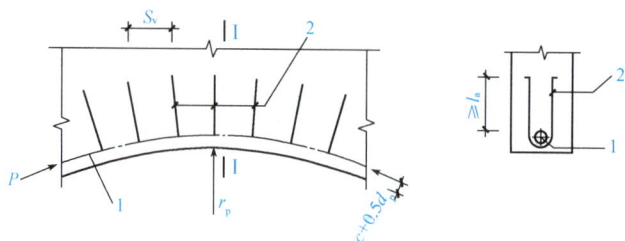

图 10-7　抗崩裂 U 形插筋构造示意

1—预应力束；2—沿曲线预应力束均匀布置的 U 形插筋

　　当不满足时，每单肢 U 形插筋的截面面积应按式(10-22)确定：

$$A_{sv1} \geqslant \frac{P s_v}{2 r_p f_{yv}} \qquad (10-22)$$

式中　P——预应力钢筋的合力设计值；

f_t——混凝土轴心抗拉强度设计值，或与施工张拉阶段混凝土立方体抗压强度 f'_{cu} 相对应的抗拉强度设计值 f'_t；

c_p——预应力钢筋孔道净混凝土保护层厚度；

A_{sv1}——每单肢插筋截面面积；

s_v——U 形插筋间距；

f_{yv}——U 形插筋抗拉强度设计值，当大于 360 N/mm² 时取 360 N/mm²。

U 形插筋的锚固长度不应小于 l_a；当实际锚固长度 l_e 小于 l_a 时，每单肢 U 形插筋的截面面积可按 A_{sv1}/k 取值。其中，k 取 $l_e/15\,d$ 和 $l_e/200$ 中的较小值，且 k 不大于 1.0。

当有平行的几个孔道且中心距不大于 $2d_p$ 时，预应力钢筋的合力设计值应按相邻全部孔道内的预应力钢筋确定。

(7)构件端部尺寸应考虑锚具的布置、张拉设备的尺寸和局部受压的要求，必要时应适当加大。

(8)后张预应力混凝土外露金属锚具，应采取可靠的防腐及防火措施，并应符合下列规定：

1)无黏结预应力钢筋外露锚具应采用注有足量防腐油脂的塑料帽封闭锚具端头，并应采用无收缩砂浆或细石混凝土封闭。

2)采用混凝土封闭时，混凝土强度等级宜与构件混凝土强度等级一致，封锚混凝土与构件混凝土应可靠黏结，如锚具在封闭前应将周围混凝土界面凿毛并冲洗干净，且宜配置 1～2 片钢筋网，钢筋网应与构件混凝土拉结。

3)采用无收缩砂浆或混凝土封闭保护时，其锚具及预应力钢筋端部的保护层厚度不应小于：一类环境时 20 mm，二 a、二 b 类环境时 50 mm，三 a、三 b 类环境时 80 mm。

仿真实训

参观工法楼，区分先张法和后张法构件。

技能测试

1.简述先张法预应力混凝土与后张法预应力混凝土的区别。

2.后张法制作预应力混凝土构件的重要施工过程是什么？

3.先张法和后张法施工的预应力混凝土构件都需设置永久性的锚具吗？

根据所学知识，完成以下任务工单。

1. 先张法对预应力钢筋的净间距有哪些要求？

2. 采用先张法，为防止构件端部出现纵向裂缝，确保端部锚固性能，宜采取哪些构造措施？

3. 后张法对预留孔道有哪些构造要求？

4. 后张预应力混凝土外露金属锚具，除应采取可靠的防腐及防火措施外，还有哪些要求？

项目 11 钢结构

知识目标 ›››

1. 了解钢结构的特点、应用范围，钢材的种类与规格；熟悉钢材的选用。

2. 熟悉钢结构焊缝连接的方法、形式；掌握对接焊缝、角焊缝的构造要求与计算方法，普通螺栓与高强度螺栓连接的构造要求与计算方法。

3. 掌握钢结构轴心受力构件、受弯构件的强度、刚度、稳定性计算方法。

能力目标 ›››

能进行焊缝连接、螺栓连接的计算；能进行轴心受力构件、受弯构件的设计计算。

素质目标 ›››

培养学生积极参与实践工作、勤思考、多动手的职业素养。

思维导图 ›››

```
                                                                              焊缝连接
                                                          钢结构连接的构造与计算
                                                                              螺栓连接
钢结构的特点
钢结构的应用范围        钢结构概述      钢结构
钢结构材料
                                                                              轴心受力构件
                                                          钢结构基本构件的设计
                                                                              受弯构件
```

››› 任务 1 钢结构概述

▣ 课前认知

钢结构是由钢制材料组成的结构，是重要的建筑结构类型之一。结构主要由型钢和钢板等制成的钢梁、钢柱、钢桁架等构件组成，因其自重较小且施工简便，广泛应用于大型厂房、场馆、超高层等领域。

▣ 理论学习

11.1.1 钢结构的特点

(1)自重轻、强度高。钢比混凝土、砌体和木材的强度和弹性模量高出很多倍。另外，钢结构的自重常较轻。例如，在跨度和荷载都相同时，普通钢屋架的重量只有钢筋混凝土屋架的 1/4～1/3；若采用薄壁型钢屋架，则轻得更多。由于自重轻、刚度大，钢结构常用于建造大跨度和超高、超重型的建筑物，以减轻下部结构和基础的负担。

（2）工业化程度高，降低建设成本，使工期缩短。建筑模数协调统一标准实现了钢结构工业化大规模生产，提高了钢结构预工程化，使不同形状和不同制造方法的钢结构配件具有一定的通用性和互换性。与此同时，钢结构的预工程化使材料加工和安装一体化，大大降低了建设成本，并且加快了施工速度，使工期能够缩短 40% 以上。

（3）塑性、韧性好。钢材具有良好的塑性，钢结构在一般情况下不会发生突发性破坏，而是在事先有较大变形。此外，钢材还具有良好的韧性，能很好地承受动力荷载。

（4）原材料可以循环使用，有助于环保和可持续发展。钢材是一种高强度、高效能的材料，具有很高的再循环价值，其边角料也有价值，不需要制模施工。

（5）耐腐蚀性、耐火性差。一般钢材在湿度大和有侵蚀性介质的环境中容易锈蚀，因此须采取除锈、刷油漆等防护措施，而且须定期维护，故维护费用较高；当辐射热温度低于 100 ℃ 时，即使长期作用，钢材的主要性能变化很小，其屈服点和弹性模量均降低不多。但当温度超过 250 ℃ 时，其材质变化较大，故当结构表面长期受辐射热达 150 ℃ 以上或在短时间内可能受到火焰作用时，须采取隔热和防火措施。

11.1.2　钢结构的应用范围

钢结构应用范围广泛，应根据钢结构的特点并结合我国国情进行合理选择。钢结构的应用范围包括以下几个方面：

（1）重型钢结构。近年来，随着网架结构的应用，许多工业车间采用了钢结构，如冶金厂房的平炉车间、转炉车间、混铁炉车间、初轧车间、重型机械厂的铸钢车间、水压机车间、锻压车间等。

（2）轻型钢结构。轻型钢结构是一种新型钢结构体系，广泛应用于中小型房屋建筑、体育场看台雨篷、小型仓库等建筑结构。

（3）大跨度钢结构。钢结构被广泛应用于飞机装配车间、飞机库、干煤棚、大会堂、体育馆、展览馆等大跨度结构，其结构体系为网架、悬索、拱架及框架等。

（4）高耸钢结构。大多数高耸结构（如电视塔、通信塔、石油化工塔、火箭发射塔、钻井塔、输电线路塔、大气监测塔、旅游瞭望塔等）均采用钢结构。

（5）建筑钢结构。旅馆、饭店、办公大楼等高层建筑采用钢结构的情况越来越多，一些小高层建筑（12～16 层）、多层建筑（6～8 层）也有采用钢结构的趋势。

（6）桥梁钢结构。桥梁钢结构的应用越来越多，特别是用于中等跨度和大跨度的斜拉桥。

（7）板壳钢结构。钢结构在对密闭性要求较高的容器（如大型储油库、煤气库、炉壳等）及能承受很大内力的板壳结构中都有广泛的应用。

（8）移动钢结构。由于钢结构具有强度高、质量相对较轻的特点，在装配式房屋、水工闸门、升船机、桥式起重机及各种塔式起重机、龙门起重机、缆索起重机等移动结构中的应用也越来越多。

（9）其他构筑物。如栈桥、管道支架、井架和海上采油平台等。

11.1.3　钢结构材料

1. 钢材的种类

我国的建筑用钢主要有碳素结构钢和低合金高强度结构钢两种。

(1)碳素结构钢。碳素结构钢的质量等级按由低到高的顺序分为 A、B、C、D 四个等级。质量的高低主要是以对冲击韧性的要求区分的,对冷弯性能的要求也有所区别。碳素结构钢交货时,应有化学成分和力学性能的合格保证书。力学性能要求屈服点、抗拉强度、伸长率和冷弯性能合格。

建筑结构用碳素结构钢主要应用 Q235 钢。碳素结构钢的牌号由代表屈服点的字母 Q、屈服点数值、质量等级、脱氧方法符号四部分按顺序组成。对 Q2335 钢来说,A、B 两级的脱氧方法可以是沸腾钢(F)、镇静钢(Z),C 级为镇静钢(Z),D 级为特殊镇静钢(TZ)。C 级和 D 级脱氧方法符号 Z 和 TZ 在牌号中予以省略。

(2)低合金高强度结构钢。根据钢材厚度(直径)≤16 mm 时的屈服点(N/mm²),分为 Q295、Q345、Q390、Q420、Q460 五种。其中,Q345、Q390 和 Q420 三种钢材均有较高的强度和较好的塑性、韧性和焊接性能,被《钢结构设计标准》(GB 50017—2017)选为承重结构用钢。

低合金高强度结构钢的牌号也有质量等级符号,分为 A、B、C、D、E 五个等级。和碳素结构钢一样,不同质量等级是按对冲击韧性的要求区分的。低合金高强度结构钢交货时,应有化学成分和屈服点、抗拉强度、冷弯等力学性能的合格保证书。

2. 钢材的规格

钢结构采用的型材主要为热轧成型的钢板和型钢,以及冷弯(或冷压)成型的薄壁型钢。由工厂生产供应的钢板和型钢等有成套的截面形状和一定的尺寸间隔,称为钢材规格。

(1)热轧钢板。热轧钢板包括厚钢板、薄钢板和扁钢等。厚钢板的厚度为 4.5~60 mm,宽度为 600~3 000 mm,长度为 4~12 m,其被广泛用于组成焊接构件和连接钢板。薄钢板的厚度为 0.35~4 mm,宽度为 500~1 500 mm,长度为 0.5~4 m,是冷弯薄壁型钢的原料。扁钢的厚度为 4~60 mm,宽度为 12~200 mm,长度为 3~9 m。钢板的表示方法为在钢板横断面符号"一"后加"厚×宽×长"(单位为 mm),如 12 mm×800 mm×2 100 mm。

(2)热轧型钢。热轧型钢包括角钢、工字钢、H 型钢、槽钢和钢管等,如图 11-1 所示。

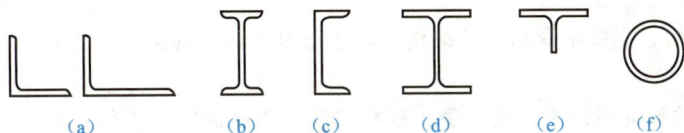

图 11-1 热轧型钢截面

(a)角钢;(b)工字钢;(c)槽钢;(d)H 型钢;(e)T 型钢;(f)钢管

角钢分为等边和不等边两种,主要用来制作桁架等格构式结构的杆件和支撑等连接杆件。等边角钢的表示方法是在符号"∟"后加"边长×厚度"。

工字钢分为普通工字钢和轻型工字钢。普通工字钢的型号用符号"I"后加截面高度的厘米数来表示。20 号以上的工字钢,又按腹板的厚度不同,同一号数分为 a、b 类别,a 类腹板较薄。

H 型钢可分为宽翼缘 H 型钢(代号 HW)、中翼缘 H 型钢(代号 HM)及窄翼缘 H 型钢(代号 HN)三类。代号后加"高度 h×宽度 b×腹板厚度 t_1×翼缘厚度 t_2",例如,HW400×400×13×21,单位均为 mm。

槽钢分为普通槽钢和轻型槽钢两种,适于作檩条等双向受弯的构件,也可用其组成组合或格构式构件。型号如 36a 指截面高度为 36 cm,腹板厚度为 a 类的槽钢。

钢管常用作桁架、网架、网壳等平面和空间格构式结构的杆件,在钢管混凝土柱中也有广泛的应用。规格用符号"ϕ"后加"外径×壁厚"表示,如 ϕ400×16,单位为 mm。

(3)薄壁型钢。薄壁型钢是用薄钢板经模压或弯曲成型,其壁厚一般为 1.5~5 mm,截面形式如图 11-2 所示。压型钢板是近年来开始使用的薄壁型材，是由热轧薄钢板经冷压或冷轧成型的，所用钢板厚度为 0.4～2 mm，主要用作轻型屋面及墙面等构件。

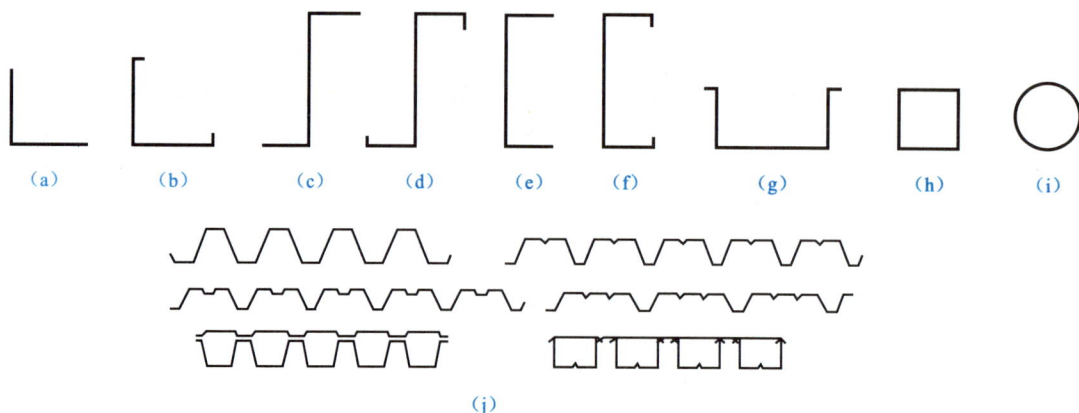

图 11-2　薄壁型钢的截面形式

(a)等边角钢；(b)等边卷边角钢；(c)Z 型钢；(d)卷边 Z 型钢；
(e)槽钢；(f)卷边槽钢；(g)向外卷边槽钢(帽型钢)；(h)方管；(i)圆管；(j)压型板

3. 钢材的选择

选择钢材要做到结构安全可靠，同时用材经济合理。为此，在选择钢材时应考虑下列各因素：

(1)结构或构件的重要性；

(2)荷载性质(静载或动载)；

(3)连接方法(焊接、铆接或螺栓连接)；

(4)工作条件(温度及腐蚀介质)。

对于重要结构、直接承受动载的结构、处于低温条件下的结构及焊接结构，应选用质量较高的钢材。

在 Q235 钢的保证项目中，碳含量、冷弯试验合格和冲击韧性值并未作为必要的保证条件，所以只宜用于不直接承受动力作用的结构中。当用于焊接结构时，其质量证明书中应注明碳含量不超过 0.2%。

连接所用钢材，如焊条、自动或半自动焊的焊丝及螺栓的钢材应与主体金属的强度相适应。

仿真实训

利用 BIM 建模软件完成简易钢结构建模(不包括节点连接处焊缝、螺栓详细情况)。

技能测试

1. 我国的建筑用钢主要有 ＿＿＿＿＿＿ 和 ＿＿＿＿＿＿ 两种。
2. 建筑结构用碳素结构钢主要应用 ＿＿＿＿ 钢。
3. 热轧型钢包括 ＿＿＿＿、＿＿＿＿、＿＿＿＿、＿＿＿＿ 和 ＿＿＿＿ 等。
4. HW400×400×13×21 表示 ＿＿＿＿ 钢，高度为 ＿＿＿＿ mm，宽度为 ＿＿＿＿ mm，腹板厚度为 ＿＿＿＿ mm，翼缘厚度为 ＿＿＿＿ mm。

任务工单

根据所学知识，完成以下任务工单。

1. 钢结构主要应用在哪些建筑上？

2. 选择钢材主要考虑哪些因素？

任务2　钢结构连接的构造与计算

课前认知

钢结构的连接方法有焊缝连接、螺栓连接和铆钉连接 3 种，目前铆钉连接已基本不用，因此本任务着重了解焊缝连接及螺栓连接。

理论学习

11.2.1　焊缝连接

1. 焊缝连接的方法

(1)手工电弧焊。手工电弧焊是指以手工操作的方法，利用焊接电弧产生的热量使焊条和焊件熔化，并凝固成牢固接头的工艺过程。

手工电弧焊是一种适应性很强的焊接方法，它的焊接设备简单，使用灵活、方便；不足之处是生产效率低、劳动强度大、对焊工的操作技能要求较高。

手工电弧焊在建筑钢结构中得到广泛使用，可在室内、室外及高空中平、横、立、仰的位置进行施焊。

焊条电弧焊所用焊条应与焊接钢材相适应：对 Q235 钢材采用 E43 型焊条（E4300～E4328）；对 Q345 钢材采用 E50 型焊条（E5001～E5048）；对 Q390 钢材和 Q420 钢材采用 E55 型焊条（E5500～E5518）。不同钢种的钢材相焊接时，如 Q235 钢材与 Q345 钢材相焊接，宜采用与低强度钢材相适应的 E43 型焊条。

（2）埋弧焊（自动或半自动电弧焊）。埋弧焊是电弧在焊剂层下燃烧的一种电弧焊方法。

自动电弧焊是将电弧焊的设备装在小车上，使小车按规定速度沿轨道移动，通电引弧后，焊丝附件的构件熔化，焊渣浮于熔化的金属表面，将焊剂埋盖，保护熔化后的金属。若焊机的移动是通过人工操作实现的，则称为半自动电弧焊。

自动（半自动）电弧焊的焊接质量明显高于手工电弧焊，特别适用于焊缝较长的直线焊缝。

自动（半自动）电弧焊的焊丝一般采用专门的焊接用钢丝。对 Q235 钢，可采用 H08A、H08MnA、H08E 等焊丝，相应的焊剂分别为 HJ430、HJ430 和 SJ401。对 Q345 钢，厚板深坡口对接时可用 H08MnMoA、H10Mn2 焊丝，焊剂可用 HJ350；中厚板开坡口对接时可用 H08MnA、H10Mn2 和 H10MnSi 焊丝，不开坡口的对接焊缝，可用 H08A 焊丝，焊剂可用 HJ430、HJ431 或 SJ301。对 Q390 钢和 Q420 钢，厚板深坡口对接时常用 H08MnMoA 焊丝，焊剂为 HJ350 或 HJ250；中厚板开坡口对接时用 H10Mn2、H10MnSi，不开坡口的对接焊缝用 H08A、H08MnA 焊丝，焊剂用 HJ430 或 HJ431。

（3）气体保护焊。气体保护焊是用喷枪喷出二氧化碳气体或其他惰性气体作为电弧的保护介质，使熔化的金属与空气隔绝，以保持焊接过程稳定。由于焊接时没有焊剂产生的熔渣，因此便于观察焊缝的成型过程，但操作时须在室内避风处，在工地则须搭设防风棚。

气体保护焊具有焊接速度快，焊件熔深大，焊缝强度比手工电弧焊高，塑性、抗腐蚀性好等特点，适用于厚钢板或特厚钢板（$t > 100$ mm）的焊接。

2. 焊缝连接的形式

焊缝连接的形式主要分为对接、搭接、T 形连接和角部连接四种，如图 11-3 所示。

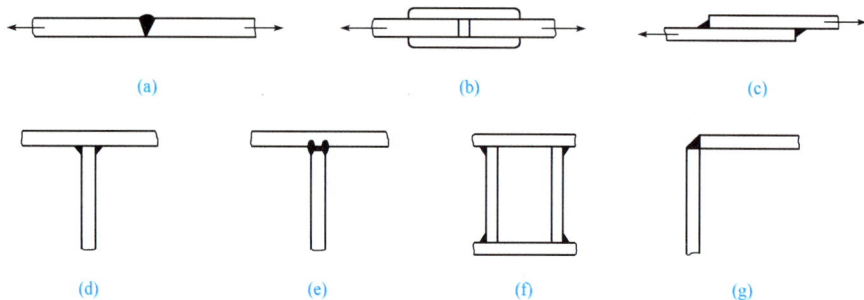

图 11-3　焊缝连接的形式

（a）对接连接；（b）拼装盖板的对接连接；（c）搭接连接；（d）、（e）T 形连接；（f）、（g）角部连接

对接连接主要用于厚度相同或接近相同的两构件的相互连接；搭接连接用于不同厚度构件的连接；T 形连接常用于制作组合截面；角部连接主要用于制作箱形截面。

3. 对接焊缝的构造要求与计算

（1）对接焊缝的构造要求。在对接焊缝的拼接处，当焊件的宽度不同或厚度在一侧相差 4 mm 以上时，应分别在宽度方向或厚度方向从一侧或两侧做成坡度不大于 1∶2.5 的斜角，如图 11-4（a）、（b）所示。

如果两钢板厚度相差小于 4 mm，也可不做斜坡，直接用焊缝表面斜坡来找坡，如图 11-4（c）所示，焊缝的计算厚度等于较薄板的厚度。

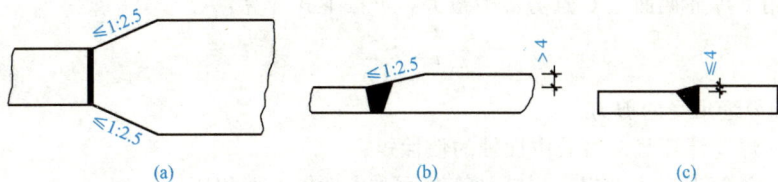

图 11-4　不同宽度或厚度钢板的拼接

(a)不同宽度；(b)、(c)不同厚度

对于较厚的焊件($t \geqslant 20$ mm，t 为钢板厚度），应采用 V 形缝、U 形缝、K 形缝、X 形缝。其中，V 形缝和 U 形缝为单面施焊，但在焊缝根部还需补焊。对于没有条件补焊时，要事先在根部加垫板，如图 11-5 所示。当焊件可随意翻转施焊时，使用 K 形缝和 X 形缝较好。

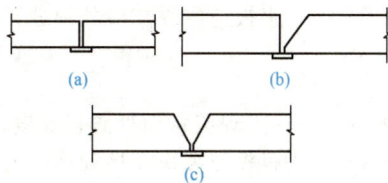

图 11-5　根部加垫板

(2)对接焊缝的计算。

1)轴心压力作用下对接焊缝的计算。在对接接头和 T 形接头中，垂直于轴心拉力或轴心压力的对接焊缝或对接与角接组合焊缝，其强度应按下式计算：

$$\sigma = \frac{N}{l_w t} \leqslant f_t^w \text{ 或 } f_c^w \tag{11-1}$$

式中　N——轴心拉力或轴心压力；

l_w——焊缝长度；

t——在对接接头中为连接件的较小厚度，在 T 形接头中为腹板的厚度；

f_t^w、f_c^w——对接焊缝的抗拉、抗压强度设计值。

当对接焊缝和 T 形对接与角接组合焊缝无法采用引弧板或引出板施焊时，每条焊缝在长度计算时应各减去 $2t$。

2)弯矩和剪力共同作用下对接焊缝的计算。在对接接头和 T 形接头中承受弯矩和剪力共同作用的对接焊缝或对接与角接组合焊缝，其正应力和剪应力应分别进行计算。弯矩作用下焊缝产生正应力，剪力作用下焊缝产生剪应力，其应力分布如图 11-6 所示。

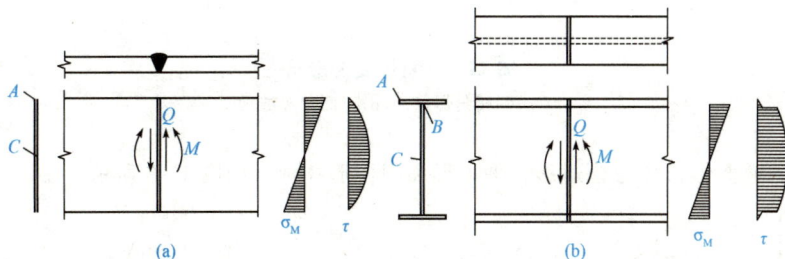

图 11-6　弯矩和剪力共同作用下的对接焊缝

弯矩作用下焊缝截面上 A 点正应力最大，其计算公式为

$$\sigma_M = \frac{M}{W_w} \tag{11-2}$$

式中　M——焊缝承受的弯矩；

W_w——焊缝计算截面的截面模量。

剪力作用下焊缝截面上 C 点剪应力最大，可按下式计算：

$$\tau = \frac{QS_w}{I_w t} \qquad (11\text{-}3)$$

式中　Q——焊缝承受的剪力；

I_w——焊缝计算截面对其中性轴的惯性矩；

S_w——计算剪应力处以上焊缝计算截面对中性轴的面积矩。

对于 I 形、箱形等构件，在腹板与翼缘交接处，如图 11-6 所示，焊缝截面的 B 点同时受较大的正应力 σ_1 和较大的剪应力 τ_1 作用，还应计算折算应力。其计算公式为

$$\sigma_f = \sqrt{\sigma_1^2 + 3\tau_1^2} \qquad (11\text{-}4)$$

式中　σ_1——腹板与翼缘交接处焊缝正应力。

$$\sigma_1 = \frac{Mh_0}{W_w h} \qquad (11\text{-}5)$$

式中　h_0，h——焊缝截面处腹板高度、总高度；

τ_1——腹板与翼缘交接处焊缝剪应力。

$$\tau_1 = \frac{QS_1}{I_w t_w} \qquad (11\text{-}6)$$

式中　S_1——B 点以上面积对中性轴的面积矩；

t_w——腹板厚度。

4. 角焊缝的连接构造要求与计算

（1）角焊缝的构造要求。

1）角焊缝的形式。角焊缝按其长度方向和外力作用方向的不同，分为平行于力作用方向的侧面角焊缝[图 11-7(a)]、垂直于力作用方向的正面角焊缝[图 11-7(b)]和与力作用方向成斜角的斜向角焊缝。

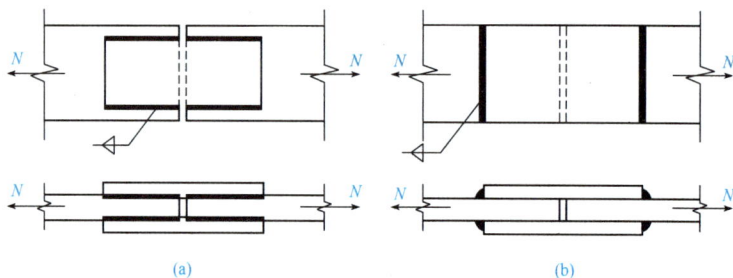

图 11-7　角焊缝的形式

(a)侧面角焊缝；(b)正面角焊缝

角焊缝的截面形式分为普通形、平坦形和凹面形 3 种，如图 11-8 所示。

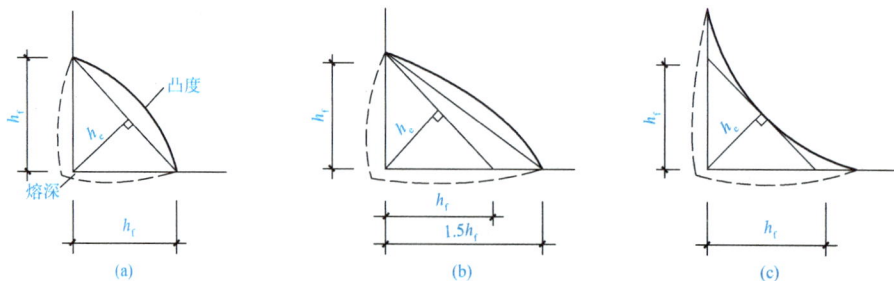

图 11-8　直角角焊缝的截面形式

(a)普通形；(b)平坦形；(c)凹面形

2)角焊缝的尺寸要求。

①最小焊脚尺寸。角焊缝的焊脚尺寸与焊接的厚度有关，若板件厚度较大而焊缝焊脚尺寸过小，则施焊时焊缝冷却速度过快，可能产生淬硬组织，易使焊缝附近主体金属产生裂纹。因此，角焊缝的最小焊脚尺寸 $h_{f,min}$ 应满足下式要求：

$$h_{f,min} \geqslant 1.5\sqrt{t_{max}} \tag{11-7}$$

式中 t_{max}——较厚焊件的厚度。

埋弧自动焊的热量集中，熔深较大，故最小焊脚尺寸 $h_{f,min}$ 可较上式减小 1 mm，T 形连接单面角焊缝可靠性较差，$h_{f,min}$ 应增加 1 mm。当焊件厚度等于或小于 4 mm 时，$h_{f,min}$ 应与焊件同厚。

②最大焊脚尺寸。角焊缝的焊脚过大，易使焊件形成烧伤、烧穿等"过烧"现象，且使焊件产生较大的焊接残余应力和残余变形，因此，角焊缝的 $h_{f,max}$ 应符合下规定：

$$h_{f,max} \leqslant 1.2t_{min} \tag{11-8}$$

式中 t_{min}——较薄焊件的厚度。

对板件(厚度为 t)边缘的角焊缝应符合下列要求：

当 $t > 6$ mm 时，$h_{f,max} \leqslant t-(1\sim2)$mm；

当 $t \leqslant 6$ mm 时，$h_{f,max} \leqslant t$。

3)最大计算长度。侧面角焊缝沿长度方向的切应力分布很不均匀，两端大、中间小，且随焊缝长度与其焊脚尺寸比值的增大而更加严重。当焊缝过长时，其两端应力可能达到极限，而此时焊缝中部未充分发挥其承载能力。在动力荷载作用下，这种应力集中现象更为不利。因此，侧面角焊缝的计算长度应满足：$l_w \leqslant 60h_f$(承受静力荷载或间接承受动力荷载)或 $l_w \leqslant 40h_f$(直接承受动力荷载)。当大于上述规定数值时，超过部分在计算中不予考虑。若内力沿侧面角焊缝全长分布时则不受此限，如 I 形截面柱或梁的翼缘与腹板的角焊缝连接等。

4)最小计算长度。角焊缝焊脚大而长度过小时，焊件局部受热严重，且焊缝起落弧的弧坑相距太近，加上可能产生的其他缺陷，也使焊缝不够可靠。因此，角焊缝的计算长度不宜小于 $8h_f$ 和 40 mm，即其最小实际长度应为 $8h_f+10$ mm；当 $h_f \leqslant 5$ mm 时，则应为 50 mm。

5)板件的端部仅用两侧面角焊缝连接时，为避免应力传递过于弯折而致使板件应力过分不均匀，应使 $l_w \geqslant b$；同时，为避免因焊缝收缩而使板件变形拱曲过大，还宜使 $b \leqslant 16t$(当 $t > 12$ mm 时)或 $b \leqslant 190$ mm(当 $t \leqslant 12$ mm 时)，t 为较薄焊件的厚度。

6)当角焊缝的端部在构件转角处时，为避免起落弧的缺陷发生，在此应力集中较大的部位宜作长度为 $2h_f$ 的绕角焊，如图 11-9 所示，且转角处必须连续施焊，不能断弧。

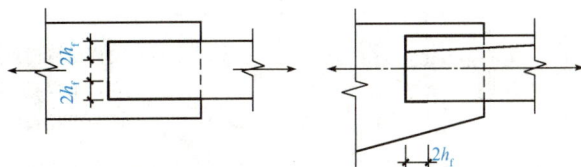

图 11-9　角焊缝的绕角焊

(2)角焊缝的计算。

1)在通过焊缝形心的拉力、压力或剪力作用下。

正面角焊缝：

$$\sigma_f = \frac{N}{h_e l_w} \leqslant \beta_f f_f^w \tag{11-9}$$

侧面角焊缝(作用力平行于焊缝长度方向)：

219

$$\tau_f = \frac{N}{h_e l_w} \leqslant f_f^w \tag{11-10}$$

2)在各种力的综合作用下，σ_f 和 τ_f 共同作用处：

$$\sqrt{\left(\frac{\sigma_f}{\beta_f}\right)^2 + \tau_f^2} \leqslant f_f^w \tag{11-11}$$

式中　σ_f——按焊缝有效截面($h_e l_w$)计算，垂直于焊缝长度方向的应力；

τ_f——按焊缝有效截面计算，沿焊缝长度方向的剪应力；

h_e——角焊缝的计算厚度，对直角角焊缝等于 $0.7h_f$（h_f 为焊脚尺寸）；

l_w——角焊缝的计算长度，对每条焊缝取其实际长度减去 $2h_f$；

f_f^w——角焊缝的强度设计值；

β_f——正面角焊缝的强度设计值增大系数，对承受静力荷载和间接承受动力荷载的结构，$\beta_f = 1.22$；对直接承受动力荷载的结构，$\beta_f = 1.0$；被连接板件的最小厚度不大于 4 mm 时，取 $\beta_f = 1.0$。

3)斜角角焊缝($60° \leqslant \alpha \leqslant 135°$ 的 T 形接头)的强度应按式(11-9)~式(11-11)计算，但取 $\beta_f = 1.0$，计算厚度 $h_e = h_f \cos\frac{\alpha}{2}$（根部间隙 b、b_1 或 $b_2 \leqslant 1.5$ mm）或 $h_e = \left[h_f - \frac{b(\text{或} b_1 、 b_2)}{\sin\alpha}\right]\cos\frac{\alpha}{2}$（$b$、$b_1$ 或 $b_2 > 1.5$ mm，但 $\leqslant 5$ mm）。

4)部分焊透的对接焊缝和 T 形对接与角接组合焊缝强度，应按式(11-7)~式(11-9)计算；在垂直于焊缝长度方向的压力作用下，β_f 取 1.22；其他受力情况 β_f 取 1.0。其计算厚度应采用：

①V 形坡口：当 $\alpha \geqslant 60°$ 时，$h_e = s$；$\alpha < 60°$ 时，$h_e = 0.75s$。

②单边 V 形和 K 形坡口：当 $\alpha = 45° \pm 5°$ 时，$h_e = s - 3$。

③U 形、J 形坡口：当 $\alpha = 45° \pm 5°$ 时，$h_e = s$。

式中，s 为坡口深度，即根部至焊缝表面(不考虑余高)的最短距离(mm)；α 为 V 形、单边 V 形或 K 形坡口角度。

当熔合线处焊缝截面边长等于或接近最短距离 s 时，抗剪强度设计值应按角焊缝的强度设计值乘以 0.9。

5)角钢与钢板、圆钢与钢板、圆钢与圆钢之间的角焊缝连接计算。

①角钢与钢板连接的角焊缝，应按表 11-1 所列公式计算。

表 11-1　角钢与钢板连接的角焊缝计算公式($l_{w1} \geqslant l_{w3}$)

项次	连接形式	公式	说明
1	(a)两面侧焊	$l_{w1} = \dfrac{k_1 N}{2 \times 0.7 h_f f_f^w}$ $l_{w2} = \dfrac{k_2 N}{2 \times 0.7 h_f f_f^w}$	假定侧面角焊缝的焊脚尺寸 h_f 为已知，求焊缝计算长度 l_w，焊缝计算长度为设计长度减 $2h_f$
2	(b)三面围焊	$N_3 = 2 \times 0.7 h_{f3} l_{w3} \beta_f f_f^w$ 但须 $N_3 < 2k_2 N$ $N_1 = k_1 N - \dfrac{N_3}{2}$ $N_2 = k_2 N - \dfrac{N_3}{2}$ $l_{w1} = \dfrac{N_1}{2 \times 0.7 h_{f1} f_f^w}$ $l_{w2} = \dfrac{N_2}{2 \times 0.7 h_{f2} f_f^w}$	假定正面角焊缝的焊脚尺寸 h_{f3} 和长度 l_{w3} 为已知，侧面角焊缝的焊脚尺寸 h_{f1}、h_{f2} 为已知，求焊缝计算长度 l_{w1}、l_{w2}

项次	连接形式	公式	说明
3	(c)L形围焊	$N_3 = 2k_2 N$ $l_{w1} = \dfrac{N - N_3}{2 \times 0.7 h_{f1} f_f^w}$ $l_{w3} = \dfrac{N_3}{2 \times 0.7 h_{f2} f_f^w}$	L形围焊一般只宜用于内力较小的杆件连接，且使 $l_{w1} \geqslant l_{w3}$
4	(d)单角钢的单面连接	$l_{w1} = \dfrac{k_1 N}{0.7 h_{f1}(0.85 f_f^w)}$ $l_{w2} = \dfrac{k_2 N}{0.7 h_{f2}(0.85 f_f^w)}$	单角钢杆件单面连接，只宜用于内力较小的情况，式中 0.85 为焊缝强度折减系数

注：表中 h_{f1}、l_{w1} 为一个角钢肢背侧面角焊缝的焊脚尺寸和计算长度；h_{f2}、l_{w2} 为一个角钢肢尖侧面角焊缝的焊脚尺寸和计算长度；h_{f3}、l_{w3} 为一个角钢端部正面角焊缝的焊脚尺寸和计算长度；k_1、k_2 为角钢肢背和肢尖的角焊缝内力分配系数

②圆钢与钢板（或型钢的平板部分）、圆钢与圆钢之间的连接焊缝主要用于圆钢、小角钢的轻型钢结构中．应按下式计算抗剪强度：

$$\tau_f = \frac{N}{h_e \sum l_w} \leqslant f_f^w \tag{11-12}$$

$$h_e = 0.1(d_1 + 2d_2) - a \tag{11-13}$$

式中　f_f^w——角焊缝的强度设计值；

　　　h_e——焊缝的计算厚度[对圆钢与钢板（或型钢的平板部分）的连接，$h_e = 0.7 h_f$；对圆钢与圆钢的连接，$h_e = 0.1(d_1 + 2d_2) - a$]；

　　　d_1——大圆钢直径；

　　　d_2——小圆钢直径；

　　　a——焊缝表面至两个圆钢公切线的距离。

11.2.2　螺栓连接

1. 普通螺栓连接

(1)普通螺栓的构造要求。

1)普通螺栓的规格。钢结构采用的普通螺栓形式为六角头型，粗牙普通螺纹，其代号用字母 M 与公称直径表示，工程中常用 M16、M20 和 M24。

为制造方便，通常情况下，同一结构中宜尽可能采用一种栓径和孔径的螺栓，需要时也可采用 2～3 种直径的螺栓。钢结构施工图的螺栓和孔的制图应符合表 11-2 的规定。

表 11-2　螺栓孔及孔眼示例

名称	永久螺栓	高强度螺栓	安装螺栓	圆形螺栓孔	长圆形螺栓孔
图例					

2）普通螺栓的排列。螺栓的排列应遵循简单、紧凑、整齐划一和便于安装的原则，通常采用并列和错列两种形式，如图 11-10 所示。并列布置简单，但栓孔削弱截面较大。错列布置可减少截面削弱，但排列较繁杂。

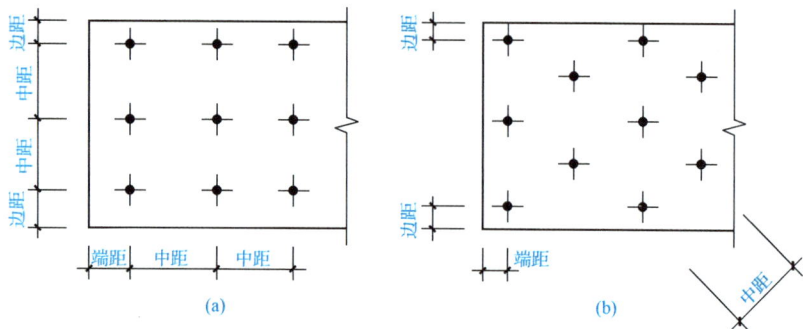

图 11-10　螺栓的排列形式
（a）并列布置；（b）错列布置

螺栓在构件上排列的间距及螺栓至构件边缘的距离不应过小，否则螺栓之间的钢板及边缘处螺栓孔前的钢板可能沿作用力方向被剪断；同时，螺栓间距及边距太小，也不利于扳手操作，此外，螺栓的间距及边距不应过大，否则钢板不能紧密贴合。对外排螺栓的中距及边距和端距更不应过大，以防止潮气侵入，引起锈蚀。

根据上述要求制定的螺栓最大、最小允许距离见表 11-3。

表 11-3　螺栓的最大、最小允许距离

名称	位置和方向			最大允许距离（取两者的较小值）	最小允许距离
中心间距	外排（垂直内力方向或顺内力方向）			$8d_0$ 或 $12t$	$3d_0$
	中间排	垂直内力方向		$16d_0$ 或 $24t$	
		顺内力方向	压力	$12d_0$ 或 $18t$	
			拉力	$16d_0$ 或 $24t$	
	沿对角线方向			—	
中心至构件边缘距离	顺内力方向			$4d_0$ 或 $8t$	$2d_0$
	垂直内力方向	剪切边或手工气割边			$1.5d_0$
		轧制边自动精密气割或锯割边	高强度螺栓		
			其他螺栓或铆钉		$1.2d_0$

注：1. d_0 为螺栓或铆钉孔直径，t 为外层较薄板件的厚度。
　　2. 钢板边缘与刚性构件（如角钢、槽钢等）相连的螺栓的最大间距，可按中间排的数值采用

对于角钢、工字钢、槽钢上的螺栓排列，如图 11-11 所示，除应满足表 11-3 的要求外，还应分别符合表 11-4～表 11-6 的要求。

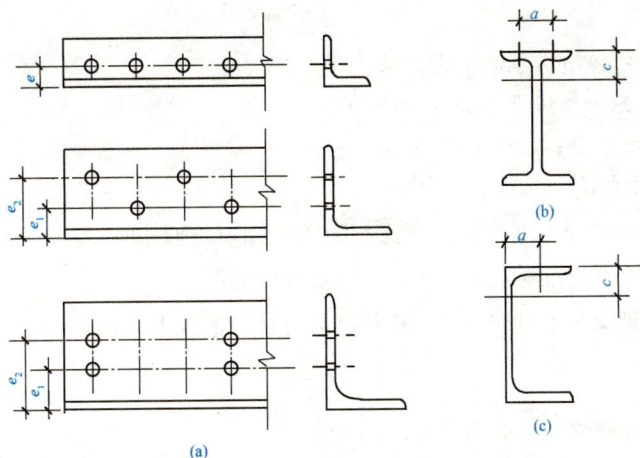

图 11-11　螺栓排列

(a)角钢；(b)工字钢；(c)槽钢

表 11-4　角钢上螺栓或铆钉线距　　　　　　　　mm

	角钢肢宽	40	45	50	56	63		70	75	80	90	100	110	125
单行排列	线距 e	25	25	30	30	35		40	40	45	50	55	60	70
	钉孔最大直径	11.5	13.5	13.5	15.5	17.5		20	22	22	24	24	26	26
双行错排	角钢肢宽	125	140	160	180	200	双行并列	角钢肢宽				160	180	200
	e_1	55	60	70	70	80		e_1				60	70	80
	e_2	90	100	120	140	160		e_2				130	140	160
	钉孔最大直径	24	24	26	26	26		钉孔最大直径				24	24	26

表 11-5　工字钢和槽钢腹板上的螺栓线距　　　　　　　　mm

工字钢型号	12	14	16	18	20	22	25	28	32	36	40	45	50	56	63
线距 c_{min}	40	45	45	45	50	50	55	60	60	65	70	75	75	75	75
槽钢型号	12	14	16	18	20	22	25	28	32	36	40	—	—	—	—
线距 c_{min}	40	45	50	50	55	55	55	60	65	70	75	—	—	—	—

表 11-6　工字钢和槽钢翼缘上的螺栓线距　　　　　　　　mm

工字钢型号	12	14	16	18	20	22	25	28	32	36	40	45	50	56	63
线距 c_{min}	40	40	50	55	60	65	65	70	75	80	80	85	90	95	95
槽钢型号	12	14	16	18	20	22	25	28	32	36	40	—	—	—	—
线距 c_{min}	30	35	35	40	40	45	45	45	50	56	60	—	—	—	—

(2)普通螺栓连接的计算。

1)普通螺栓承载能力设计值。

①普通螺栓受剪连接中，单个螺栓承载力设计值按下式取值：

$$N_{min}^b = \{ N_v^b, N_c^b \} \qquad (11\text{-}14)$$

$$N_v^b = n_v \frac{\pi d^2}{4} f_v^b \qquad (11\text{-}15)$$

223

$$N_c^b = d \sum t f_c^b \tag{11-16}$$

式中 N_v^b——单个螺栓抗剪承载力设计值；

N_c^b——单个螺栓承压承载力设计值；

n_v——受剪面数目；

d——螺栓杆直径(mm)；

$\sum t$——在不同受力方向中一个受力方向承压构件的较小总厚度(mm)；

f_v^b、f_c^b——螺栓的抗剪和承压强度设计值(N/mm²)。

②普通螺栓杆轴受拉连接中，单个螺栓承载力设计值按下式计算：

$$N_t^b = \frac{\pi d_e^2}{4} f_t^b \tag{11-17}$$

式中 d_e——螺栓在螺纹处的有效直径(mm)；

f_t^b——普通螺栓的抗拉强度设计值(N/mm²)。

2)普通螺栓连接的计算公式。承受轴心力的抗剪连接，需要螺栓数的要求如下：

$$n \geqslant \frac{N}{N_{min}} \tag{11-18}$$

式中 N_{min}——一个螺栓受剪承载力设计值。

2. 高强度螺栓连接

(1)高强度螺栓连接构造要求。高强度螺栓连接是一种新的钢结构的连接形式，其具有施工简单、受力性能好、可拆换、耐疲劳及在动力荷载作用下不松动等优点。

高强度螺栓的构造和排列要求，除栓杆与孔径的差值较小外，与普通螺栓相同。

目前，我国采用的高强度螺栓性能等级，按热处理后的强度分为 10.9 级和 8.8 级两种。其中，整数部分(10 和 8)表示螺栓成品的抗拉强度 f_u 不低于 1 000 N/mm² 和 800 N/mm²，小数部分(0.9 和 0.8)则表示其屈强比 f_y/f_u 为 0.9 和 0.8。

(2)高强度螺栓连接计算。

1)抗剪承载力设计值。

①在抗剪连接中，单个摩擦型高强度螺栓的承载力设计值应按下式计算：

$$N_v^b = 0.9 n_f \mu P \tag{11-19}$$

式中 n_f——传力摩擦面数目；

μ——摩擦面的抗滑移系数，见表 11-7；

P——个高强度螺栓的预拉力，见表 11-8。

表 11-7 摩擦面的抗滑移系数 μ

在连接处构件接触面的处理方法	构件的钢材牌号		
	Q235 钢	Q345 钢、Q390 钢	Q420 钢
喷砂(丸)	0.45	0.50	0.50
喷砂(丸)后涂无机富锌漆	0.35	0.40	0.40
喷砂(丸)后生赤锈	0.45	0.50	0.50
钢丝刷清除浮锈或未经处理干净轧制表面	0.30	0.35	0.40
注：门式刚架端板连接构件抗滑移系数可由设计人员自定，但应不小于 0.15，已考虑在连接的接触面涂刷防锈漆或不涂油漆的干净表面的情况			

表 11-8　一个高强度螺栓的预拉力 *P* 　　　　　　　　　　　　　kN

螺栓的性能等级	螺栓公称直径/mm					
	M16	M20	M22	M24	M27	M30
8.8 级	80	125	150	175	230	280
10.9 级	100	155	190	225	290	355

②在抗剪连接中，单个承压型高强度螺栓的承载力设计值的计算方法与普通螺栓相同。当剪切面在螺纹处时，其受剪承载力设计值应按螺纹处的有效面积计算。承压型高强度螺栓的预拉力 *P* 的计算及取值与摩擦型高强度螺栓相同。

在杆轴方向受拉的连接中，单个承压型高强度螺栓的承载力设计值的计算方法与普通螺栓相同。

③高强度螺栓抗拉连接的受力特点是依靠预拉力使连接件被压紧传力。当连接在沿螺栓杆轴方向再承受外力时，螺栓所承担的外拉力设计值 N_t 不超过其预拉力 *P*，螺栓杆内原预拉力基本不变。当 $N_t > P$ 时，螺栓可能达到钢材的屈服强度，卸荷后连接产生松弛现象，预拉力降低。因此，规范偏安全地规定一个高强度螺栓抗拉承载力设计值为

$$N_t^b = 0.8P \tag{11-20}$$

2）高强度螺栓连接计算公式。

①当摩擦型高强度螺栓连接同时承受摩擦面间的剪力和螺栓杆轴方向的外拉力时，其承载力应按下式计算：

$$\frac{N_v}{N_v^b} + \frac{N_t}{N_t^b} \leqslant 1 \tag{11-21}$$

式中　N_v、N_t——某个高强度螺栓所承受的剪力和拉力（N）；

N_v^b、N_t^b——一个高强度螺栓的受剪、受拉承载力设计值（N）。

②同时承受剪力和杆轴方向拉力的承压型连接的高强度螺栓，应符合下列公式要求：

$$\sqrt{\left(\frac{N_v}{N_v^b}\right)^2 + \left(\frac{N_t}{N_t^b}\right)^2} \leqslant 1 \tag{11-22}$$

$$N_v \leqslant N_c^b / 1.2 \tag{11-23}$$

式中　N_c^b——一个高强度螺栓的承压承载力设计值。

③高强度螺栓抗拉连接时，拉力 *N* 通过螺栓群形心时所需螺栓数为

$$n = \frac{N}{N_t^b} = \frac{N}{0.8P} \tag{11-24}$$

在弯矩作用下，最上端螺栓应满足：

$$N_{t1} = \frac{My_1}{\sum y_i^2} \leqslant 0.8P \tag{11-25}$$

对高强度螺栓在弯矩作用下受拉计算时，取螺栓群形心应偏于安全。

④高强度螺栓群的抗剪计算。高强度螺栓群受轴心力作用时，对构件净截面验算，高强度螺栓承压型连接与普通螺栓相同；对于高强度螺栓摩擦型连接，孔前传力占螺栓传力的 50%，构件截面强度按下式计算：

$$N' = N\left(1 - \frac{0.5n_1}{n}\right) \tag{11-26}$$

式中　n_1——计算截面上的螺栓数；

n——连接一侧的螺栓总数。

构件截面强度按下式计算：

$$\sigma = \frac{N'}{A_n} \leqslant f \qquad\qquad (11\text{-}27)$$

$$\sigma = \frac{N}{A} \leqslant f \qquad\qquad (11\text{-}28)$$

式中　A_n——构件的净截面面积；

　　　　A——构件的毛截面面积。

仿真实训

利用 BIM 建模软件完成任务 1 钢结构模型中焊接、螺栓节点的建模。

技能测试

1. 手工电弧焊在建筑钢结构中得到广泛使用，可在_____、_____及高空中_____、_____、_____、_____的位置进行施焊。

2. 焊条电弧焊所用焊条应与焊接钢材相适应：对 Q235 钢材采用_____焊条；对 Q345 钢材采用_____焊条；对 Q390 钢材和 Q420 钢材采用_____焊条。

3. 焊缝连接的形式主要分为_____、_____、_____和_____ 4 种。

4. 角焊缝按其长度方向和外力作用方向的不同，分为平行于力作用方向的_____、垂直于力作用方向的_____和与力作用方向成斜角的_____。

5. 螺栓的排列通常采用_____和_____两种形式。

6. 目前，我国采用的高强度螺栓性能等级，按热处理后的强度分为_____级和_____两种。

任务工单

根据所学知识，完成以下任务工单。

1. 角焊缝通常有哪三种截面形式？

2. 在焊接过程中，钢结构基本尺寸的变化主要有哪几种？

3. 某 8 m 跨度的简支梁，在距离支座 2.4 m 处采用对接焊缝连接，如图 11-12 所示。已知：钢材为 Q235 级，$q=150$ kN/m（设计值，已包含梁自重在内），采用 E43 型焊条，手工焊，质量等级为三级，施焊时采用引弧板。试验算对接焊缝的强度是否满足要求。

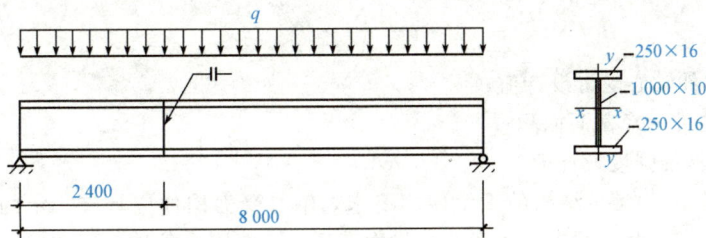

图 11-12 对接焊缝强度验算

任务 3 钢结构基本构件的设计

课前认知

钢结构构件按受力情况主要分为轴心受力构件、受弯构件、拉弯和压弯构件。其中，轴心受力构件是指承受通过截面形心轴线的轴向力作用的构件，主要用于承重结构，它们广泛应用于桁架网架、塔架和支撑等结构。只承受弯矩或弯矩与剪力共同作用的构件称为受弯构件。受弯构件主要用于钢结构的工作平台梁、楼盖梁、墙架梁、吊车梁、檩条。

理论学习

11.3.1 轴心受力构件

1. 轴心受力构件的截面形式

轴心受力构件包括轴心受拉构件和轴心受压构件。轴心受力构件的截面形式一般分为两类：第一类是热轧型钢截面，如圆钢、圆管、方管、角钢、工字钢、T 型钢和槽钢等；第二类是型钢组合截面或格构式组合截面。

对轴心受力构件截面形式的选择应满足下列要求：能提供强度所需的截面面积；制作简便；便于和相邻构件连接；截面宽大而壁厚较薄，以满足刚度要求。对轴心受压构件，截面宽大更具有重要意义，因为其稳定性直接取决于它的整体刚度，所以，其截面的两个主轴方向的尺寸应宽大。根据以上情况，轴心受压构件除经常采用双角钢和宽翼缘 I 形截面外，有时需要采用实腹式或格构式组合截面。

227

2. 轴心受力构件的计算

(1)强度计算。轴心受力构件不论截面是否有孔洞等削弱，均以其净截面平均应力 σ 不超过钢材的强度设计值 f 作为承载力极限状态，其计算公式为

$$\sigma = \frac{N}{A_n} \leqslant f \tag{11-29}$$

式中　N——构件轴心受力设计值；

　　　A_n——构件的净截面面积；

　　　f——钢材的强度设计值。

(2)刚度验算。为满足结构的正常使用要求，轴心受力构件应具有一定的刚度，以保证构件不会在运输和安装过程中产生弯曲或过大变形，不会因自重使处于非竖直位置时构件产生较大挠曲，也不会在动力荷载作用时发生较大振动。《钢结构设计标准》(GB 50017—2017)通过限制构件的长细比不超过容许长细比来保证轴心受力构件的刚度，计算公式为

$$\lambda = \frac{l_0}{i} \leqslant [\lambda] \tag{11-30}$$

式中　λ——构件长细比，对于仅承受静力荷载的桁架为自重产生弯曲的竖向平面内的长细比，其他情况为构件最大长细比；

　　　i——截面回转半径；

　　　l_0——构件计算长度；

　　　$[\lambda]$——构件容许长细比，按表 11-9 或表 11-10 取用。

表 11-9　受拉构件的容许长细比

项次	构件名称	承受静力荷载或间接承受动力荷载的结构			直接承受动力荷载的结构
		一般建筑结构	对腹杆提供平面外支点的弦杆	有重级工作制起重机的厂房	
1	桁架的杆件	350	250	250	250
2	吊车梁或吊车桁架以下的柱间支撑	300	—	200	—
3	除张紧的圆钢外的其他拉杆、支撑、系杆等	400	—	350	—

表 11-10　受压构件的容许长细比

项次	构件名称	容许长细比
1	轴心受压柱、桁架和天窗架中的压杆	150
	柱的缀条、吊车梁或吊车桁架以下的柱间支撑	
2	支撑(吊车梁或吊车桁架以下的柱间支撑除外)	200
	用以减少受压构件计算长度的杆件	

(3)稳定计算。对于轴心受拉构件，由于在拉力作用下总有拉直绷紧的倾向，其平衡状态总是稳定的，因此不必进行稳定性验算。但对于轴心受压构件，当其长细比较大时，构件截面往往是由其稳定性来确定的。

1)整体稳定验算。除可考虑屈服后强度的实腹式构件外，轴心受压构件的稳定性计算应符合下式要求：

$$\frac{N}{\varphi A f} \leqslant 1.0 \tag{11-31}$$

式中　N——轴心受压构件的压力设计值；

A——构件的毛截面面积；

f——钢材的抗压强度设计值；

φ——轴心受压构件的稳定系数（取截面两主轴稳定系数中的较小者），根据构件的长细比（或换算长细比）、钢材屈服强度和《钢结构设计标准》（GB 50017—2017）中表 7.2.1-1、表 7.2.1-2 的截面分类，按《钢结构设计标准》（GB 50017—2017）附录 D 采用。

2)局部稳定。钢结构中的轴心受压构件设计时，采用的板件宽度与厚度之比（简称宽厚比）一般较大，以使截面具有较大的回转半径，从而获得较高的经济效益。但如果板件过薄，在轴心压力作用下，可能在构件丧失整体稳定或强度破坏之前，板件偏离其原来的平面位置而发生波状鼓屈，这种现象称为构件丧失局部稳定或发生局部屈曲。构件丧失局部稳定后还可能继续承载，但板件的局部屈曲对构件的承载力有所影响，会加速构件的整体失稳。

为防止轴心受压构件发生局部失稳而影响构件的承载力，《钢结构设计标准》（GB 50017—2017）通过限制板件的宽厚比或高厚比的方法来保证，限制的原则是板件的局部失稳不先于构件的整体失稳。

①实腹轴心受压构件要求不出现局部失稳者，其板件宽厚比应符合下列规定：

a. H 形截面腹板：

$$h_0/t_w \leqslant (25+0.5\lambda)\varepsilon_k \tag{11-32}$$

式中　λ——构件的较大长细比，当 $\lambda<30$ 时，取为 30；当 $\lambda>100$ 时，取为 100；

h_0、t_w——腹板计算高度和厚度；对于轧制型截面，腹板计算高度不包括翼缘腹板过渡处圆弧段；

ε_k——钢号修正系数，其值为 235 与钢材牌号中屈服点数值的比值的平方根。

b. H 形截面翼缘：

$$b/t_f \leqslant (10+0.1\lambda)\varepsilon_k \tag{11-33}$$

式中　b、t_f——翼缘板自由外伸宽度和厚度。

c. 箱形截面壁板：

$$b/t \leqslant 40\varepsilon_k \tag{11-34}$$

式中　b——壁板的净宽度，当箱形截面设有纵向加劲肋时，为壁板与加劲肋之间的净宽度。

d. T 形截面翼缘宽厚比限值应按式(11-34)确定。

T 形截面腹板宽厚比限值为

热轧剖分 T 形钢：

$$h_0/t_w \leqslant (15+0.2\lambda)\varepsilon_k \tag{11-35}$$

焊接 T 形钢：

$$h_0/t_w \leqslant (13+0.7\lambda)\varepsilon_k \tag{11-36}$$

对焊接构件，h_0 取腹板高度 h_w；对热轧构件，h_0 取腹板平直段长度，简要计算时，可取 $h_0=h_w-t_f$，但不小于 (h_w-20)mm。

e. 等边角钢轴心受压构件的肢件宽厚比限值为

当 $\lambda \leqslant 80\varepsilon_k$ 时：

$$w/t \leqslant 15\varepsilon_k \qquad (11\text{-}37)$$

当 $\lambda > 80\varepsilon_k$ 时：

$$w/t \leqslant 5\varepsilon_k + 0.125\lambda \qquad (11\text{-}38)$$

式中　w、t——角钢的平板宽度和厚度，简要计算时 w 可取为 $b-2t$，b 为角钢宽度；

　　　　λ——按角钢绕非对称主轴回转半径计算的长细比。

f. 圆管压杆的外径与壁厚之比不应超过 $100\,\varepsilon_k^2$。

②当轴心受压构件的压力小于稳定承载力 φAf 时，可将其板件宽厚比限值由上述①中相关公式计算求得后乘以放大系数 $\alpha = \sqrt{\varphi Af}/N$ 确定。

11.3.2　受弯构件

受弯构件主要是指承受横向荷载而受弯的实腹钢构件，即钢梁。

1. 梁的强度计算

（1）正应力计算。

在主平面内受弯的实腹式构件，其受弯强度应按下式计算：

$$\frac{M_x}{\gamma_x W_{nx}} + \frac{M_y}{\gamma_y W_{ny}} \leqslant f \qquad (11\text{-}39)$$

式中　M_x、M_y——同一截面绕 x 轴和 y 轴的弯矩设计值（N·mm）；

　　　　W_{nx}、W_{ny}——对 x 轴和 y 轴的净截面模量；

　　　　f——钢材的抗弯强度设计值（N/mm²）；

　　　　γ_x、γ_y——对主轴 x、y 的截面塑性发展系数。应按《钢结构设计标准》（GB 50017—2017）的规定取值。

（2）剪应力计算。在主平面内受弯的实腹构件（不考虑腹板屈曲后强度），其抗剪强度应按下式计算：

$$\tau = \frac{VS}{I t_w} \leqslant f_v \qquad (11\text{-}40)$$

式中　V——计算截面沿腹板平面作用的剪力（N）；

　　　　S——计算剪应力处以上毛截面对中和轴的面积矩（mm³）；

　　　　I——毛截面惯性矩（mm⁴）；

　　　　t_w——腹板厚度（mm）；

　　　　f_v——钢材的抗剪强度设计值（N/mm²）。

2. 梁的整体稳定性计算

梁的整体稳定性计算是使梁的最大弯曲纤维压应力小于或等于使梁侧扭失稳的临界应力，从而保证梁不致因侧扭而失去整体稳定性。符合下列情况之一时，可不计算梁的整体稳定性：

（1）有铺板（各种钢筋混凝土板和钢板）密铺在梁的受压翼缘上并与其牢固相连、能阻止梁受压翼缘的侧向位移时。

（2）箱形截面简支梁符合（1）的要求或其截面尺寸满足 $h/b_0 \leqslant 6$，$l_1/b_0 \leqslant 95\,\varepsilon_k^2$ 时。

除上述情况外，在最大刚度主平面内受弯的构件，其整体稳定性应按下式计算：

$$\frac{M_x}{\varphi_b W_x f} \leqslant 1.0 \qquad (11\text{-}41)$$

式中　M_x——绕强轴作用的最大弯矩设计值(N·mm);

　　　W_x——按受压纤维确定的梁毛截面模量;

　　　φ_b——梁的整体稳定系数,参见《钢结构设计标准》(GB 50017—2017)附录 C 进行确定。

在两个主平面受弯的 H 型钢截面或 I 形截面构件,其整体稳定性应按下式计算:

$$\frac{M_x}{\varphi_b W_x f} + \frac{M_y}{\gamma_y W_y f} \leqslant 1.0 \tag{11-42}$$

式中　W_x、W_y——按受压纤维确定的对 x 轴和 y 轴毛截面模量;

　　　φ_b——绕强轴弯曲所确定的梁的整体稳定系数。

仿真实训

根据本项目任务 1 所建立的钢结构模型,在软件中标识出哪些属于轴心受压构件,哪些属于受弯构件。

技能测试

一、填空题

1. 对于轴心受拉和拉弯构件只有_____,_____问题,而对轴心受压和压弯构件则有_____和_____问题。

2. 当构件轴心受压时,构件可能以_____、_____和_____等形式丧失稳定而破坏。

3. 提高 I 形截面梁整体稳定的主要措施是_____、_____。

4. 在建筑钢材的两种破坏形式中,尽管_____的强度提高了,但由于破坏的突然性,比_____要危险得多。

任务工单

根据所学知识,完成以下任务工单。

1. 轴心受力构件截面形式的选择应满足哪些要求?

2. 某轴心受拉构件采用 2 ∟ 125×14 双角钢做成，如图 11-13 所示。承受静力荷载设计值 880 kN，钢材为 Q235，y 轴平面内计算长度 $l_{0x}=6$ m，x 轴平面内计算长度 $l_{0y}=12$ m。试验算此拉杆的强度和刚度。

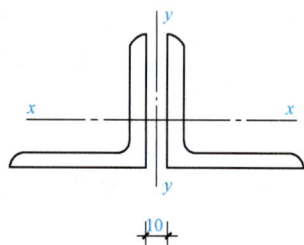

图 11-13　双角钢

3. 图 11-14 所示为两端简支的焊接组合截面 H 形钢梁，受静荷载作用，$P=200$ kN，钢材为 Q235B，$f=215$ N/mm²，$f_v=125$ N/mm²。试验算跨中荷载作用位置的强度是否能够满足要求。

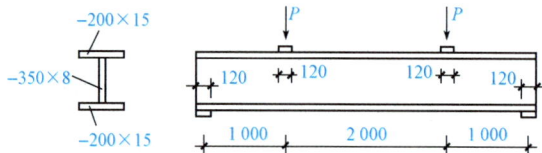

图 11-14　H 形钢梁

项目 12　砌体结构

知识目标 ▶▶▶

1. 了解砌体结构的概念及特点；熟悉砌体结构的分类、材料，熟悉砌体力学性能；
2. 掌握无筋砌体受压构件承载力计算。

能力目标 ▶▶▶

能对无筋砌体受压构件进行设计计算。

素质目标 ▶▶▶

培养学生在学习过程的不同阶段中不断进行反思的能力。

思维导图 ▶▶▶

```
                                      ┌─ 砌体结构的概念及特点
                         ┌─ 砌体结构概述 ─┼─ 无筋砌体和配筋砌体
                         │              ├─ 砌体材料
                         │              └─ 砌体的力学性能
              砌体结构 ──┤
                         │
                         └─ 砌体结构构件承载力计算
```

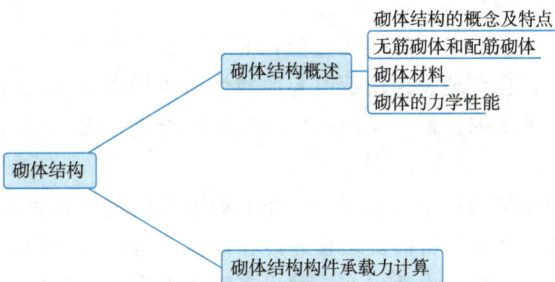

▶▶▶ 任务 1　砌体结构概述

课前认知

砌体结构受力的共同特点是抗压能力较强，抗拉能力较差，因此，在一般房屋结构中，砌体多是以承受竖向荷载为主的墙体结构。

12.1.1 砌体结构的概念及特点

1. 砌体结构的概念

由块体和砂浆砌筑而成的墙、柱作为建筑物的主要受力构件的结构，称为砌体结构。它是砖砌体、砌块砌体和石砌体结构的统称。

(1)砖砌体包括烧结普通砖、烧结多孔砖、蒸压灰砂普通砖、蒸压粉煤灰普通砖、混凝土普通砖、混凝土多孔砖的无筋和配筋砌体。

(2)砌块砌体包括混凝土砌块、轻骨料混凝土砌块的无筋和配筋砌体。

(3)石砌体包括各种料石和毛石的砌体。

2. 砌体结构的特点

(1)砌体结构的优点。

1)取材方便。我国各种天然石材分布较广，易于开采和加工。石灰、水泥、砂子、黏土均可就近或就地取得，且块材的生产工艺简单，易于生产。这是砌体结构得以广泛分布的重要原因。

2)耐久性和耐火性好。砌体结构具有良好的耐火性和抗腐蚀性，完全满足预期耐久年限的要求。

3)保温、隔热、隔声性能好。砌体结构往往兼有承重与围护的双重功能。

4)造价低。采用砌体结构可节约木材、钢材和水泥，而且与水泥、钢材和木材等建筑材料相比，价格相对较低，工程造价也低。

(2)砌体结构的缺点。

1)强度低、自重大。通常砌体的强度较低，而墙、柱截面尺寸大，材料用量增多，自重加大，致使运输量加大，且在地震作用下引起的惯性力也增大，对抗震不利。由于砌体结构的抗拉、抗弯、抗剪等强度都较低，无筋砌体的抗震性能差，需要采用配筋砌体或构造柱改善结构的抗震性能。

2)劳动强度高。砌体结构基本上采用手工作业的方式砌筑，劳动量大。

3)采用烧结普通砖占地多。目前烧结普通砖在砌体结构中应用的比例仍然很大。生产大量砖势必过多地耗用农田，影响农业生产，对生态环境平衡也很不利。

12.1.2 无筋砌体和配筋砌体

砌体可分为无筋砌体和配筋砌体。

(1)无筋砌体。无筋砌体是指不配置钢筋的砌体，其按照工具块材种类的不同，可分为砖砌体、砌块砌体和石砌体。

1)砖砌体由砖和砂浆砌筑而成。当采用标准尺寸砖时，根据强度和稳定性的要求，墙厚有120 mm、240 mm、370 mm、490 mm、620 mm等。

2)砌块砌体由砌块和砂浆砌筑而成。砌块砌体便于工业化、机械化，有利于减轻劳动强度，加大生产率。目前用得比较多的是混凝土小型空心砌块。

3)石砌体由天然石材和砂浆或者混凝土砌筑而成。砌体包括料石砌体、毛石砌体和毛石混凝土砌体。

(2)配筋砌体。为了提高砌体的承载力，减小构件尺寸，可在砌体内配置适当的钢筋形成配筋砌体(图 12-1)。配筋砌体可分为网状配筋砌体、组合砖砌体、砖砌体和钢筋混凝土构造柱形成的组合墙及配筋砌块砌体。

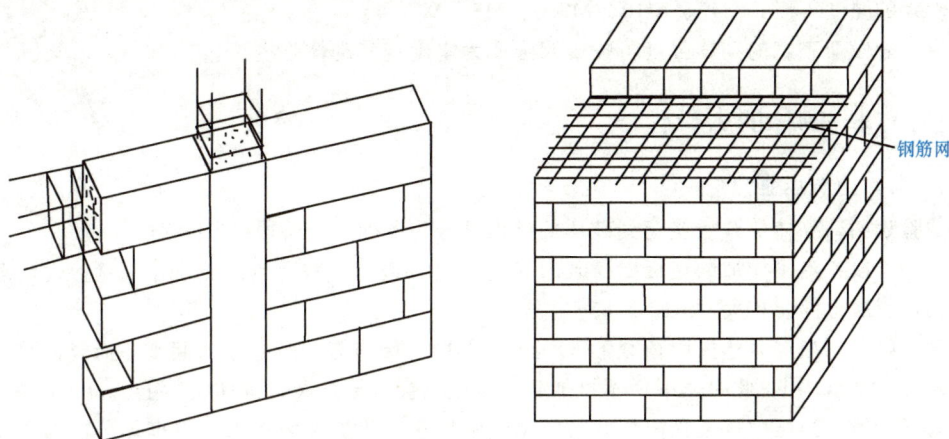

图 12-1　配筋砌体

12.1.3　砌体材料

1. 块材

(1)烧结普通砖。烧结普通砖是以黏土、页岩、煤矸石、粉煤灰为主要原料，经过焙烧而成的实心或孔洞率不大于 15% 的砖。全国统一规格的尺寸为 240 mm×115 mm×53 mm。

(2)烧结多孔砖。烧结多孔砖是以黏土、页岩、煤矸石为主要原料，经过焙烧而成，孔洞率不小于 15%，孔形可为圆孔或非圆孔。孔的尺寸小而数量多，主要用于承重部分，简称多孔砖。目前多孔砖分为 P 型砖和 M 型砖。

(3)蒸压灰砂砖。蒸压灰砂砖是以石英砂和石灰为主要原料，加入其他掺合料后压制成型、蒸压养护而成。使用这类砖时受到环境的限制。

(4)蒸压粉煤灰砖。蒸压粉煤灰砖是以粉煤灰、石灰为主要原料，掺加适量石膏和骨料，经坯料制备、压制成型、高压蒸汽养护而成的实心砖。

(5)混凝土小型空心砌块。砌块是指用普通混凝土或轻混凝土及硅酸盐材料制作的实心和空心块材。混凝土小型空心砌块主要规格尺寸为 390 mm×390 mm×190 mm，空心率为 25%～50%。

(6)天然石材。天然石材以重力密度大于或小于 18 kN/m³ 分为重石(花岗岩、砂岩、石灰岩)和轻石(凝灰岩、贝壳灰岩)两类。天然石材按加工后的外形规则程度分为细料石、半细料石、粗料石和毛料石，形状不规则、中部厚度不小于 200 mm 的块石称为毛石。

2. 砂浆

砂浆在砌体中的作用是将块材连成整体并使应力均匀分布，保证砌体结构的整体性。此外，由于砂浆填满块材间的缝隙，减少了砌体的透气性，提高了砌体的隔热性及抗冻性。

砂浆按其组成材料的不同，分为水泥砂浆、混合砂浆和非水泥砂浆。

(1)砌体。对砂浆的基本要求。

1)符合强度和耐久性要求；

2)应具有一定的可塑性，在砌筑时容易且较均匀地铺开；

3)应具有足够的保水性，即在运输和砌筑时保持质量的能力。

235

（2）强度等级。砂浆的强度等级系采用 70.7 mm 立方体标准试块，在温度为 20 ℃±5 ℃环境下硬化，龄期为 28 d 的极限抗压强度平均值确定。

砂浆的强度等级：M15、M10、M7.5、M5、M2.5。

施工阶段新砌筑的砌体强度可按砂浆强度为零确定其砌体强度。

12.1.4 砌体的力学性能

1. 砌体的抗压强度

试验表明，砌体从开始受荷到破坏的过程可分为下列 3 个阶段（图 12-2）。

第一阶段：当砌体加载达极限荷载的 50%～70% 时，单块砖内产生细小裂缝。此时若停止加载，裂缝也停止扩展[图 12-2(a)]。

第二阶段：当加载达极限荷载的 80%～90% 时，砖内有些裂缝连通起来，沿竖向贯通若干皮砖[图 12-2(b)]。此时，即使不再加载，裂缝仍会继续扩展，砌体实际上已接近破坏。

第三阶段：当压力接近极限荷载时，砌体中裂缝迅速扩展和贯通，将砌体分成若干个小柱体，砌体最终因被压碎或丧失稳定而遭到破坏[图 12-2(c)]。

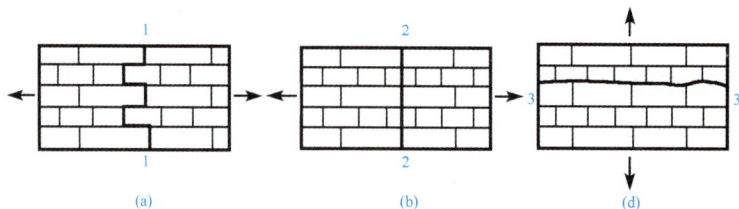

图 12-2　配筋砌体

(a)加载至极限荷载的 50%～70%；(b)加载至极限荷载的 80%～90%；(c)加载至接近极限荷载

通过对砖砌体在轴心受压时的受力分析及实践证明，影响砌体抗压强度的主要有以下因素：

（1）块体与砂浆的强度等级。块体与砂浆的强度等级是确定砌体强度主要的因素。单个块体的抗弯强度、抗拉强度在某种程度上，决定了砌体的抗压强度。一般来说，强度等级高的块体，抗弯、抗拉强度也较高，因而相应砌体的抗压强度也高，但并不与块体强度等级的提高成正比；而砂浆的强度等级越高，砂浆的横向变形越小，砌体的抗压强度也有所提高。

（2）块体的尺寸与形状。块体的尺寸、几何形状及表面的平整程度对砌体的抗压强度也有较大的影响。高度大的块体，其抗弯、抗剪及抗拉能力增大，因而砌体的抗压强度高；砌体的形状越规则，表面越平整，则受力越均匀，相应砌体的抗压强度越高。

（3）砂浆的流动性、保水性及弹性模量的影响。砂浆的流动性大与保水性好时，容易铺成厚度和密实性较均匀的灰缝，因而可减少单块砖内的弯剪应力而提高砌体强度。纯水泥砂浆的流动性较差，所以，同一强度等级的混合砂浆砌筑的砌体强度要比相应纯水泥砂浆砌体高；砂浆弹性模量的大小对砌体强度也具有决定性的作用，砂浆的弹性模量越大，相应地，砌体的抗压强度也就越高。

（4）砌筑质量。砌筑质量是指砌体的砌筑方式、灰缝砂浆的饱满度、砂浆层的铺砌厚度等。砌筑质量与工人的技术水平有关，砌筑质量不同，砌体强度则不同。

2. 砌体的轴心受拉性能

与砌体的抗压强度相比，砌体的抗拉强度很低。按照力作用于砌体方向的不同，砌体可能发生如图 12-3 所示的 3 种破坏．当轴向拉力与砌体的水平灰缝平行时，砌体可能发生沿竖向及水平向灰缝的齿缝截面破坏[图 12-3(a)]；或沿块体和竖向灰缝截面破坏[图 12-3(b)]。通常，当块体的强度等级较高而砂浆的强度等级较低时，砌体发生前一种破坏形态；当块体的强度等级较低而砂浆的强度等级较高时，砌体则发生后一种破坏形态。当轴向拉力与砌体的水平灰缝垂直时，砌体可能沿通缝截面破坏[图 12-3(c)]。

　　砌体的抗拉强度主要取决于块材与砂浆连接面的黏结强度。因为块材和砂浆的黏结强度主要取决于砂浆的强度等级，所以，砌体的轴心抗拉强度可由砂浆的强度等级来确定。

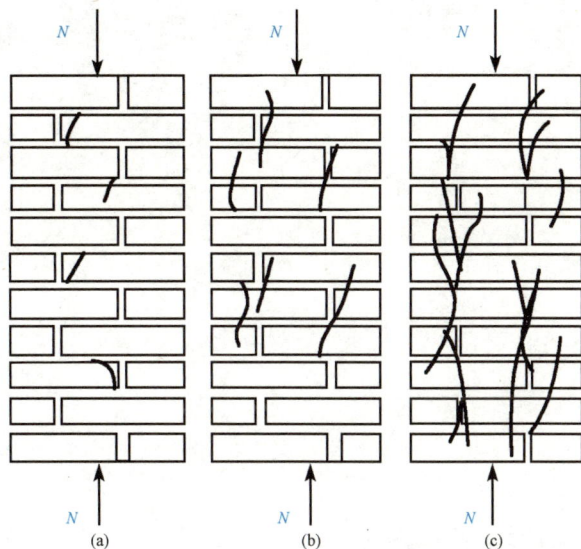

图 12-3　砖砌体的轴心受拉破坏形式
(a)沿竖向齿缝截面的破坏；(b)沿块体和竖向灰缝截面的破坏；(c)沿通缝截面的破坏

3. 砌体的受弯性能

　　按弯曲拉应力使砌体截面破坏的特征，砌体结构弯曲受拉存在 3 种破坏形态，即沿齿缝截面受弯破坏、沿块体与竖向灰缝截面受弯破坏和沿通缝截面受弯破坏。沿齿缝和通缝截面的受弯破坏与砂浆的强度有关。

4. 砌体的受剪性能

　　砌体在剪力作用下的破坏，均为沿灰缝的破坏，故单纯受剪时砌体的抗剪强度主要取决于水平灰缝中砂浆及砂浆与块体的黏结强度。

仿真实训

　　利用 BIM 建模软件完成简易砌体结构模型的建立。

技能测试

　　1. 砌体是由＿＿＿＿和＿＿＿＿组成的，常用混合砂浆的主要成分为＿＿＿＿、＿＿＿＿和＿＿＿＿。

　　2. 块体的厚度越＿＿＿＿、抗压强度越＿＿＿＿，砂浆的抗压强度越＿＿＿＿，则砌体的抗压强度越＿＿＿＿。

3. 影响砌体轴心抗压强度的主要因素有_____和_____。

4. 常用刚性砂浆的主要成分是砂和_____。

5. 灰缝平整、均匀、等厚可以____弯剪应力；方便施工的条件下，砌块越____越好。

任务工单

根据所学知识，完成以下任务工单。

1. 砌体结构的优缺点有哪些？

2. 砂浆在砌体中的作用是什么？

3. 砌体对砂浆的基本要求有哪些？

4. 砌体从开始受荷到破坏的过程分为哪几个阶段？

≫ 任务2 砌体结构构件承载力计算

课前认知

《砌体结构设计规范》(GB 50003—2011)规定了受压构件、轴心受拉构件和受弯构件、受剪构件等多种无筋砌体构件的计算方法，同时给出了各种配筋砌体构件的计算方式。由于砌体的抗压强度高，而抗拉、抗弯、抗剪强度很低，实际工程中的砌体多用于抗压，所以本任务主要介绍无筋砌体受压构件的承载力计算、无筋砌体的局部受压计算。

下面以无筋砌体受压构件承载力计算为例进行介绍。

无筋砌体受压构件承载力应按下式计算：

$$N \leqslant \varphi f A \qquad\qquad (12\text{-}1)$$

式中　N——轴向力设计值；

　　　φ——高厚比 β 和轴向力的偏心距 e 对受压构件承载力的影响系数，应根据受力条件按表 12-1～表 12-3 选用；

　　　f——砌体的抗压强度设计值；

　　　A——截面面积，对各类砌体均按毛截面计算。对带壁柱墙，其翼缘宽度取定要求：多层房屋，当有门窗洞口时，可取窗间墙宽度；当无门窗洞口时，每侧翼墙宽度可取壁柱高度（层高）的 1/3，但不应大于相邻壁柱间的距离。单层房屋，可取壁柱宽加墙高的 2/3，但不大于窗间墙宽度和相邻壁柱间的距离。计算带壁柱墙的条形基础时，可取相邻壁柱间的距离。

表 12-1　影响系数 φ（砂浆强度等级≥M5）

β	$\dfrac{e}{h}$ 或 $\dfrac{e}{h_T}$												
	0	0.025	0.05	0.075	0.1	0.125	0.15	0.175	0.2	0.225	0.25	0.275	0.3
≤0.3	1	0.99	0.97	0.94	0.89	0.84	0.79	0.73	0.68	0.62	0.57	0.52	0.48
4	0.98	0.95	0.90	0.85	0.80	0.74	0.69	0.64	0.58	0.53	0.49	0.45	0.41
6	0.95	0.91	0.86	0.81	0.75	0.69	0.64	0.59	0.54	0.49	0.45	0.42	0.38
8	0.91	0.86	0.81	0.76	0.70	0.64	0.59	0.54	0.50	0.46	0.42	0.39	0.36
10	0.87	0.82	0.76	0.71	0.65	0.60	0.55	0.50	0.46	0.42	0.39	0.36	0.33
12	0.82	0.77	0.71	0.66	0.60	0.55	0.51	0.47	0.43	0.39	0.36	0.33	0.31
14	0.77	0.72	0.66	0.61	0.56	0.51	0.47	0.43	0.40	0.36	0.34	0.31	0.29
16	0.72	0.67	0.61	0.56	0.52	0.47	0.44	0.40	0.37	0.34	0.31	0.29	0.27
18	0.67	0.62	0.57	0.52	0.48	0.44	0.40	0.37	0.34	0.31	0.29	0.27	0.25
20	0.62	0.57	0.53	0.48	0.44	0.40	0.37	0.34	0.32	0.29	0.27	0.25	0.23
22	0.58	0.53	0.49	0.45	0.41	0.38	0.35	0.32	0.30	0.27	0.25	0.24	0.22
24	0.54	0.49	0.45	0.41	0.38	0.35	0.32	0.30	0.28	0.26	0.24	0.22	0.21
26	0.50	0.46	0.42	0.38	0.35	0.33	0.30	0.28	0.26	0.24	0.22	0.21	0.19
28	0.46	0.42	0.39	0.36	0.33	0.30	0.28	0.26	0.24	0.22	0.21	0.19	0.18
30	0.42	0.39	0.36	0.33	0.31	0.28	0.26	0.24	0.22	0.21	0.20	0.18	0.17

表 12-2 影响系数 φ(砂浆强度等级 M2.5)

β	$\frac{e}{h}$ 或 $\frac{e}{h_T}$												
	0	0.025	0.05	0.075	0.1	0.125	0.15	0.175	0.2	0.225	0.25	0.275	0.3
≤3	1	0.99	0.97	0.94	0.89	0.84	0.79	0.73	0.68	0.62	0.57	0.52	0.48
4	0.97	0.94	0.89	0.84	0.78	0.73	0.67	0.62	0.57	0.52	0.48	0.44	0.40
6	0.93	0.89	0.84	0.78	0.73	0.67	0.62	0.57	0.52	0.48	0.44	0.40	0.37
8	0.89	0.84	0.78	0.72	0.67	0.62	0.57	0.52	0.48	0.44	0.40	0.37	0.34
10	0.83	0.78	0.72	0.67	0.61	0.56	0.52	0.47	0.43	0.40	0.37	0.34	0.31
12	0.78	0.72	0.67	0.61	0.56	0.52	0.47	0.43	0.40	0.37	0.34	0.31	0.29
14	0.72	0.66	0.61	0.56	0.51	0.47	0.43	0.40	0.36	0.34	0.31	0.29	0.27
16	0.66	0.61	0.56	0.51	0.47	0.43	0.40	0.36	0.34	0.31	0.29	0.26	0.25
18	0.61	0.56	0.51	0.47	0.43	0.40	0.36	0.33	0.31	0.29	0.26	0.24	0.23
20	0.56	0.51	0.47	0.43	0.39	0.36	0.33	0.31	0.28	0.26	0.24	0.23	0.21
22	0.51	0.47	0.43	0.39	0.36	0.33	0.31	0.28	0.26	0.24	0.23	0.21	0.20
24	0.46	0.43	0.39	0.36	0.33	0.31	0.28	0.26	0.24	0.23	0.21	0.20	0.18
26	0.42	0.39	0.36	0.33	0.31	0.28	0.26	0.24	0.22	0.21	0.20	0.18	0.17
28	0.39	0.36	0.33	0.30	0.28	0.26	0.24	0.22	0.21	0.20	0.18	0.17	0.16
30	0.36	0.33	0.30	0.28	0.26	0.24	0.22	0.21	0.20	0.18	0.17	0.16	0.15

表 12-3 影响系数 φ(砂浆强度等级 0)

β	$\frac{e}{h}$ 或 $\frac{e}{h_T}$												
	0	0.025	0.05	0.075	0.1	0.125	0.15	0.175	0.2	0.225	0.25	0.275	0.3
≤3	1	0.99	0.97	0.94	0.89	0.84	0.79	0.73	0.68	0.62	0.57	0.52	0.48
4	0.87	0.82	0.77	0.71	0.66	0.60	0.55	0.51	0.46	0.43	0.39	0.36	0.33
6	0.76	0.70	0.65	0.59	0.54	0.50	0.46	0.42	0.39	0.36	0.33	0.30	0.28
8	0.63	0.58	0.54	0.49	0.45	0.41	0.38	0.35	0.32	0.30	0.28	0.25	0.24
10	0.53	0.48	0.44	0.41	0.37	0.34	0.32	0.29	0.27	0.25	0.23	0.22	0.20
12	0.44	0.40	0.37	0.34	0.31	0.29	0.27	0.25	0.23	0.21	0.20	0.19	0.17
14	0.36	0.33	0.31	0.28	0.26	0.24	0.23	0.21	0.20	0.18	0.17	0.16	0.15
16	0.30	0.28	0.26	0.24	0.22	0.21	0.19	0.18	0.17	0.16	0.15	0.14	0.13
18	0.26	0.24	0.22	0.21	0.19	0.18	0.17	0.16	0.15	0.14	0.13	0.12	0.12
20	0.22	0.20	0.19	0.18	0.17	0.16	0.15	0.14	0.13	0.12	0.12	0.11	0.10
22	0.19	0.18	0.16	0.15	0.14	0.14	0.13	0.12	0.12	0.11	0.10	0.10	0.09
24	0.16	0.15	0.14	0.13	0.13	0.12	0.11	0.11	0.10	0.10	0.09	0.09	0.08
26	0.14	0.13	0.13	0.12	0.11	0.11	0.10	0.10	0.09	0.10	0.08	0.08	0.07
28	0.12	0.12	0.11	0.11	0.10	0.10	0.09	0.09	0.08	0.09	0.08	0.07	0.07
30	0.11	0.10	0.10	0.09	0.09	0.09	0.08	0.08	0.07	0.07	0.07	0.07	0.06

无筋砌体矩形截面单向偏心受压构件承载力影响系数除可通过查表 12-1～表 12-3 求得，还可按下列公式计算求得(图 12-4)：

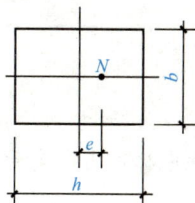

图 12-4　单向偏心受压时截面尺寸示意

当 $\beta \leqslant 3$ 时

$$\varphi = \frac{1}{1 + 12\left(\dfrac{e}{h}\right)^2} \tag{12-2}$$

当 $\beta > 3$ 时

$$\varphi = \frac{1}{1 + 12\left[\dfrac{e}{h} + \sqrt{\dfrac{1}{12}\left(\dfrac{1}{\varphi_0} - 1\right)}\,\right]^2} \tag{12-3}$$

$$\varphi_0 = \frac{1}{1 + \alpha\beta^2} \tag{12-4}$$

式中　e——轴向力的偏心距，应按内力设计值计算，并不应大于 $0.6y$ (y 为截面重心到轴向力所在偏心方向截面边缘的距离)；

$\quad\quad h$——矩形截面的轴向力偏心方向的边长；

$\quad\quad \varphi_0$——轴心受压构件的稳定系数；

$\quad\quad \alpha$——与砂浆强度等级有关的系数，当砂浆强度等级大于或等于 M5 时，$\alpha = 0.0015$；当砂浆强度等级等于 M2.5 时，$\alpha = 0.002$；当砂浆强度等级 $f_2 = 0$ 时，$\alpha = 0.009$；

$\quad\quad \beta$——构件的高厚比。

构件的高厚比 β 应按下列规定采用：

对矩形截面

$$\beta = \gamma_\beta \frac{H_0}{h} \tag{12-5}$$

对 T 形截面

$$\beta = \gamma_\beta \frac{H_0}{h_T} \tag{12-6}$$

式中　γ_β——不同砌体材料构件高厚比修正系数，应按表 12-4 采用；

$\quad\quad H_0$——构件计算高度；

$\quad\quad h_T$——T 形截面的折算厚度，可近似按 $3.5i$ (i 为截面回转半径)计算。

表 12-4　高厚比修正系数 γ_β

砌体材料类别	γ_β
烧结普通砖、烧结多孔砖	1.0
混凝土或轻骨料混凝土砌块	1.1
蒸压灰砂砖、蒸压粉煤灰砖、细料石、半细料石	1.2
粗料石、毛石	1.5

砌体材料类别	γ_β
注：对灌孔混凝土砌块，γ_β 取 1.0	

仿真实训

在本项目任务 1 的基础上，在软件中标识出各类受压构件可能产生的破坏形式。

技能测试

1. 砂浆强度越低，变形越____，砖受到的拉应力和剪应力越____。
2. 普通黏土砖全国统一规格_____，具有这种尺寸的砖称为_____；
3. 砌体抗拉、弯曲抗拉及抗剪强度主要取决于_____的强度；
4. 局部受压分为_____和_____两种情况。
5. 在进行墙体设计时必须限制其_____，保证墙体的稳定性和刚度。

任务工单

根据所学知识，完成以下任务工单。

1. 截面尺寸为 370 mm×490 mm 的砖柱，砖的强度等级为 MU10，混合砂浆强度等级为 M7.5，柱高为 3.6 m，两端为不动铰支座．柱顶承受轴向压力标准值 $N_k=180$ kN（其中永久荷载为 150 kN，已包括砖柱自重），试验算该柱的承载力。

2. 已知单排孔混凝土小砌块柱截面尺寸为 390 mm×590 mm，用 MU10 砌块，Mb7.5 混合砂浆砌筑，砌块孔洞率为 45%，空心部位用 Cb20 细石混凝土灌实，柱的计算高度 $H_0=5\ 700$ mm，承受荷载设计值 $N=520$ kN，偏心距 $e=85$ mm。试验算该柱的承载力。

项目 13　基础

知识目标 >>>

1. 了解基础的分类。
2. 了解基础埋置深度的确定方法。

能力目标 >>>

能对基础的类型与埋置深度有初步的认知。

素质目标 >>>

培养学生吃苦耐劳、爱岗敬业的职业精神。

思维导图 >>>

```
                              ┌─ 按埋置深度分类
                  ┌─ 基础的类型 ─┼─ 按是否配置钢筋分类
                  │             └─ 按基础的构造形式分类
            基础 ──┤
                  │                ┌─ 基础埋置深度确定的原则及条件
                  └─ 基础埋置深度的确定 ─┼─ 基础埋置深度的要求
                                     └─ 影响基础埋深的因素
```

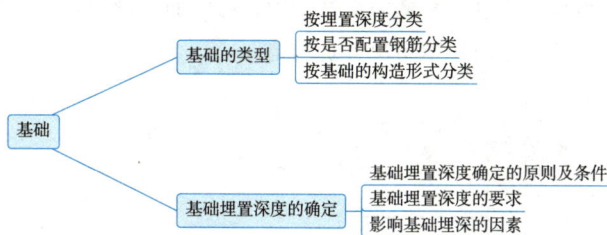

>>> 任务 1　基础的类型

🗂 课前认知

　　所有的建筑物都是修建在地表上的，建筑物承受的荷载最终要传递到地基，地基是指支承由基础传递的上部结构荷载的土体或岩体。建筑物地基可分为天然地基和人工地基。如果基础直接建造在未经加固处理的天然土层上，这种地基称为天然地基。如果天然土层比较软弱，不能承担建筑物的荷载，而需要经过人工加固处理才能在其上建造基础，这种地基称为人工地基。人工地基施工复杂，造价较高，一般应尽量采用天然地基。与地基相接触并将结构荷载传递给地基的构件称为基础。

13.1.1 按埋置深度分类

按埋置深度划分，基础可分为浅基础和深基础。

基础底面与地面的距离称为基础的埋置深度，埋置深度小于 5 m 且能用一般方法施工的基础称为浅基础，浅基础一般用于小型建筑；埋置深度大于 5 m 且用特殊方法施工的基础称为深基础，深基础施工难度大、成本高，多用于高层建筑或工程性质较差的地基。浅基础按结构形式通常可分为独立基础、条形基础、筏形基础和箱形基础等；深基础有桩基、地下连续墙、墩基和沉井、沉箱等。

13.1.2 按是否配置钢筋分类

（1）无筋扩展基础。无筋扩展基础是由砖、毛石、混凝土或毛石混凝土、灰土和三合土等材料组成的无须配置钢筋的基础（通常有墙下条形基础和柱下独立基础），这些材料属于脆性材料，其抗压性能较好，而抗拉和抗剪性能很弱，一般要通过选择合理的基础高度与外伸宽度来保证基础内产生的拉应力和剪应力不超过相应的材料强度，此类基础又称为刚性基础（因为极少发生挠曲变形），如图 13-1 所示。

（2）钢筋混凝土扩展基础。钢筋混凝土扩展基础包括柱下钢筋混凝土独立基础（图 13-2）、墙下钢筋混凝土条形基础（图 13-3）。这类基础能发挥钢筋的抗弯及混凝土的抗压性能，因而，整体的抗弯和抗剪性能良好，常称为柔性基础，与无筋基础相比，其基础高度较小，适用于基础底面积大而埋置深度较小的情况且适用范围广。

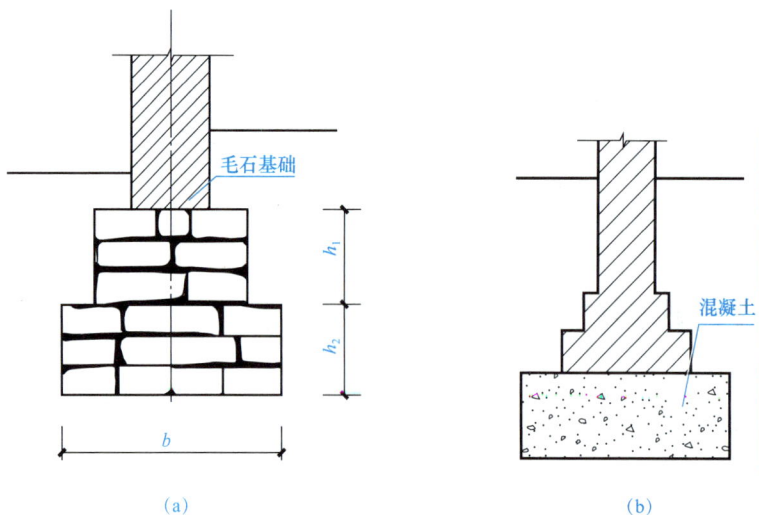

(a)   (b)

图 13-1 无筋扩展基础

(a)砖基础；(b)混凝土基础

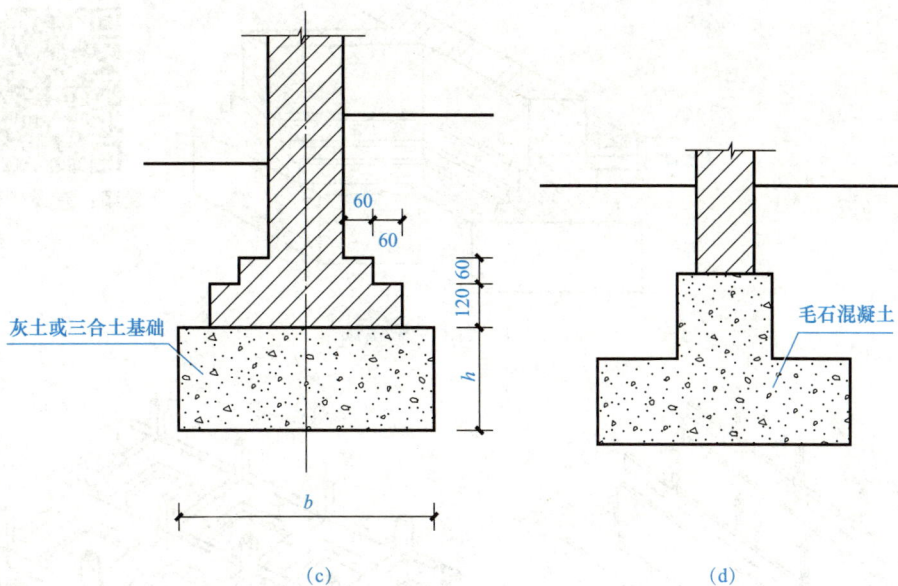

60
60
120|60
h
灰土或三合土基础
毛石混凝土
b
(c)   (d)

图 13-1　无筋扩展基础(续)

(c)灰土基础；(d)毛石混凝土基础

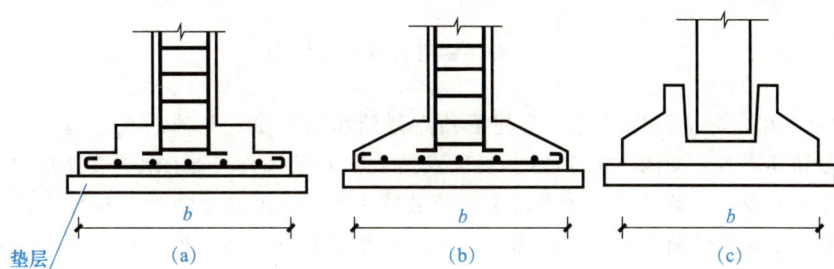

垫层
b
b
b
(a)   (b)   (c)

图 13-2　柱下钢筋混凝土独立基础

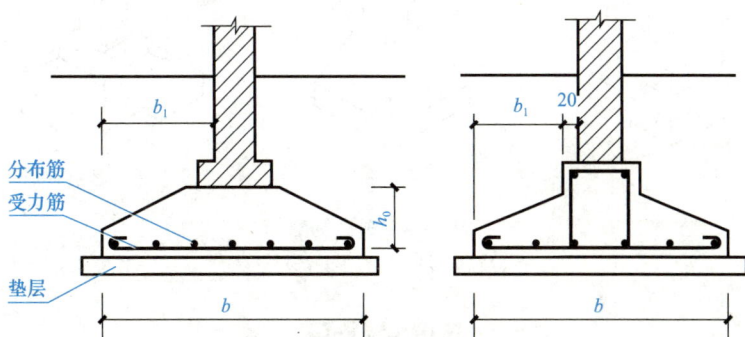

b_1
b_1
20
分布筋
受力筋
h_0
垫层
b
b

图 13-3　墙下钢筋混凝土条形基础

13.1.3　按基础的构造形式分类

（1）条形基础。条形基础是指基础长度远大于其宽度的一种基础形式。按上部结构形式，可分为墙下条形基础(图 13-4)和柱下条形基础(图 13-5)，而且条形基础往往是砖墙、石墙的基础形式。

墙身

大放脚

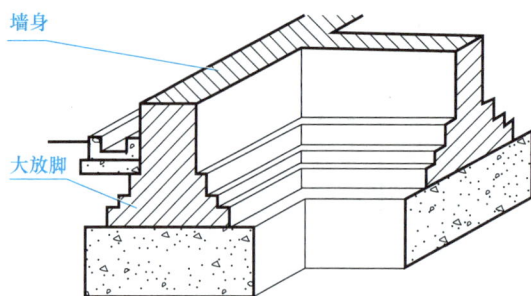

视频：有梁条形基础

图 13-4 墙下条形基础

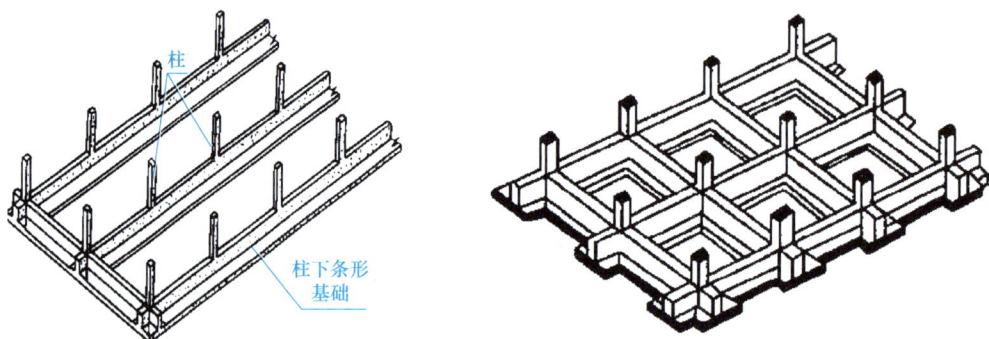

柱

柱下条形
基础

图 13-5 柱下钢筋混凝土条形基础

（2）独立基础。独立基础又可分为柱下独立基础和墙下独立基础。独立基础的形状有阶梯形、锥形和杯形等，如图 13-6 所示。其优点是土方工程量少，便于地下管道穿过，节省用料，但整体刚度差。当地基条件较差或上部荷载较大时，此时在承重的结构柱下使用独立柱基础已不能满足其承受荷载和整体要求。为了提高建筑物的整体刚度，避免不均匀沉降，常将柱下独立基础沿纵向和横向连接起来，做成十字交叉的井格基础。

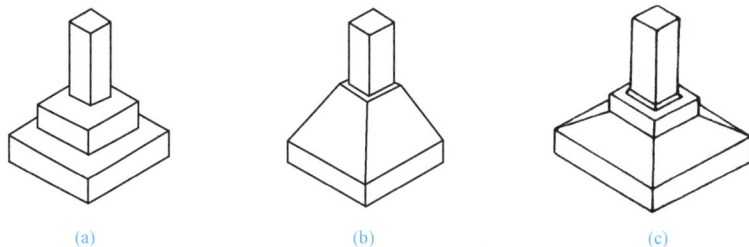

(a)

(b)

(c)

图 13-6 独立基础

(a)阶梯形；(b)锥形；(c)杯形

视频：独立基础

（3）筏形基础。当建筑物上部荷载较大，而建造地点的地基承载能力又比较差，墙下条形基础或柱下条形基础不能适应地基变形的需要时，可将墙或柱下基础面扩大为整片的钢筋混凝土板状基础形式，形成筏形基础。筏形基础整体性好，能调节基础各部分不均匀沉降。筏形基础又可分为梁板式和平板式两种类型，如图13-7所示。

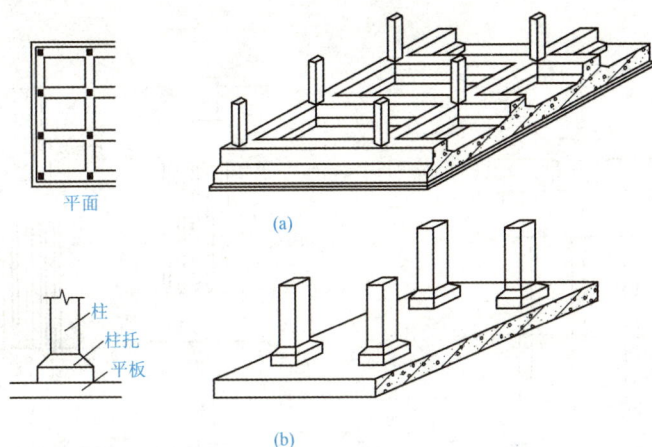

图 13-7 筏形基础

(a)梁板式；(b)平板式

（4）箱形基础。箱形基础是由钢筋混凝土顶板、底板、外墙和一定数量的内墙组成刚度很大的盒状基础。箱形基础具有刚度大、整体性好、内部空间可用作地下室的特点，适用于高层公共建筑、住宅建筑及需设地下室的建筑，如图13-8所示。

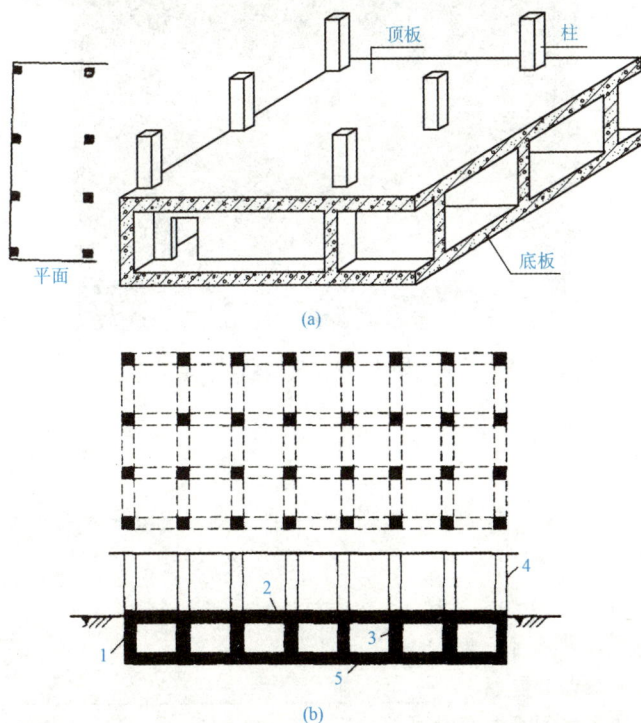

图 13-8 箱形基础

1—侧壁；2—顶板；3—内壁；4—柱；5—底板

（5）桩基础。桩基础由承台和群桩组成，如图 13-9～图 13-11 所示。桩基础的类型很多，按桩的形状和竖向受力情况，可分为摩擦桩和端承桩；按桩的材料，可分为混凝土桩、钢筋混凝土桩和钢桩；按桩的制作方法，有预制桩和灌注桩两类。目前，较常用的是钢筋混凝土预制桩和灌注桩。

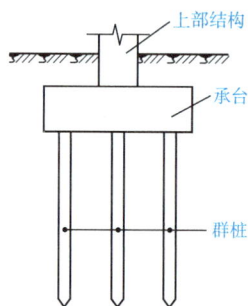

图 13-9　桩基础的组成

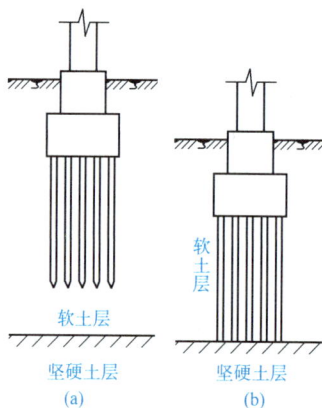

图 13-10　桩基础示意

（a）摩擦桩；（b）端承桩

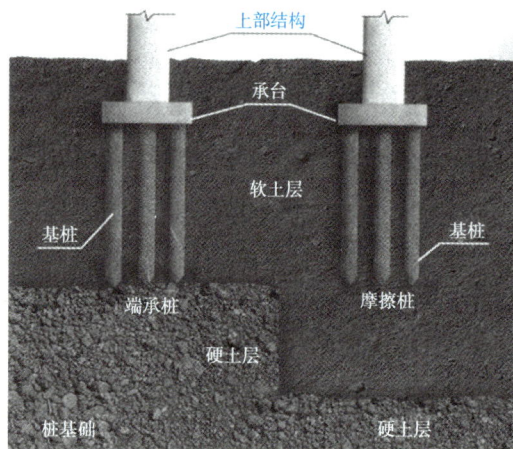

图 13-11　桩基础

仿真实训

参观工法楼，观察常见浅基础、深基础、砖基础、钢筋混凝土等基础类型。

技能测试

1. 按埋置深度分，基础可分为 _____ 和 _____。
2. 钢筋混凝土扩展基础包括 _____、_____。
3. 按基础的构造形式划分，基础可分为 _____、_____、_____ _____、_____、_____。

4. 钢筋混凝土扩展基础整体的抗弯和抗剪性能良好，常称为_____，与无筋基础相比，其基础高度_____，适用于基础_____的情况且适用范围广。

📑 任务工单

根据所学知识，完成以下任务工单。

1. 按埋置深度分类，基础有哪些类型？

2. 按是否配置钢筋分类，基础有哪些类型？

3. 独立基础有哪些特点？

4. 筏形基础适用在什么地方？有什么特点？

5. 桩基础有哪些类型？

任务2　基础埋置深度的确定

课前认知

基础埋置深度一般是指基础底面至地面（一般是指设计地面）的距离。在建筑工程设计中，为了保证基础的安全，同时减小基础的尺寸，应尽量选择合适的地基持力层，即将基础放在合适的土层上。基础埋置深度的大小对于建筑物的安全和正常使用、基础施工技术措施、施工日期和工程造价等都有很大的影响。

理论学习

13.2.1　基础埋置深度确定的原则及条件

基础埋置的选择应在保证建筑物基础安全稳定、耐久适用的前提下，尽量浅埋，以节省投资、方便施工。基础的埋置深度，应按下列条件确定：

(1)建筑物的用途，有无地下室、设备基础和地下设施，基础的形式和构造。

(2)作用在地基上的荷载大小和性质。

(3)工程地质和水文地质条件。

(4)相邻建筑物的基础埋深。

(5)地基土冻胀和融陷的影响。

13.2.2　基础埋置深度的要求

(1)在满足地基稳定和变形要求的前提下，当上层地基的承载力大于下层土时，宜利用上层土作持力层。除岩石地基外，基础埋深不宜小于0.5 m。

(2)高层建筑基础的埋置深度应满足地基承载力、变形和稳定性要求。位于岩石地基上的高层建筑，其基础埋深应满足抗滑稳定性要求。

(3)在抗震设防区，除岩石地基外，天然地基上的箱形基础和筏形基础的埋置深度不宜小于建筑物高度的1/15；桩箱或桩筏基础的埋置深度（不计桩长）不宜小于建筑物高度的1/18。

(4)基础宜埋置在地下水水位以上，当必须埋在地下水水位以下时，应采取地基土在施工时不受扰动的措施。当基础埋置在易风化的岩层上，施工时应在基坑开挖后立即铺筑垫层。

(5)当存在相邻建筑物时，新建建筑物的基础埋深不宜大于原有建筑基础。当埋深大于原有建筑基础时，两基础间应保持一定净距，其数值应根据建筑荷载大小、基础形式和土质情况确定。

(6)季节性冻土地基的场地冻结深度应按式(13-1)进行计算。

$$z_d = z_0 \cdot \psi_{zs} \cdot \psi_{zw} \cdot \psi_{ze} \tag{13-1}$$

式中　z_d——场地冻结深度(m)，当有实测资料时按 $z_d = h' - \Delta_z$ 计算；

　　　h'——最大冻深出现时场地最大冻土层厚度(m)；

　　　Δ_z——最大冻深出现时场地地表冻胀量(m)；

　　　z_0——标准冻结深度(m)；当无实测资料时，按《建筑地基基础设计规范》(GB 50007—

2011)附录 F 采用；

ψ_{zs}——土的类别对冻结深度的影响系数，按表 13-1 采用；

ψ_{z_w}——土的冻胀性对冻结深度的影响系数，按表 13-2 采用；

ψ_{ze}——环境对冻结深度的影响系数，按表 13-3 采用。

表 13-1　土的类别对冻结深度的影响系数

土的类别	影响系数 ψ_{zs}
黏性土	1.00
细砂、粉砂、粉土	1.20
中、粗、砾砂	1.30
大块碎石土	1.40

表 13-2　土的冻胀性对冻结深度的影响系数

冻胀性	影响系数 ψ_{zw}
不冻胀	1.00
弱冻胀	0.95
冻胀	0.90
强冻胀	0.85
特强冻胀	0.80

表 13-3　环境对冻结深度的影响系数

周围环境	影响系数 ψ_{ze}
村、镇、旷野	1.00
城市近郊	0.95
城市市区	0.90

注：环境影响系数一项，当城市市区人口为 20 万～50 万时，按城市近郊取值；当城市市区人口大于 50 万且小于或等于 100 万时，只计入市区影响；当城市市区人口超过 100 万时，除计入市区影响外，还应考虑 5 km 以内的郊区近郊影响系数

(7)季节性冻土地区基础埋置深度宜大于场地冻结深度。对于深厚季节冻土地区，当建筑基础底面土层为不冻胀、弱冻胀、冻胀土时，基础埋置深度可以小于场地冻结深度，基础底面下允许冻土层最大厚度应根据当地经验确定。当无地区经验时，可按《建筑地基基础设计规范》(GB 50007—2011)附录 G 查取。此时，基础最小埋置深度 d_{min} 可按式(13-2)计算。

$$d_{min} = z_d - h_{max} \tag{13-2}$$

式中　h_{max}——基础底面下允许冻土层最大厚度(m)。

13.2.3　影响基础埋深的因素

确定基础埋深时应考虑以下几个因素：

(1)建筑物的用途、结构类型及荷载的大小和性质。

1)建筑物的用途是确定基础埋深的重要因素，如设有地下室、地下管沟及设备基础时，基础底面埋深就得随之加大。

2)建筑结构类型也影响着基础的埋深，如基础底面埋深应在地下管道的下部，避免管道在基础下穿过影响管道的使用和维修。新建房屋的基础与原有建筑物的基础距离很近时，新建房屋的基础埋深宜浅于或等于相邻建筑物的基础埋深。反之，新建建筑基础离开原有建筑基础的净距离应是两相邻基础底面高差的1～2倍，以防止开挖基坑时坑壁塌落，影响原有建筑物基础的稳定性。

3)荷载大小和性质对基础埋深的影响在于上部结构传至基底的荷载越大，地基土的压缩性越大，沉降量越大。对竖向荷载很大，或对不均匀沉降要求严格的建筑，往往为了减少沉降量，将基础埋置在承载能力较高的坚硬土层上，有时会加大基础埋深，导致建筑安装成本增加。

(2)场地土的工程地质和水文地质情况。施工现场的地质勘察资料，各层土的物理力学性质、物理状态等对地基基础的埋深影响也很大，确定基础埋深时，应进行认真分析，选择合适的持力层，在确保安全和经济合理的前提下，确定相对合理的基础埋置深度。通常是将基础埋置在地基土承载力高、压缩性小的土层上，且同时要选择经济性能良好的浅基础。考虑地基埋置深度时，一般应按下列几种情况考虑：

1)场地土内部都是受力性能好、分布均匀、压缩性小的坚硬土，土层构成简单，基础埋深不受土质的影响而由其他因素确定。

2)场地土内部都是软弱土时，一般不能采用天然地基上的浅基础。对于建在软弱土层上的低层房屋，如果采用浅基础，则可通过采取增加建筑物空间整体性和空间刚度的措施满足要求。

3)场地土由上部的软弱层和下部的坚硬土层构成。基础的埋深要根据软土的厚度和建筑物的特性来确定：

①软土层厚度在2 m以内时，基础宜砌筑在下层的坚硬土层内。

②软土在2 m以上4 m以下时，对于荷载较小的低层建筑，可将基础设置在软土内，以减少土方量，但上部结构刚度需要适当加强。对于高度大、层数多的较为重要的建筑和带地下室的建筑，应将基础设置在下部坚硬土层中。地下水水位高时，可采用桩基础。

③软土层厚度大于5 m时，可按②的规定处理。

4)场地土由上面的坚硬土层和下面的软弱土层组成，这种情况下尽可能将基础浅埋，以减少软土所受的压力。如果坚硬土层很薄，可以按单一软弱土的地基对待。如果场地土由若干坚硬土层和若干软弱土层构成，应根据各土层厚度和承载力的大小，参照以上几条要求选择基础埋深。

基础应尽量埋置在地下水水位以上，避免施工时基槽内的排水作业。基槽内有承压水时，要防止承压水将基槽顶起带来的危害，必要时要通过验算采取适当的对策来防止。

(3)我国北方寒冷地区冻土层深度的影响。我国北方寒冷地区不同程度地存在一定深度的冻土层，其厚度各有不同，由于接近地表土中水分在冬季寒冷条件下冻结，还促使下面土层中水分上升也冻结，因此，土冻结后含水率增加，土体膨胀，气温升高后又融化，这种反复多次的冻融循环使得地基土中土体颗粒结构发生改变，承载能力下降，压缩性增加，导致基础变形增加，严重时会引起墙体产生内应力而开裂。

因此，在北方地区确定基础埋深时必须考虑的重要因素之一就是冻土层深度。

仿真实训

教师给定一个案例，学生计算基础的最小埋置深度，并考虑影响基础埋置深度的因素。

技能测试

1. 软土层厚度在 2 m 以内时，基础宜砌筑在下层的 _____ 内。
2. 确定基础埋深时应考虑 _____ 、_____ 及 _____ 。
3. 当存在相邻建筑物时，新建建筑物的基础埋深不宜 _____ 原有建筑基础。
4. 基础埋置深度一般是指 _____ 至 _____ 的距离。

任务工单

根据所学知识，完成以下任务工单。

1. 基础埋置深度确定的原则及条件是什么？

2. 在抗震设防区基础埋置深度有哪些要求？

3. 季节性冻土地区基础埋置深度有哪些要求？

4. 影响基础埋深的因素有哪些？

参考文献

[1] 胡兴福，等 . 建筑结构[M].5 版 . 北京：中国建筑工业出版社，2021.

[2] 任红梅，傅赛男，刘振勇 . 建筑结构[M]. 上海：同济大学出版社，2022.

[3] 熊丹安，杨冬梅 . 建筑结构[M].6 版 . 广州：华南理工大学出版社，2013.

[4] 胡兴福 . 建筑力学与结构[M].3 版 . 武汉：武汉理工大学出版社，2012.

[5] 吴承霞，宋贵彩 . 建筑力学与结构[M].2 版 . 北京：北京大学出版社，2013.

[6] 罗恒勇，胡忠义 . 建筑力学与结构[M]. 北京：中国轻工业出版社，2016.

[7] 赖伶，佟颖 . 建筑力学与结构[M]. 北京：北京理工大学出版社，2017.

[8] 王新，焦欣欣 . 建筑力学[M]. 北京：北京理工大学出版社，2017.

[9] 单春明 . 建筑力学与结构[M]北京：北京理工大学出版社，2018.

[10] 陈鹏 . 建筑力学与结构[M]北京：北京理工大学出版社，2018.